JN117244

# 有人宇宙学

## 宇宙移住のための
## 3つのコアコンセプト

山敷庸亮 編
YAMASHIKI YOSUKE

京都大学
学術出版会

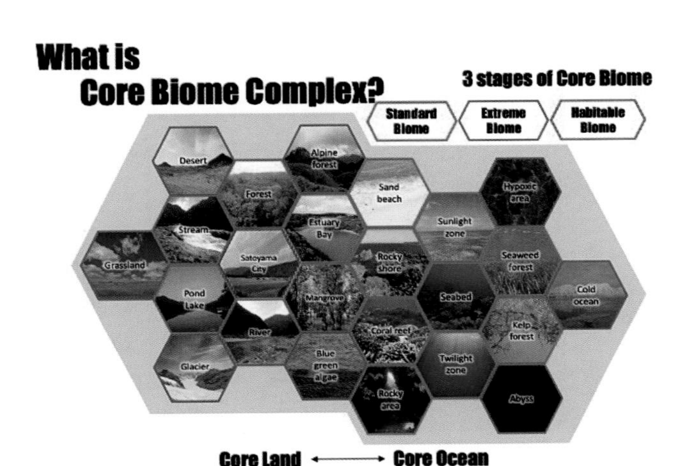


**口絵 1　コアバイオーム複合体の概念図**

地球上の生態系においてなくてはならない生態系（各六角形）を「コアバイオーム」と称し，それらの複合体である「コアバイオーム複合体」を，地球生態系を構成するにあたってなくてはならない基本構造と定義します。地球のそれぞれの場所で優位性のあるバイオームを抽出し，地球生態系を簡略化することで，宇宙移住に必要最低限の生態系「選定コアバイオーム」を同定することを意図しています。コアバイオームの状態は，生物多様性が保たれている「通常状態」，生物多様性が減少している「極端状態」，人間が居住可能である「居住可能」の3つに分けられていますが，移転環境ではこれらを半閉鎖的につなげてコアバイオーム複合体全体のバランスを調節することも求められます。（Part 1 Chapter 1 図 1）

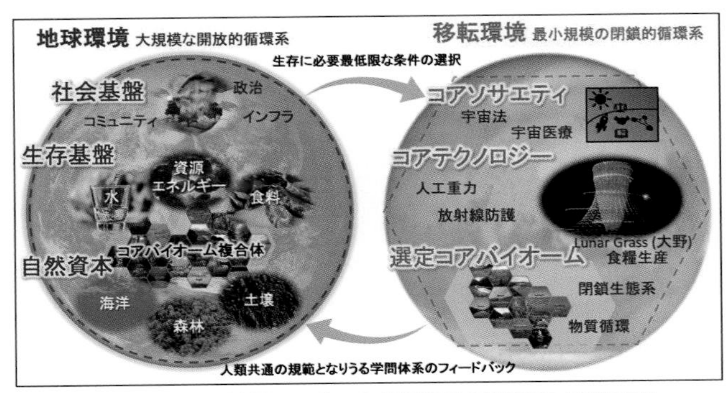


**口絵 2　コアバイオーム移転のコンセプト図**

開放的循環系である地球環境から，生存に必要最低限な必要な要素を抽出し，3つのコアコンセプト「選定コアバイオーム」「コアテクノロジー」「コアソサエティ」を構築することで，最小規模の閉鎖的循環系である移転環境を実現することができます。この学問体系は宇宙移住に必須なだけではなく，地球環境保全や人間社会の組織形成などにフィードバックすることで，人類共通の規範となりうるでしょう。（Part 1 Chapter 1 図 3）

**口絵３　米国アリゾナ州にあるBiosphere 2**

Biosphere 2（B2）とは，「地球の生態系そのものをBiosphere 1（B1）と名付けた際，それと切り離された独自の生態系」という意味の，巨大建築物の中に造られた世界初の「人工隔離生態系」です。1991年に米国アリゾナ州ツーソン郊外のオラクルに設立されました。「地球生態系から独立した環境において，地球の生態系を詰め込んだ閉鎖的空間で人類は生存可能か」という問いに対する課題実験を行い，閉鎖的空間で自給自足の生活を送ることに対して様々な課題を提示しました。（Part 1 Chapter 1 図 4）

**口絵４　有人宇宙学の定義**

有人宇宙学とは，人類が宇宙に進出するための学問であり，人間と時間と宇宙を繋ぐ学問です。宇宙と時間を繋ぐ矢印は宇宙の進化を，人間と時間を繋ぐ矢印は生命の進化・文明の進化という二つの進化過程を，人間と宇宙を繋ぐ矢印は宇宙開発の進化を表しています。宇宙の進化を学ぶ活動は「宇宙を知る」活動，生命の進化を学ぶ活動は「宇宙を生きる」活動，文明の進化を学ぶ活動は「宇宙を考える」活動，宇宙開発の進化を学ぶ活動は「宇宙を作る」活動とも捉えられます。すなわち有人宇宙学とは，人間による「宇宙を知る」「宇宙を生きる」「宇宙を考える」「宇宙を作る」活動を記述する学問でもあるのです。（Part 1 Chapter 2 図 4）

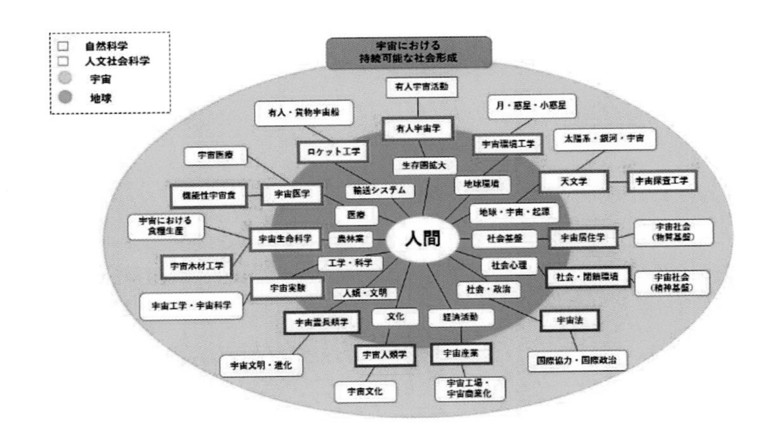


## 口絵 5　有人宇宙学学術領域マップ

京都大学大学院横断教育科目「有人宇宙学」の講義は，有人宇宙学学術領域マップに基づいて行われています。有人宇宙学学術領域マップでは，中心に人間がいて，その周りを地球，宇宙が取り巻いており，その間に人間の地球での活動とそれに相当する宇宙での活動の２つを繋げる学術領域が定義されています。(Part 1 Chapter 2 図 10)

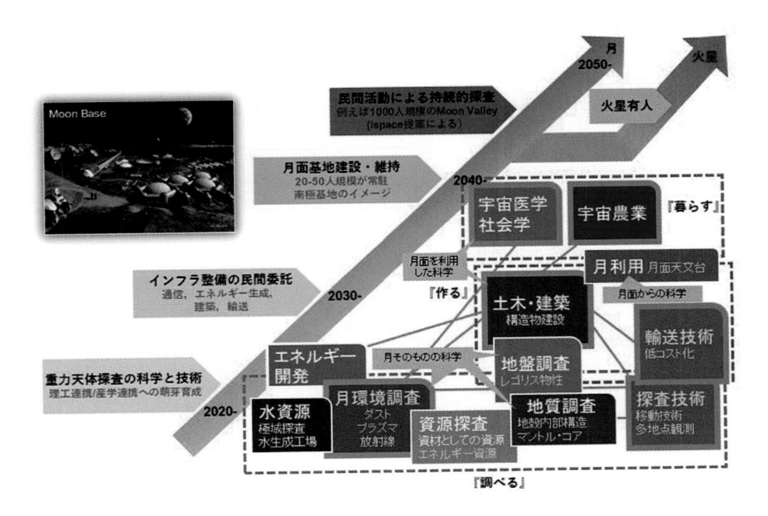


## 口絵 6　人類活動圏の拡大のイメージ

人類が宇宙に短期滞在し，そして居住し，究極的にはある程度の規模の社会を形成することを議論し具現化する時代へと，世界は確実に進んでいます。しかし，深宇宙の利用・進出において民間活動が持続し成熟するに至るまでには少なくとも今後20年，30年程度は必要であると考えられ，その実現に向けてそれまでは宇宙科学・探査を含み分野横断的な科学研究そして技術開発が宇宙開発を先導していくことが求められるでしょう。(Part 1 Chapter 4 図 1)

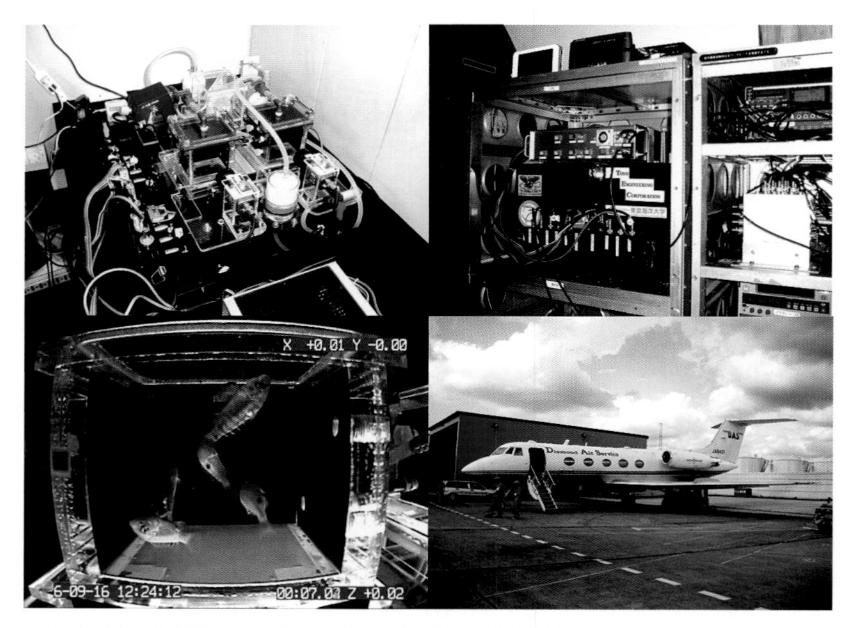


## 口絵 7　航空機を用いたティラピアの行動観察実験の装置写真

左上：人工肺を備えた実験装置，右上：航空機に搭載した実験装置，左下：微小重力下で光に背を向けて定位するティラピア，右下：実験に用いた航空機

宇宙養殖の可能性を探る第一歩として，ティラピアの姿勢保持能力や摂餌能力を調査するため，航空機の放物線飛行を利用した微小重力実験を行いました。容量約 1L の透明アクリル製密閉式水槽に人工肺を取り付けて飼育水を循環させて酸素供給を行い，各水槽に CCD カメラを設置し，全長約 3cm のティラピアを 6 尾程度収容して遊泳行動を観察しました。可視光として白色 LED，暗視野での行動確認を目的として近赤外光 LED を用い，実験条件に応じて水槽上部もしくは下部から光の照射を行いました。（Part 2 Chapter 1 図 2，図 3）

**口絵 8　月面の宇宙ログキャビンと宇宙森林**

長友（2004）は，長期の宇宙滞在が必要となる月面基地での活動や火星への有人飛行では，人は木材の内装の居室（月面ログキャビンと称する）に住み，樹木の光合成を利用した閉鎖生態系（宇宙森林）が必要になると考えました。木材は完全ではないが優れた材料で，人にやすらぎも与えてくれます。半円の部分が気圧を保つバルーンで，樹木が育つ条件にあわせて温度や大気分圧を調整できれば木材の生産も可能になるでしょう。人間が排出した炭酸ガスを樹木が光合成で固定し，住居の周りの環境を穏やかにする効果も期待できます。（Part 2 Chapter 2 図 2）

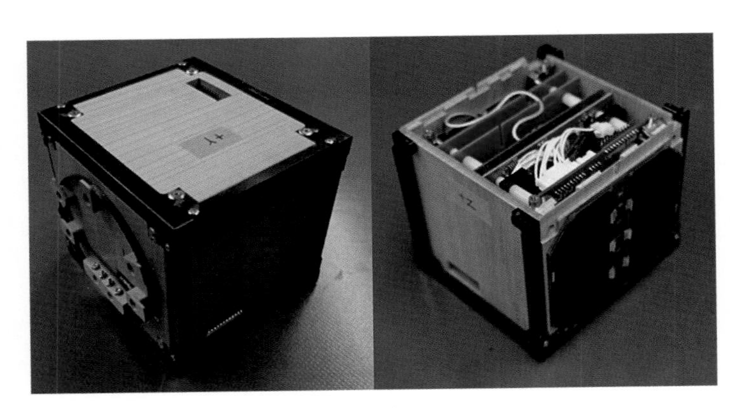


**口絵 9　LignoSat 地上検証モデル（EM）**

宇宙空間での木材利用の可能性を検証することを目的に木造人工衛星の打ち上げを計画しています。従来の人工衛星の構体はアルミニウムで作られており，大気圏再突入の際にアルミナの微粒子が生成しエアロゾルとなる可能性が指摘されます。しかし木造人工衛星であれば完全燃焼によって水蒸気と二酸化炭素となり，地球環境汚染を防止することが期待されます。2023 年の打上げを目標として開発中の木造人工衛星（LignoSat）は，木材の宇宙利用の検証をするために，ミッションとして木造人工衛星構体の変形や温度の観察，構体内部に設置したセンサーによる地磁気測定などを検討しています。（Part 2 Chapter 2 図 3）

**口絵 10　NASA の二酸化炭素除去装置 CDRA**（提供：NASA/JAXA）

宇宙船は閉鎖系のため換気はできず，人は酸素を消費し二酸化炭素を船内へ排出するため，二酸化炭素濃度が上昇し，気分が悪くなり死亡する可能性が出てきます。故に長期のミッションを行うためには米国の二酸化炭素除去装置 CDRA のような再生型の空気浄化装置が必要となります。CDRA は，ゼオライトの吸着筒で二酸化炭素を吸着することができ，かつ吸着筒が二酸化炭素で飽和すると空気の流れを遮断し，飽和した吸着剤を加熱することで吸着した二酸化炭素を脱着し船外へと排出することもできます。（Part 2 Chapter 3 図 5）

**口絵 11　尿の蒸留装置 Distillation Assembly（DA）**
（提供：NASA/JAXA）

尿処理の原理は，ヒータで尿を含んだ水を加熱して水蒸気を生成することですが，この処理の最も重要な部分は蒸留装置 DA です。尿は円筒形の加熱器の中において 220rpm で回転し，遠心力によって液体は円筒内の内側に押しつけられ，蒸気は中央部から集められ蒸留水として取り出されます。蒸気中のアンモニアやアルコールなどの揮発成分は酸化触媒により酸化され，イオン交換樹脂で処理されます。これにヨウ素を添加して殺菌することにより飲料水になります。（Part 2 Chapter 3 図 10）

## □絵 12　宇宙の劇場タイプワン

遠心力による人工重力を1Gにこだわった場合，劇場は円筒となり，床は単層でしかなくなってしまいます。これでは設計に制限が多く，移動にも不便をきたします。しかし，1Gからの多少のブレを許容する場合，半径を変化させることができるようになり，多層階の発想が可能となります。これをタイプワンと称します。これにより立体的な設計の自由度が大きくなり，観客席に角度を設けたり，楽屋やホワイエをステージの下層に設けたり，下階から演技者が現れたりというような3次元的な演出が可能となります。（Part 3 Chapter 1 図 4）

## □絵 13　ルナグラス概形

遠心力を利用した1G人工重力は，1G以下の惑星，衛星でも可能です。1G以下の天体で回転を上げていくと重力と遠心力の合力が1Gとなるポイントが発生します。天体の重力は一定で，目指す合力が1Gとこれも一定ならば，必要な遠心力も一定となります。このため，このポイントでの壁面とその天体の地表面のなす角度は必ず一定となります。つまり，天体毎に地表面となす角度が固有のものとなります。そして合力（仮想重力）を法線とするラインを結ぶと断面は二次曲線を描き，天体固有のグラス形状が現れることとなります。月固有のグラスを「ルナグラス」と呼びます。（Part 3 Chapter 1 図 11）

## □絵 14　加速時の人工重力施設

宇宙旅行では，加速，一定速度，減速，停止の変化があり，これに対応した設計が求められます。この移動施設では進行方向の加速度が増すにつれて，遠心力は減じる制御を行い，合成重力が1G近辺となるような調整が必要となります。以上より未来の人工重力移動施設は加速度に応じた変形機構を持ったものとなります。また，減速時はこのウイング展開機構を前後逆転することとなります。（Part 3 Chapter 1 図 17）

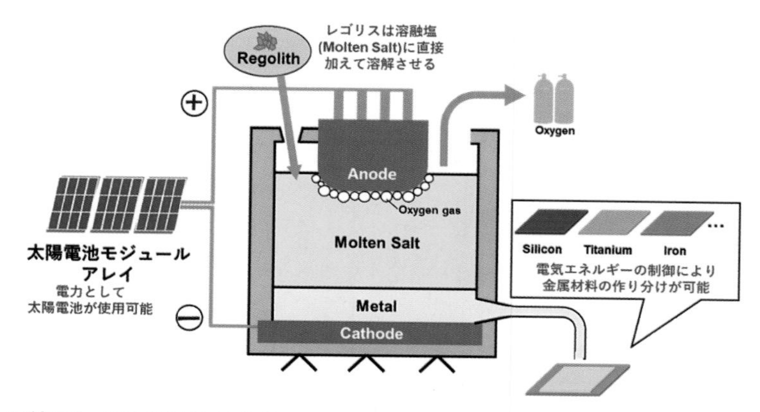


**口絵 15　液体陰極を用いた液体シリコン連続回収電解槽の模式図**

人類を月面等で持続可能な状態で居住させるためには，常に地球から物資を供給するシナリオには無理があり，最終的には，月に存在する物質からすべてを作成する必要があります。例えば月レゴリスから液体シリコンを回収する方法として電解によるものが挙げられます。溶融塩をシリコンの融点より高く設定し，そこにレゴリスを直接加え，陰極を電解槽下部に，酸素発生陽極を上部に設置することで，液体シリコンは電解槽下部に液体として沈殿生成し，液体シリコンを液体の清浄な状態で取り出すことが可能です。(Part 3 Chapter 3 図 2)

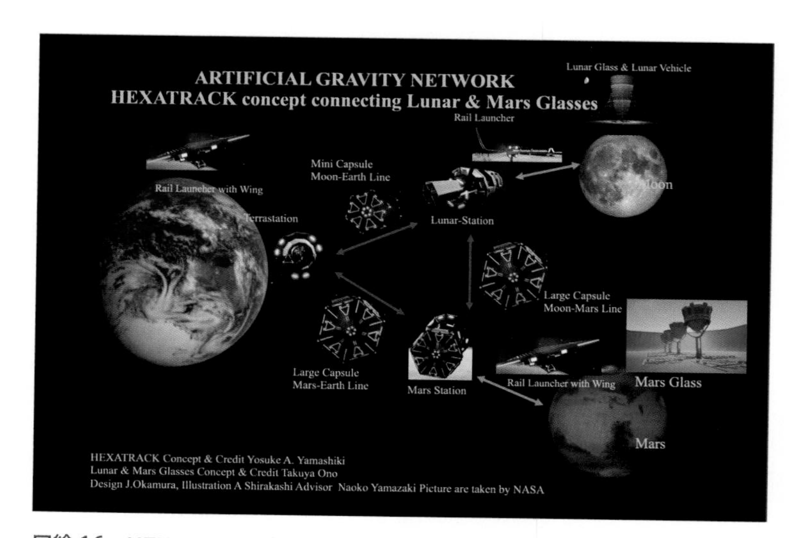


**口絵 16　HEXATRACK 地球・月・火星の人工重力ネットワーク概念図**

ヘキサトラックシステム (Hexagon Space Track System) は，月・火星での居住が現実となり，それぞれのコロニーが経済活動を行う未来宇宙社会（コアソサエティ）において，多くの人々がビジネスや観光で往来するための長期間の移動を可能とする，鉄道システムを基本モジュールとした地球・月・火星惑星間軌道輸送システムです。低重力による健康影響を最小限とするため，回転による人工重力を利用して 1G を保ちます。

# Introduction

時は2023年,「月再上陸前夜」であるアルテミス号打ち上げ成功を受け,宇宙開発と現実の月社会について様々な議論が進められています。筆者らが参加した6th Moon Village Association Workshop & Symposiumにおいても,月面社会におけるコマーシャルのポートフォリオで,どのような社会の仕組みを議論すべきであるかについて多数のエキスパートたちの意見がまとまりつつあり,2023年12月には7th Moon Village Association (MVA) Workshop & Symposiumが岡山・鳥取にて開催されます。

MVAでは,月面社会構築において,その基幹インフラと,決めるべき仕組みについて非常に多くの議論がありました。近年の宇宙開発において「ビジネス」に関する枠組みを盛り込むことは大変重要となっています。「ビジネス」とはすなわち,多数のプレイヤーが「月面社会」という土俵で共に活動し,それぞれが利益をあげられる枠組み,すなわち互いにそれぞれの役割を尊重し,かつ新しいプレイヤーを包含できる仕組みです。しかしながら世界経済をみても,その仕組みや枠組み,そして規制はどんどん変化しつつあります。特に現在企業のESG投資などで環境の価値が非常に重要になってくる中,企業活動,すなわちビジネスにおける地球環境保全の重要さがその枠組みに構築されつつあります。

さて,月面社会において,果たして「月面環境に優しく」することが議論の中心になるでしょうか？　もちろん,月面のレゴリス(表土)の保全や,今の月面環境をいかに保存するかについては,そのうち議論の中心になるかもしれません。しかしながら,月社会や火星社会といったところでは,「地球環境」と全く異なった環境からスタートしなければなりません。

すなわち,（少なくとも我々の知る）生命は存在せず,（我々の知る）生態系というものはない，そういった環境に，人類は街を作り，社会を作ろうとしているのです。

しかしながら，よくよく考えてみて欲しいのですが，今まで人類が「わがまま」に地球上に社会を構築し,「繁栄」している現実を支えているのは,「地球環境」そのものに他なりません。地球のもつ無限に近いと思われていた「自然資本」のおかげで我々の今の繁栄があり，それを支える「自然資本」が開発により「危機的状況」になったために,「地球環境保全」が叫ばれるようになった，と考えられるのではないでしょうか？　そしてその「地球環境」というのが，我々にとって必要なければ，誰も「地球環境保全」を叫ぶことがなかったのかもしれません。

宇宙開発においては,「生存基盤」と「社会基盤」にばかり議論が及び,誰もその「自然資本」について言及しない状況がありました。しかし近年，地球型「自然資本」すなわち「地球環境」無しに，我々人類の生存基盤を構築するのは困難である，という発想に徐々に共感が広がってきたように思います。

ところが，それぞれの惑星を完全に地球のようにしてしまう，すなわち「テラフォーミング」というのはまだまだ空想科学の世界だとも考えられており，その実現性は今世紀中にはほぼ不可能，1000年後に可能になっているかもわからないような状況です。このため，いくら地球の「自然資本」の大切さがわかったところで，現実の月面開発や火星開発へその自然資本を「持参」し「植え付ける」ことは困難であり，そのことが我々を足止めしています。

そのような中で，全域ではないにせよ，ドーム状の構造物の内部において地球環境の一部を再現するという試みが，1990年代にBiosphere 2から始まりました。本来は解放系である地球環境が,「閉鎖空間」の中に閉じ込められていることがそのBiosphere 2の一大特色であり，それゆえ，宇宙移住を語る上で大きな意味があると考えられます。

我々の提案は，そのような閉鎖空間に，人工重力をみたし，宇宙における二大障壁，すなわち，宇宙放射線と低重力について解決策を導こうというものです。

本書では，宇宙移住のための3つのコアコンセプトとして，「コアバイオーム（核心生態系）」「コアテクノロジー（核心技術）」そして，「コアソサエティ（核心社会）」を，宇宙における持続可能社会構築に向けた移住のための重要要素として新たに提案します。

まず，「コアバイオームコンセプト」において，人類が他の惑星に移住する際に，人類を支えてきたその自然生態系を「持参」することの必要性について述べます。そして，それを実現するための技術，すなわち「コアテクノロジー」では，人類が宇宙に適応するために乗り越えなければならない2つの障壁，微小・低重力と，宇宙放射線の解決を実現するための技術について語ります。人類を支える「自然」を宇宙で実現しようとすると，「解放系」では不可能であると考えられます。つまり，人類にとっては，あるいは地球にとっては当たり前の「環境」をもたらすために，なぜか「人工的な」遮蔽が必要となるのです。そのあたりのアンバランス性が地球以外の惑星に居住する際にどうしても必要であり，そこに「コアテクノロジー」の存在意義があります。

水中で自由に泳ぎ回るためにスキューバダイビングという機材に頼ったスポーツがあり，また「潜水艦」という船があるように，宇宙で「自由」に居住しようとする際に，最低限の閉鎖空間をもたらし，水が沸騰してしまわない環境を人為的に作り出さなければ我々も生態系も存在できません。本書では，そのような人類が宇宙に進出する際の「環境」について，新たな観点で議論してゆくことを目標としています。

さて，もうひとつの重要な目的は「地球環境保全」の緊迫したニーズと，「宇宙開発」という一見全く逆方向のベクトルに対する共通認識の形成です。いうまでもなく現在の地球に住む我々の責務は，どのようにして「かけがえのない地球生態系を保全するか」あるいは「不可逆的な地球環境変化を回避するか」です。その一方で，宇宙開発というのは，とてつもなく大きな「環境破壊」を進めてゆくことのように考えられがちです。しかしながら，「人類社会の持続可能な発展」を考えてゆく上で，両者が矛盾なく守ってゆくべき「哲学」が存在するであろうという方向で考えを巡らせた結論のひとつが「コアバイオームコンセプト」です。地球環境保全においても，宇宙における人類の長期的な生存のためにも，「コアバイオーム」をいかにして保全するかが鍵となります。すなわち，「解放系・消費型」の生態システムではなく，「閉鎖系・循環型」の生態システムを目指すべきであり，この哲学の下でしか宇宙居住は実現し得ない，という考え方です。また，「極限環境での生存」技術が，人類のこれからの「生存」のための軸に羅針盤を与え，行動規範をもたらすと考えられます。そのような哲学の下，人類のこれからの宇宙進出を考えてゆくべきではないでしょうか。

ここに紹介するコンセプトや技術には，直近に必要なものもあれば，20年後・30年後に初めて考慮されるべきものもあります。しかしながら，人類が「惑星資源を消費し，惑星を死に追いやったのち新たな資源を求めて他の惑星に移住」すべきではないと考えますし，現実的に「地球生態系を死に追いやった後に移り住むべき」惑星はそばにありません。あくまでも人類は「地球環境保全」と，宇宙における「地球環境育成」の両方を考えてゆく必要があります。

本書が今後本格化する宇宙移住時代の礎とならんことを目指し，皆様方にご批判いただければと考えます。

京都大学大学院総合生存学館　山敷庸亮

# 目　次

# Part 2 コアバイオーム

# 宇宙移住に向けての序論

INTRODUCTION TO HUMAN SPACEOLOGY

# Chapter 1

# 宇宙移住と3つのコアコンセプト

京都大学大学院総合生存学館　**山敷庸亮**

近年，人為的影響による地球環境の変遷は著しさを増しています。現在のところ，人類が安定して居住できる惑星は地球のみであり，その地球環境の不可逆的な変化により，人類をはじめとする地球生態系は危機に瀕していると言えます。地球環境問題の解決に関しては，SDGsの達成をはじめとする様々な国際枠組みが考えられていますが，これらの明確な解決策やゴールが示されているにもかかわらず，問題解決の先送りによる危機的な未来図も示されている状況です。

このような中，地球環境の修復を試みると同時に，地球以外の場所での人類の生存可能性をテストするための様々な試みが始まっています。人類が地球以外で長期間居住した実績がある場所がISS（国際宇宙ステーション）です。ここは閉鎖性環境であるにもかかわらず，1998年の打ち上げ以来24年間にわたって宇宙空間での長期滞在が実施されています。しかも，その輸送システムではアメリカとロシアの協力による長期ミッションが実現されており，人類史上に残る地球外の拠点となっています。このような地球以外の閉鎖性空間で人類が長期間滞在した実績を踏まえ，人類は次のターゲットである月・火星での居住を目指し始めています。アメリカ・ロシア・中国，そしてこれからさまざまな国が「人が宇宙に向かう」有人宇宙を志し，我が国も，NASAが提案している月面探査プログラムであるアルテミス計画への参加を表明し，アルテミス1が2022年11月16日にSLS（スペース・ローンチ・システム）で打ち上げられました。これからの10年間には，この歴史的な宇宙への展開が現実になる人類史上かつてないパラダイムシフトが起こるでしょう。我が国でも様々な宇宙関連のベンチャー企業によるロケット開発や宇宙観光などの取り組みが始まっていますが，宇宙開発をリードするアメリカなどに比較すると非常に大きな差が存在し，法体系の課題もあります。

我が国の宇宙開発が遅れている理由として，宇宙開発に関して世界をリードするビジョンや哲学，そして学問体系が確立していないことが挙げられます。人を宇宙に運ぶ時代になると，その先を見据えた緻密な計画が必要で，想定される事象に対して学問的な準備をしてゆくことが必要です。同時に，本来人間や他の生物が住むことができないはずの宇宙空間における「生命維持システム」を確立するための基幹技術，国際協力体制などの経験を有している我が国の有人宇宙活動から学ぶべき点は多く，これらの経験を活かす必要があります。

実際に地球外での生活を考えた時，その惑星環境にどのような自然資本が存在し，どのように衣食住が可能になり，宇宙社会が実現するかについて，現実的な数字を踏まえた計画を検討立案する必要があります。そこで我々は21世紀後半に人類が月・火星への移住を現実のものとするという未来を想定し，宇宙移住に必要な3つのコア（核心）コンセプトとして，要素抽出した地球生態系システムを「コアバイオーム複合体」と定義し，移住に必要な最低限のバイオーム「選定コアバイオーム」を同定し，それに必要な基幹技術「コアテクノロジー」と社会システム「コアソサエティ」の統合から，他の天体（移転環境と称する）への宇宙移住の基幹学問体系として確立することを目標とした概念を構築しました。またこの学問体系を，地球環境保全や人間社会の組織形成などへフィードバックすることをひとつの大きな目的とします。

# 1 コアバイオーム

## (1) コアバイオーム複合体

我々の地球生態系において，なくてはならない生態系を「コアバイオーム」と称します。そしてそれらの複合体である「コアバイオーム複合体」とは，地球生態系を構成するにあたってなくてはならない基本構造と定義しますが，その意図するところは地球におけるそれぞれの場所で優位性のあるバイオームの機能を抽出することで地球生態系を簡略化したフォームです。コアバイオーム複合体の概念図を図 1 に示します。

地球そのものの生態系を惑星規模で見た場合，表面積の 7 割を占める海洋が主要バイオームとなり，3 割の陸域においては森林，草原，砂漠，氷床などのバイオームが存在します。さらに地球においてはその中に，人間活動をベースとした（Anthropogenically な）人工的な農地，都市，発電所，交通網などが一定面積を占めており，これらはコアバイオーム複合体においてそれぞれのコアバイオームに大きな環境負荷を与える存在であると同時に，ある場合は共生がうまくいってコアバイオームの一部となり安定した要素になっています。

## (2) コアバイオームの 3 つの状態

コアバイオームのそれぞれの状態を，「通常状態（Standard Biome）」「極端状態（Extreme Biome）」そして「居住可能（Habitable Biome）」と定義してみます。

この3つは，できるだけシンプルな分割として試みたものですが，「通常状態（Standard Biome）」はそれぞれのコアバイオームが一般的に正常に機

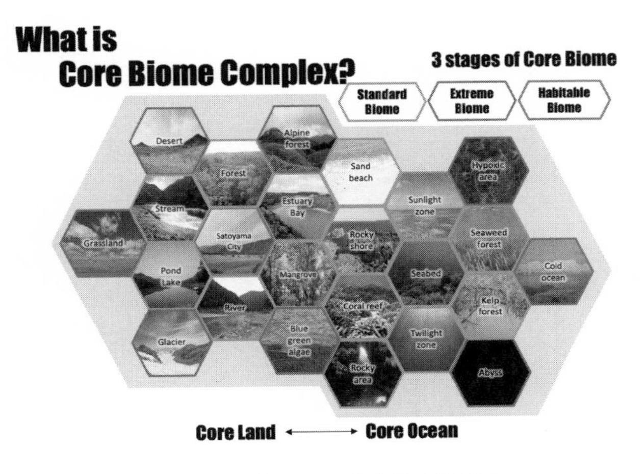


図 1　コアバイオーム複合体の概念図

能し，生物多様性が保たれている状態を指します。すなわち，いわゆる我々が一般的に知りうるその生態系における通常の「健康的な姿」と言ってしまいましょう。もちろん，この通常状態は，地球においては四季によって大きく変化します。海洋においては，夏場と冬場の水温がずいぶん違いますので，そこに生息する水圏生態系や魚類が大きく異なるでしょう。陸域においては，特にモンスーン地域では四季がはっきりしていますので，日本などでは夏山と冬山は全く異なります。また，雨季と乾季がわかれている場所ではもっとはっきりしているでしょう。ただ，一旦この季節的な変化は「包含」して，これらの通常状態を Standard Biome と称しましょう。

「極端状態（Extreme Biome）」は例えて言えば，湖においてラン藻類など特定の植物プランクトンにより生物多様性が減じられた状態のバイオームを指します。ホテイアオイが一面に覆って他の水生植物が育たない状態もそうかもしれません。また渦鞭毛藻が卓越して赤潮が発生している状態も極限状態のひとつだと考えられます。これらは，極端な栄養塩増加や水温を反映したものですが，人為的な，例えば下水の流入による過度の負荷の増加により，貧酸素水塊が現れた状態も，この極端状態にいれることとしましょう。すなわち人為的な擾乱によって機能不全に陥っているバイオームも含めます。

また「居住可能（Habitable Biome）」とは，これらのバイオームの中で，特に人間が居住可能な状態になっているものを示しますが，いわゆる「里山」やその周辺，「田園都市」のような光景を指します。

我々が理想化して提案しているコアバイオーム複合体はこの3つの状態を陸域から海域への環境勾配に沿った序列により表現します。陸域の中心部には居住可能（Habitable Biome）が存在し，複合体の端には極端状態（Extreme Biome）が存在するように並びます。この並びは地球規模での気候（植生）分布を参考に，なるべく環境が近いバイオームが隣接するようになっており，生態系をグラデーションで捉えるといったコンセプトを含んでいます。それぞれのコアバイオーム内での循環も大切ですが，隣接するコアバイオームを半閉鎖的につなげて，コアバイオーム複合体全体の循環のバランスを調節することが求められます。

### (3) 選定コアバイオーム

例えば月・火星にこれら地球の生態系を複製しようとしても，そもそも海洋が存在しない環境では不可能です。未来社会において仮にテラフォーミングがなされたとしても，地球における陸域の生態系が主になることが想定されます。その上で，地球生態系における重要な要素である海洋を除外すると，生態系のシステムとして成立しない可能性があります。そのため，移転先惑星空間において成立しうる地球上の生態系の組み合わせを「選定コアバイオーム（Selected Core Biome）」として定義します（図2）。

地球生態系では7割を占める海洋ですが，もともと水域（海域）が存在しない地球外でその規模を複製することは現実的ではないため，本コンセプ

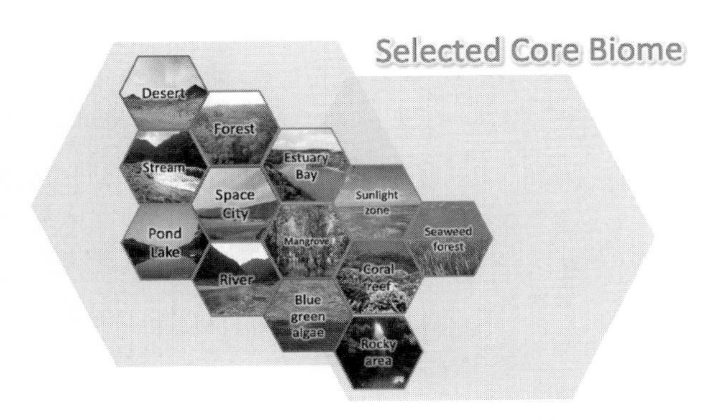


図２　選定コアバイオームの概念図

トでは海洋モジュールの中において，例えば沿岸域における藻場，サンゴ礁などの領域のみ選定したバイオームを想定しました。また，陸生モジュール中においても，森林や河川など複雑性が高く，生産性が高いバイオームを選定しました。この選定バイオームにあたっては，後述する実際の隔離生態系実験である Biosphere 2 における海洋バイオームなどを想定しています。

## 2 コアテクノロジー

いままで主に，「宇宙空間における生態系」の概念について述べてきましたが，宇宙における人類の居住を実現するためには，地上にない宇宙の特殊性を鑑みた，生存のための技術体系が必要です。これらを「コアテクノロジー」と名づけましょう。そして，特に地球以外の惑星で居住を実現するのに最重要な2つの技術は，(1) 宇宙放射線防護技術と (2) 人工重力技術であると考えます。

まず，(1) 宇宙放射線防護技術についてです。例えば火星における 1 日あたりの宇宙放射線量は 188 ～ 225 μGy であるとの実測値があり[1]，さらに太陽からの高エネルギー粒子が到来する場合は大きく跳ね上がります。火星への往復のミッションにおける推定被曝量はおよそ 1Sv と算定されており，現在地上で適用されている放射線防護基準を大きく超えます。このように火星において被曝量が大きくなってしまうのは，大気が薄く，双極磁場が欠如しているからです。また月面においては，大気がほとんど存在しないので，さらに被曝量は大きくなります。放射線源としては，主に重粒子 (HZE) を含む銀河宇宙線 (GCR) と，加速された陽子を主成分とする太陽高エネルギー粒子 (SEP) が挙げられます。それぞれによる被曝を防ぐ技術体系としては，まずは単純に構造物にこれらの高エネルギー粒子を防ぐ部材を利用すること，そのために炭化水素を多く含む素材を利用すること，あるいは液体の水を遮蔽に用いることなどが考えられます。また，薄大気の状態を解決するため，人為的に大気圧を増やす試みも想定されていますが，薄大気の原因は根本的には磁場の欠如による大気散逸であるため，惑星の周りに加速された荷電粒子のリングを形成し，人工磁場を作成してこれらの問題を解決するというコンセプトもアメリカ航空宇宙局 (NASA) から発案されています[2]。これは，将来の火星のテラフォーミングを真面目に考えるという立場からは，非常に画期的なアイデアでありますが，実現に向けたハードルはかなり高いといえます。

次に (2) 人工重力技術についてです。微小重力ないしは低重力環境下で 6 ヶ月以上生活すると，人体が回復不能な機能不全を引き起こすことが報告されており，また次世代を残すためにも重力環境が必要であるとされているため，比較的短期間である ISS のような無重力環境の移転先への応用は問題を引き起こすと考えられています。人工重力については，鹿島建設の大野氏らによる人工重力施設 (Lunar Glass, Mars Glass) (本書 Part 3 Chapter 1 参照) にみられるように，惑星表面で遠心力を利用した重力環境を人工的に作り出す試みもあります。人工重力が実現した環境とそうでない環境には大きな差が生ずることは間違いないので，移転先の惑星においては，これを実現するための大規模な装置の稼働が「人類」にとっての安定した生存条件になると考えられます。もちろん，微小重力，低重力に人体が適応してしまうというシナリオも考えられますが，それにより世代交代が進むと，人類の「種」としての「分化」が進んでゆく，ということが現実に起こりうると考えられます。

他にも，薄大気により頻発する可能性が高い，隕石衝突の問題などに対する根本的な対策が必要となります。地球では，大気による摩擦のため，大抵の隕石は地球衝突前に燃え尽きますが，月・火星においては，それらが燃え尽きずに直撃するリスクがあり，惑星表面での衝突に対する対策と，その頻度の解析は非常に重要になるでしょう。

これらの「核心技術」に加えて，そもそも宇宙空間で人類を「生存」させるための，「生命維持装置」の稼働が必要です。これはすでに蓄積があるとはいえ，「酸素を含む空気」「二酸化炭素の除去」「水のリサイクル」「食料供給」が根本的で，これらの技術がなければ，人間は宇宙空間で「生存」することはできません。

## 3　コアソサエティ

コアバイオーム・コアテクノロジーを備えた上で，どのような宇宙社会の構築が可能になるでしょうか？　移転先環境における社会を支える大きな２つの学問は (1) 宇宙法・社会学そして (2) 宇宙医療でしょう。(1) については，宇宙においてどのような法体系が適用できるかをまずは考え，地球における各国の国内法がどのように適用されるかを考えていかなくてはなりません。宇宙基本法において地球以外の惑星空間の土地の所有はでき

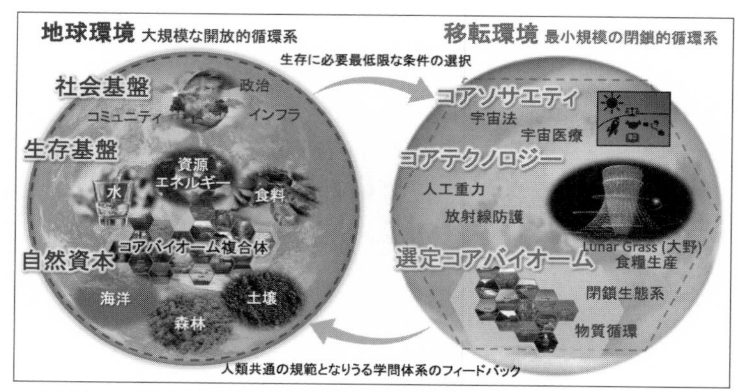


図３　コアバイオーム移転のコンセプト図

ないことになっていますが，そこに構築した建築物についての管轄権は各国政府に委ねられます。また，宇宙開発が民間主導で進んだ時，なおさらどの法に基づいてガバナンスが行われてゆくかを検討する必要があります。宇宙空間において適用しうる法体系は国際法に基づくものとなるべきですが，国際法は司法機関がはっきりせず，罰則規定も曖昧です。また，(2) について，宇宙空間における医療の問題は切実です。人類の宇宙空間への進出における最大障壁である微小重力と宇宙放射線それぞれについて適切な対処法を用意しておかないと，長期間健康的な生活を営むことは難しくなるでしょう。

# 4 移転先環境の社会実現にむけて

本「3つのコアコンセプト」においては，大きく「コアバイオーム」「コアテクノロジー」「コアソサエティ」の3つの分類に沿って，それぞれ必要な学問について議論してゆくことになります。「コアバイオーム」は，「宇宙森林」「宇宙海洋」に分類し，それぞれ，地球の「陸域」「海域」のバイオームの移転を考慮することとし，「コアテクノロジー」では，「宇宙居住」「宇宙惑星」「宇宙生命」と大きく分類した中での議論を行います。さらに「コアソサエティ」では，「宇宙法社会」「宇宙医療」そして「宇宙観光」とカテゴライズして，それぞれについての議論をすすめていきます。

## (1) コアバイオーム

コアバイオームを，地球規模で大きく〈コアランド〉と〈コアオーシャン〉に分けます。また，その〈コアランド〉の中でも，生態系（バイオーム）に寄与しているものは〈森林〉として，その宇宙進出を考えるため，「宇宙森林」という学問を考えます。〈コアオーシャン〉については，「宇宙海洋」という学問を考えますが，それは複数の意味合いがあります。いずれも，〈現状のエコシステムとしての森林・海洋〉と〈ミニバイオームとしての養殖・栽培技術〉です。

「宇宙森林」では，宇宙における農作物，樹木，草本など，惑星移住に必要な基幹植物生態系を明らかにし，森林生態系の自立に必要な条件を明らかにすることを目標とすると同時に，森林にそった水循環に伴う陸と海の生態系のつながりやバランスに焦点を当て，樹木系の選定と水循環システムを統合した「コアランド」を確立することを目的とします。

「宇宙海洋」では，惑星における海洋の姿を探り，海のある地球と海のない月・火星における根本的な惑星表面環境の違いと，人工の海における「移住可能な」生物相を明らかにし，宇宙での水圏生態系が成立するかを評価します。また，ここには，「宇宙養殖」の概念をもって，宇宙での魚の養殖が実現可能かについても大きく議論をしていく必要があります。

これら2つの学問体系（宇宙森林・宇宙海洋）を「コアバイオーム」の概念に落とし込み，地球全体の抽出された生態系システム「コアバイオーム複合体」から移転環境に必要な閉鎖生態系生命維持システム「選定コアバイオーム」を抽出していくことが目標となります。また，これを適切に評価することにより，地球における生態系維持プロセスの解明，人工生態系の最小化技術の発展に貢献することが期待されます。

### (2) コアテクノロジー

宇宙移転のためのテクノロジーとしては何が必要かを考えたとき，もちろん〈生命維持装置〉の開発と運用が根本となります。すなわち，〈空気〉〈水〉が確保され，〈衣食住〉が実現される空間が維持されることが最低条件です。しかし，宇宙に社会をつくってゆくためには，それだけでは不足です。先にも述べた通り，〈空気〉〈水〉〈食料〉〈住居〉〈衣服〉のほかに，長期滞在で最も重要な要素は〈宇宙放射線の遮蔽〉と〈微小重力への対応〉です。この2つの障壁を打開するための核心技術を〈コアテクノロジー〉と称することにします。もちろん，宇宙での生活の問題点はそれだけではありません。全てが絡み合っているのです。例えば，〈薄大気〉は微小・低重力によってもたらされますが，これ自体が宇宙放射線の防護を不可能にしてしまいます。また，のちに考える〈隕石衝突〉に直接さらされることになります。これらの課題を学問に落とし込むために，「宇宙居住」と「宇宙惑星」と「宇宙生命」という学問を考えます。

「宇宙居住」では，月・火星での1000人の社会の構築を目標とし，その上に「生命維持装置」を基盤とする「循環型社会」を構築します。また，人間が長期間健康的な生活を営むための「人工重力設備」などの基幹技術を駆使し，循環型都市「コアシティ」を提案します。さらに，これらを地球における都市の概念に還元し，地球・宇宙での循環型社会の構築に資するための技術を考えてゆきます。すなわち，宇宙居住を「微小重力に対するソリューション」を考える学問とします。

「宇宙惑星」の目的は，移住先の惑星に関する様々なレベルでの安全性を，惑星科学の観点から明らかにすることです。特に薄大気での隕石・小惑星衝突リスクの評価，太陽高エネルギー粒子線や銀河宇宙線の影響評価を行うこととします。すなわち，「宇宙惑星」を宇宙放射線や隕石・小惑星と戦う学問とします。

「宇宙生命」では地球外閉鎖環境で人類の生存と社会の維持に不可欠な生物資源生産のため，低重力，低大気圧などの宇宙空間における環境条件下で食料自給や木材生産の実現化を目標とします。

これら３つの学問体系（宇宙居住・宇宙惑星・宇宙生命）を「コアテクノロジー」として整理し，地球における資源利用の効率化へとフィードバックを行っていきます。

### (3) コアソサエティ

先に述べた通り，宇宙で社会を構築するために何が必要となるかを考えた時，最も重要な項目は〈宇宙での法整備〉と，〈宇宙での医療〉でしょう。法がなければ，そもそも地球でいう〈法治国家〉になりません。明文化された法というものが共通で認識される世界を考えてゆかねば，宇宙は無法地帯となってしまいます。同時に，法だけではなく，〈社会学〉的な視点を考えてゆく必要があるでしょう。また，宇宙に〈医療〉がなければ，そもそも病気になった場合，地球に帰るか死を待つしかないということになってしまいます。この，医療と法社会，すなわち，〈宇宙医療〉と〈宇宙法社会〉について体系立って学問を構築する必要があります。

宇宙法社会では，宇宙での社会が仮に実現する場合の，「国際法」の一種である「宇宙法」の適用範囲と，宇宙開発を行う「国内法」との関連，そして多国籍企業がリーダーシップを取る可能性のある新たな時代の宇宙開発における適用可能な法の概念を明らかにし，宇宙社会を実現しうる法体制を提案します。また，「社会学」の観点から，人間という集団が宇宙でどのように存在するべきなのかを考え，ダンバー数に基づく最適のコミュニティを創造するための学問体系を確立することを目標とします。

宇宙医療では，これらの宇宙環境における微小重力・宇宙放射線などの健康影響の評価と，その他の宇宙環境での障害を明らかにし，長期間の移住に伴うリスクの評価と回避策の検討を行います。

これら2つの学問体系（宇宙法社会・宇宙医療）を「コアソサエティ」として，新たなフロンティアでの社会構築を先立って計画することで，来たるべき時代へ最先端の社会構造案を提示します。このコアソサエティを考える中で，現代の行き詰まった社会に法律・政治・司法のあるべき姿を再考させることを期待します。

移転先環境においてこれらのコンセプトを第一に考える背景には，地球におけるすべての生存基盤が，地球生態系，すなわちコアバイオーム複合体に委ねられているという事実があります。宇宙空間における従来の考え方は，生存基盤のみ確保して，短期滞在を実現させることに集中していましたが，長期滞在を想定した場合，さらには宇宙に持続的社会を構築していくためには，人類の宇宙での生存基盤を保証するための選定コアバイオームの構築が必然となります。もちろん現在の月・火星の惑星環境そのものでは，これらの選定コアバイオームを実現させるための大気圧と温度が保証されておらず，まずはこれらを実現する必要があります。

## 5　コアバイオームの例，Biosphere 2

Biosphere 2（バイオスフィア2）とは，「地球の生態系そのものをBiosphere 1と名付けたとき，それと切り離された独自の生態系」という意味の巨大建築物の中に造られた世界初の「人工隔離生態系」であり，その内部に

44m × 44m の広さを持つ人工の熱帯雨林，人工の海（水深 7m），砂漠・サバンナ環境が再現されています。また，淡水と海水が混在する汽水環境も再現されており，外界と内部の気圧差を吸収する巨大チャンバーも存在します。1991 年に米国アリゾナ州ツーソン郊外のオラクルに完成して以来，実際に 8 人のクルーが 1 年間閉鎖空間で模擬実験を行い，その後様々な大学機関の所有経歴を経て，2011 年よりアリゾナ大学によって管理・運営されています。これは，「地球以外の惑星」において「地球の生態系を詰め込んだ閉鎖性空間」で人類が生きてゆくことが可能か？というシンプルで難解な問いに対して初めて大々的に挑戦した重要な課題実験であり，閉鎖環境での自給自足生活の困難さなど様々な課題の発見がありました。例えば施設内の酸素濃度は低下しないはずでしたが，増加した二酸化炭素を植物が光合成に用いる前に，土壌やコンクリートが吸収し，酸素濃度が危険なレベルにまで下がった事例が発生しました。また，限られた空間で人間関係の対立が生じ，食糧生産が非常に緊迫するなど，実験前に想定していなかった様々な困難により，クルーらの閉鎖環境での隔離生活は 2 年で終了しました。2019 年から筆者らは Biosphere 2 を用いた宇宙キャンプ——Space Camp at Biosphere 2（SCB2）——を土井隆雄宇宙飛行士らと計 4 回実施しており（PROJECT REPORT 2 参照），日米双方から 5 人ずつのクルーが共同生活を送ってきました。その研修を通じて学んだことは，宇宙空間に地球生態系の一部を複製することは必要であると考えられますが，非常に困難かつコストがかかるということです。特に困難であるのは「海洋」バイオームであり，前半で述べた「サンゴ礁」の維持はいまだ実現しておらず，過去に死滅したままです。また，魚類生態系も十分に維持されていません。森林バイオームにおけるベントスは一部のみ生存しており，それらは選定されておらず，動物は基本的に生育させていません。なぜなら，地球では「生態系の一要素」である「動物」を含んだ実験系を組み立てようとすると，その食料確保のために相当大きな面積が必要となるのですが，まだそのレベルにまで実現していないからです。また，もうひとつの問題

図 4　米国アリゾナ州にある Biosphere 2

は，これらを踏まえて，人間には「必要」あるいはなくてはならない生態系要素があると同時に，直接は「必要がない」生態系要素もあるということです。

## 6 コアバイオーム・コアテクノロジー・コアソサエティの課題

コアバイオームコンセプトにおいて，現時点で考えられる課題について整理してみましょう。

まず，生産者と消費者，という観点で考えると，植物や藍藻類などの光合成を通じて酸素を生産する種をどのように持参するかに重きを置かざるをえないと考えられます。動物類，特に酸素を大量に消費する大型哺乳類は，宇宙空間において人間と酸素や有機物を獲得する上での競合関係に陥ってしまうと考えられます。そのため，最初の小規模のコアバイオームにおいては，一部のベントスをのぞき，大半は生産者である植物の持参を考えることとなるでしょう。また，そうであっても，自然界には，有酸素・無酸素のそれぞれの系があり，好気性環境，嫌気性環境をそれぞれ構築する必要がでてきます。好気性環境は，光合成の不活性など，何らかの原因で酸素濃度が低下すると，すぐに嫌気性環境に変化してしまう可能性があり，その場合中の動物やベントスなどは死滅してしまうわけです。水中でも同じで，水槽の中の溶存酸素濃度が低下すれば，魚類は死滅してしまいます。そういう意味でも，コアバイオームをオペレートする際，どのように「系の酸素濃度」を一定値以上に保つか，あるいは逆に嫌気性を保つかが，最大の課題となるでしょう。いうまでもなく同時に，「温度」と「気圧」の制御は必要になります。

次に，これらが問題なく制御できたとして，生態系を希望通り選定できるかという課題に突き当たります。ペットや観葉植物ならともかく，生態系として持参する場合，特定の種をどのように増やせるかという問題は大いに頭を悩ませるでしょう。そして，そもそも特定の種を「人間」の希望で選んで良いかどうかというところが最初の問題点です。多くの場合，人間が良かれと思った生態系の構成要素と，自然が自然らしく存在するための生態系の構成要素は異なってしまいます。また，その生態系の中で重要な役割を果たす分解者である微生物群は，直接的には目に見えませんが，中の要素を大きく左右します。葉上生息菌や，多くの植物と共生関係にあると言われる菌根菌をどれほど「再現」できるのか？　第一フェーズとして植物のみを持参するとしても，葉上生息菌や菌根菌なども含めて持参可能かどうかは考えてゆかねばなりません。また，動物やベントスに関しては，問題はもっとシビアです。人間に匹敵する大型の哺乳類を支えるために必要なバイオマスの量を考えると，宇宙に動物を持参することは，相当な覚悟が必要となるでしょう。バイオマスだけではなく，酸素の奪い合いになるという事実と向き合わなければなりません。また，動物だけではなく，マツクイムシのように昆虫類の中には植物に致命的な影響を与える種も存在しますので，宇宙に持参した生態系が生き残るために，これらの害虫に関しても，シビアにコントロールしなければならないでしょう。そうすると，実際に持参可能な生態系は，地球生態系の中で非常にわずかな種類でしかない可能性が出てきます。

このような生態系の持参に伴うコントロールをどのように行ってゆくかが問題になってくると考えられます。地球においては，生態系は「地球の一部」として存在するので，その生態系の維持の目的を問われることはないでしょう。強いて言えば「自然環境の保全」にあたります。ところが宇宙においては，地球生態系は「自然」には存在しえず，特定の環境を構築してようやく成立するものです。宇宙農場のような，人類の生存のための「生存基盤」の整備にコストがかかることに反対する人は少ないでしょうが，「生態系の維持」にコストがかかる場合，そのコストのための「説明」を行ってゆく必要があります。それは「必然」なのか，あるいは「環境」なのか，いわゆる，「QOL 向上」のような理由になってしまう可能性があり，それでは「コアバイオームコンセプト」の中核に至りません。コアバイオームコンセプトは，宇宙に長期間移住するためには必ず人間が拠り所とする生態系の持参が必要である，という事実を中心軸に置いており，この部分にかかるコストを，どのように「説明」できるかが非常に重要であると考えられます。

また，マツクイムシの例で述べたように，人間や他の環境にとって「望ましくない」種をどのように考えて制御できるかという問題があります。蚊やゴキブリのような，一般的に「害虫」とされる昆虫が一旦宇宙生態系に混入してきた場合，どう対処するのか，例えば殺虫剤を使うのか，あるいは共生生物としてそのまま放置するのか，という「難問」にぶつかるでしょう。同時に病原性微生物やウイルスについても考えてゆかなければなりません。

さらに根本的な問題も存在します。私がここで述べた「生態系」はあくまで「地球生態系」であり，他の惑星にとっては「外来種」となります。万が一，移住先に「生態系」が存在するとすれば，地球生態系を人類と同時に持参するのは，その惑星にとって「外来種の侵入」となるわけです。すなわち，「惑星防疫」上は，コアバイオームコンセプトは，「地球生態系という外来種」を「正当化している」コンセプトとなり得ます。ほとんど可能性はないとはいえ，火星にもし独自の生態系があった場合，地球生態系からなる「コアバイオーム」を持参することは許されるかどうかという議論が白熱する可能性はあります。

そうした場合を考えると，惑星への生態系の移転は，そもそも地球環境の移転先惑星での再現が難しい状況もありますが，完全に閉鎖された地球環境を再現するドーム状構造物の中で，完全にその惑星の外界環境から遮断された中で再現してゆくのが「正しい」と認識されることとなるでしょう。

「コアテクノロジー」の課題として，宇宙での生存を裏付ける生存基盤技術がうまく動かなかったときのセーフティネットワークはどこまで可能かというものがあります。宇宙環境では，地球の生存基盤の三要素（水（淡水），食料，エネルギー）だけではなく，そもそも大気がありませんし，大気圧もありません。そして，人間が生きるために絶対的に必要な「酸素」がないのです。宇宙居住を考える上で，最も大切なものは，生存基盤である「酸素供給」です。純酸素だと燃焼リスクなどの問題もあるので，窒素を混ぜる必要があるでしょう。またそこでつくった「人工大気」が失われないための「機密性」が必要になります。どこにどのような立派な施設をつくったとしても，「酸素供給」と「機密性」が最も大切であると言えます。また同時に，周囲の圧力が低いので，「減圧症」のリスクに常にさらされていると言えます。特に何らかのトラブルが発生して，施設内の気圧が下がる際に，酸素濃度の確保と同時に，減圧症のリスクに対する対策も必要になると言えます。

その次に，「水」「食料」「エネルギー」の供給が確保されていることが重要です。これらは，現在日本のJAXAが世界に誇る「生命維持・環境制御技術」(ECLSS) により，すでにISSで実証されたある程度の技術が確保されていると言えます。

我々はさらに，人工重力・放射線防御について，宇宙での長期滞在における「コアテクノロジー」だと位置づけていますが，これらが，万が一働かなくなった際の回避策を十分に考えておく必要があると言えます。特に人工重力は巨大な稼働装置が必要で，回転が停止した際の建物全体のセキュリティーと安全性の確保が非常に重要となります。また，放射線防御の面でいうと，安全な施設のアクセスと，例えばSEP接近情報のような「情報の伝達」が非常に重要です。

また，地球では問題とならない災害事象（隕石衝突，スペースデブリ対策）をどのようにリスク管理するかという重大な問題があります。スペースデブリの接近対策・回避策をどのように行うかは地球周回軌道においては絶対的に重要ですが，月・火星表面においては，圧倒的に多いであろう隕石あるいは小惑星の衝突リスクを具体的に考えてゆく必要があります。

「コアソサエティ」の課題としては，宇宙基本法と，それぞれの国内法との関係として，所有はできなくとも管轄権が生ずる「管轄権問題」，そして国際施設の法はどの国の法規に準ずるかという問題，資源の権利は採掘者（国）に帰するのかという重大問題，ここで管轄権が生じた場合，その資源は実質的に採掘国のものになるのかどうかという問題が早々に争われるでしょう。また，例えば犯罪者はどの国の法で裁くのか，我が国で認められている死刑はどうなるのか，巨大事故が発生した場合，その責任はどの国に帰せられるのか，宇宙で生まれた人間がどこの国籍となるのかなどが議論となるでしょう。

宇宙医療においては，遠隔医療，微小重力に関する影響の評価，リハビリ施設の確保，宇宙放射線に対する疾病対策，低酸素症や減圧症に対する緊急医療体制の確保などが課題であると考えられます。

# 7 コアバイオームコンセプトの可能性

現在までの地球上における生態系の隔離や保存は，言葉として「ビオトープ」や「エコシステム」として考えられ，形としては植物園の温室，水族館の水槽など人間が入れる大型なものまで存在しています。コアバイオーム複合体の概念は，呼吸や排泄のみならず住環境までの人間活動を含めた生態系として考える点で，科学的な展示や養殖とは次元が異なるといえます。しかし，複数の異なるバイオームを同時に循環させて維持させようとするとBiosphere 2の例に見たように非常に難しく，捕食者である動物を含むことはできていません。

これは端的に，持ってゆくバイオーム，特にいわゆる「生産者」である植物のバイオマス量によって支えられる捕食者の数が決まるのであって，その意味では，相当大規模なバイオームを持参しないと，捕食者の自然維持は難しくなるでしょう。バイオームが地球サイズの規模でなければ，系の中の捕食者の数のわずかなバランスのズレが崩壊へとつながると考えられるからです。大規模なコアバイオーム複合体の中で「極端状態（Extreme Biome）」がありますが，それが系の崩壊につながるのか，あるいは異なる方向，すなわちレジームシフトにつながるのか，そのようなことを解明してゆく必要があるでしょう。

ただし一方，バイオームという考え方を捨てて「養殖業」と考えると，持参する複数の生物を育て循環させるための「給餌システム」と排泄物の「処理システム」を合体化することにより，これらが実現する可能性は高くなる可能性があります。

また，地球生態系は日周期，年周期，さらには潮汐の周期など，様々な周期性の重なりで変動しており，生態系の多様性や安定性を生み出す重要な要因であるとも考えられます。海洋生物にとって，潮汐と月の周期は，一斉産卵などに大きな影響を与えている例もありますが，それらをそのような「周期」のない惑星に持っていった場合，果たしてどのようなリズムで活動するのかは全くわかっていません。そもそも，大きな「月」のある岩石惑星は地球だけで，火星には仮に海洋があっても，月による潮汐はありません。また月は「地球」に潮汐ロックされています。

さらに，人類にとって「必要な」生態系要素，あるいは「不必要な」要素（害虫の類）をどう考えるか，という重大問題が残ります。仮に必要なものだけを取り出して作成したコアバイオームが安定して機能するかについては懸念があり，この理解には非常に長い時間と経験が必要となります。Biosphere 2での経験が重要となりますが，さらに多くの経験を積むことや，数値モデルの構築が必要です。

このようにコアバイオーム複合体を安定させるためには大規模な設備が必要です。地球外で実現化するため，空間的な制限はあまり課題にはならないと想定されますが，創造するための建造コストと，維持するための電力エネルギーの必要性が大きな課題です。そのためにも最小規模でのコアバイオーム複合体の安定化を検討する必要があり，様々な規模と条件で実験を行い，生態系モデルを構築する時間的コストも考えなければなりません。コアバイオーム複合体に向けた，コアバイオームの選定や大きさ決定も未だ行っていないので，現時点ではコストの試算もできません。

最後に，これらはコアバイオーム複合体の実現に向けた課題でもありながら，我々が現在住んでいる地球への環境負荷を抑えるための課題でもあります。宇宙展開としての研究ではありますが，そのためには地球生態系への理解を深め，かつそれぞれのバイオーム同士の循環性を高めることを強いるため，結果として地球生態系の維持，そして地球環境保全に貢献することが期待できるのです。

## 参考文献

[1] Zeitlina, C., Hassler, D.M., Ehresmann, B. et al. (2019) Measurements of radiation quality factor on Mars with the Mars Science Laboratory Radiation Assessment Detector. *Life Sciences in Space Research*, 22: 89–97.

[2] Zeitlina, C., Hassler, D.M., Ehresmann, B. et al. (2019) Measurements of radiation quality factor on Mars with the Mars Science Laboratory Radiation Assessment Detector. *Life Sciences in Space Research*, 22: 89–97.

# Chapter 2

# 有人宇宙学

京都大学大学院総合生存学館　**土井隆雄**

「有人宇宙学」は，人類の有人宇宙活動を科学的に記述する新しい学問です。「有人宇宙学」はどのように創られ，何をめざし，そして何を生み出すのでしょうか。

## 1 有人宇宙活動

有人宇宙活動とは人類が地球の大気圏を離れて宇宙で行う活動と定義することにします。有人宇宙活動とは，どのような特徴を持つのでしょうか。図１は，有人宇宙活動の持つ３つの特徴をあげ，それらがどのように社会に影響をあたえるのかを考えたものです。１つめは，有人宇宙活動は最先端科学技術を使うということ，すなわち，宇宙の極限環境下で人間が生き・働くためには最先端の科学技術が必要だということです。また，宇宙という未知の世界を探求する結果として，新しい科学・技術が生まれます。２つめに，人が宇宙に行くということで，新しい社会的連携活動が必

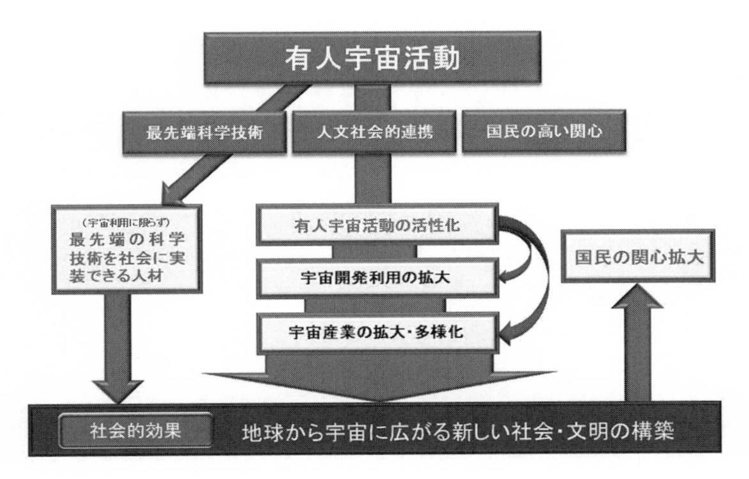


図１　有人宇宙活動の社会的効果

要になります。例えば，国際宇宙ステーションを作り，運用するために新たな国際協力の枠組みが作られたのが良い例です。３つめに，宇宙に行って人が命を懸けるということで，国民の高い関心を呼びます。このような特徴を持つ活動に多くの若い人たちが参加することによって，有人宇宙活動が活性化され，宇宙開発の利用が拡大していき，宇宙産業の拡大・多様化が起こります。

宇宙産業が拡大・多様化するということで，宇宙用に開発された最先端科学技術が私たちの地上社会にフィードバックされ，地球社会全体で新しい産業が生まれることが期待されます。このことが，また，新しく国民の関心を高め，さらにより多くの若者が有人宇宙での活動に興味を持ち参加することになるでしょう。このループが何回転もすることによって，人類文明が発展し，地球から宇宙に広がる新しい社会・文明が生まれてくると期待されます。

さて，有人宇宙活動を考える時，よく無人宇宙活動との比較で議論されます。ここで有人宇宙活動と無人宇宙活動の違いを考えてみましょう。有人宇宙開発を行っている世界と無人宇宙開発だけを行っている世界の 2 つの世界があると仮定します。この 2 つの世界の 1000 年後の未来を想像してみましょう。1 つ目の有人宇宙活動を行っている世界では，月や火星で人間が活動し，さらに木星や土星，或いは他の恒星系にまで人類が進出しているかもしれません。しかし 2 つ目の世界では人類はどこにいるのでしょうか。人類は 1000 年後の未来でも地球に留まっています。このように有人宇宙開発と無人宇宙開発では，本質的に人類社会に与える影響が異なることがわかります。無人宇宙開発でも人類は新しい科学技術を獲得していくかもしれませんが，有人宇宙開発は人類を宇宙に展開させることにより，地球文明を宇宙文明に変える可能性を持っているのです。

## 2　世界の有人宇宙活動の変遷

1961 年のユーリ・ガガーリンによる人類初の宇宙飛行以来，宇宙は人類にとって進出可能な新世界となりました。図 2 は世界の有人宇宙ミッションのこれまでの動向を示したものです。これまで，アメリカ（合衆国），ロシア，中国が独自の有人宇宙船を持ち，有人宇宙活動を展開してきました。

図 2 を見ると，国によって有人宇宙開発の戦略が異なっていることがわかります。ロシアの有人宇宙開発では，毎年 2 ～ 3 回の有人宇宙ミッションが定期的に行われてきました。これは，ロシアの有人宇宙開発が国策としてほぼ一定の予算で進められてきたことを意味しています。これとは逆に，アメリカの宇宙開発は有人宇宙ミッション数が多い期間と少ない期間が交互に来ています。これは，アメリカの有人宇宙開発がプロジェクト方

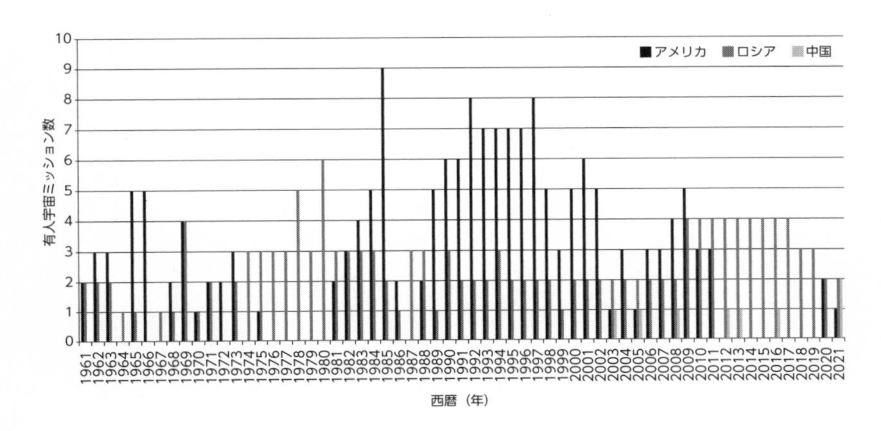


図２　世界の有人宇宙ミッションの動向

式で行われてきたためです。1960年代のマーキュリー・ジェミニ・アポロミッション，1980～90年代のスペースシャトルの時代を経て，2000年代の国際宇宙ステーションによる国際協力の時代へと発展してきています。また，2003年以降，中国も独自の有人宇宙船を開発し，有人宇宙活動を積極的に展開していることがわかります。

2010年代に入ると，それまでの国主導の有人宇宙開発に新しい波が起こりました。それは，宇宙の商業化による民間企業の有人宇宙活動への参入です。国際宇宙ステーションへ物資の輸送ばかりでなく，旅客の輸送もできる有人宇宙船の開発が行われ，すでに国際宇宙ステーションへの商業有人宇宙ミッションが始まっています。

図3は日本の有人宇宙ミッションの動向を示したものです。1985年に国際宇宙ステーション計画への参加決定および第一次材料実験に参加する日本人宇宙飛行士の選抜により，日本の「第１期有人宇宙活動」が始まりました。日本は短期有人宇宙ミッションを通じて，宇宙実験技術，ロボットアーム操作技術，船外活動技術など有人宇宙活動に必須な技術の獲得を目

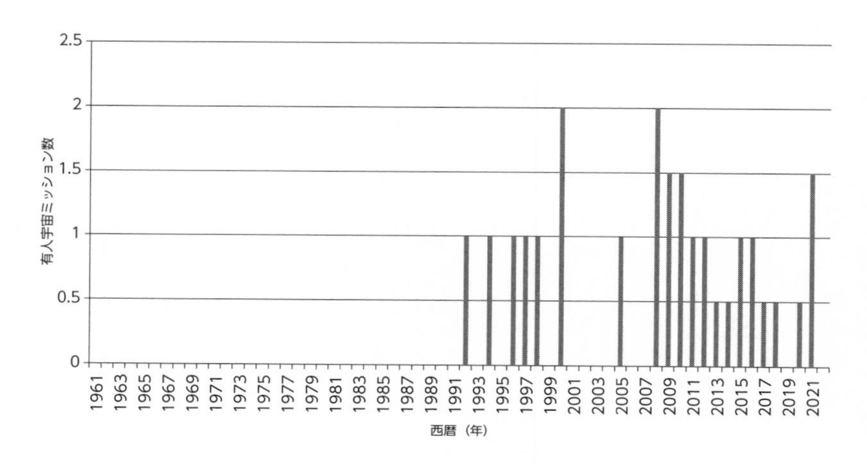


図 3　日本の有人宇宙ミッションの動向（打上げ・帰還を各 0.5 回と数える）

指しました。次に来る「第 2 期有人宇宙活動」は，2008 年「きぼう」日本実験棟を宇宙ステーションに取り付けるミッションを契機に始まりました。これより日本人宇宙飛行士による長期ミッションが開始され，宇宙飛行士訓練技術，有人宇宙施設の運用，長期宇宙実験の実施，宇宙貨物船の運用などの技術を獲得しました。しかしながら，これら 30 年以上にわたる有人宇宙活動の間，日本では，有人宇宙活動全体を系統立てて理解し，有人宇宙活動を担っていく人材の育成が大学レベルで行われることはありませんでした。今後ますます多様化していく有人宇宙活動の将来を考える時，有人宇宙活動を支え，さらに宇宙産業を発展させていくためには若い人材の育成が急務であると考えています。

有人宇宙活動に関わる学問は，宇宙工学・通信工学・ロボティクス・建設工学・宇宙科学といった理工学だけでなく，微小重力・閉鎖空間・真空といった極限空間における生理学などの生命科学や宇宙医学，さらには国際協力体制の実施のための宇宙法・商業といった社会科学，巨大科学に対し正当性を問う倫理学的考察といった人文社会科学など，あらゆる学問・専門領域に及びます。このことは，多様な学問分野の有機的結合による有人宇宙活動に必要な総合科学を創出する必要があることを意味しています。

## 3 有人宇宙学の創出

有人宇宙学は人類が宇宙に進出するための学問と定義します。さらに有人宇宙学を人間－時間－宇宙を繋ぐ学問であると再定義してみることにしましょう。そうすると人間－時間－宇宙を繋ぐ3本の矢印ができます。この3本の矢印の中心に月から見た地球を配置させると図4ができあがります。有人宇宙学の定義の中には時間が入っていますので，有人宇宙学は何かの時間変化あるいは進化を内包する学問であると考えることができます。では，まず初めに，それぞれの矢印が何を意味するのか考えてみることにしましょう。

宇宙と時間を繋ぐ矢印は，138億年前にビッグバンから宇宙が生まれて現在まで進化してきた過程，すなわち，宇宙の進化を表しています。人間と時間を繋ぐ矢印は，地球に生命が生まれて人間まで進化する過程，すなわち，生命の進化を表します。またこの矢印は，思考力の備わった人間が村や町や都市を作り，文化を作ってきたことを考えますと，文明の進化という，2つ目の進化過程も表していると考えられます。人間と宇宙を繋ぐ矢印は，ライト兄弟が飛行機を作り，それがロケットとなり，そして国際宇宙ステーションに人間が暮らすようになるまで，すなわち，宇宙開発の進化を表しています。このように3本の矢印からは，4つの進化過程，すなわち宇宙の進化，生命の進化，文明の進化，そして宇宙開発の進化が導かれるのです。

以上の議論により，有人宇宙学は4つの進化過程を扱う学問であると定

図４　有人宇宙学の定義

義することもできると言えます。４つの進化過程はどのひとつをとっても膨大な知識の集合体であり，それらを包括的に扱う学問が有人宇宙学なのです。大変スケールの大きな学問のように感じますが，より身近にこの学問を捉えようとするなら，それぞれの進化過程に由来した人間の活動でそれらの進化過程を記述してはどうでしょうか。例えば，宇宙の進化を学ぶ活動は，すなわち，「宇宙を知る」活動と置き換えます。同様な置き換えを実行すると，生命の進化は「宇宙を生きる」活動であり，文明の進化は「宇宙を考える」活動になります。そして，宇宙開発の進化は「宇宙を作る」活動と置き換えることが可能です。結果として，有人宇宙学の定義は，人間による「宇宙を知る」「宇宙を生きる」「宇宙を考える」「宇宙を作る」活動を記述する学問であるとも言えるのです。

さてここで私たちは，「何故，学問をするのか」という命題について考えてみることにします。これはとても大きな命題です。私たちは，生まれてから死ぬまで，既知の知識を学び，それらの知識を使い，そしてまた，新しい知識を作り，学問を深めていきます。学問とは，親から子へ，子から孫へ，世代から世代へその時代の変容に適応する力を備えながら発展しているのです。ここに「何故，学問をするのか」という問いに対する答えが隠されているように感じます。すなわち，私たちが，そして，私たちの子孫が，地球で生き延びるために「学問をする」のではないでしょうか。学問がなければ，私たちは，とうの昔に滅んでいたことでしょう。

ここでもうひとつ質問をしましょう。今，私たちが身につけている学問は，私たちが月や火星，そしてはるか遠くの宇宙に行った時にも，私たちを助けてくれるでしょうか。その答えは，残念ながら“否”であることがわかります。数学や物理学など自然を記述する学問を除いて，ほとんどの学問は私たちが地球で生き延びるために生み出されてきた学問だからです。それ故，私たちが月で生活するためには月の学問が，火星で生活するためには火星の学問が必要になってきます。今後人類が宇宙で活動する未来を見据えた時，私たち人類が宇宙のあらゆる環境で生き延びるために，新しいその環境に適した学問が必要なのです。

有人宇宙学は私たちが宇宙に展開するための学問であると最初に定義しました。つまり，有人宇宙学は私たちが宇宙のどんな環境においても生き延びるための知識を提供できなければなりません。まさにこれが有人宇宙学の本質です。これが意味するのは，有人宇宙学を地球に適用すれば，私たちが今地球で持っている学問になり，月に適用すれば，私たちが月で生き延びるための学問になり，火星に適用すれば，火星で生き延びるための学問になるということです。

すなわち，有人宇宙学が創ろうとしている私たちの足元はもはや地球ではないのです。これを表現しているのが図４であり，１つの例として月から見る地球の姿が画面中央に描かれています。私たちの足元には宇宙があり，その中で私たちは人間が生き延びるための学問を作ろうとしています。それが有人宇宙学なのです。

# 4　宇宙における「人間社会の存在可能条件」の探究

人類が宇宙に進出するためには何が必要なのでしょうか。そのことを考える前に，まず人類はどのように地球上で生き延び，今に至る文明を築き上げることができたのかを考えてみることにしましょう。

霊長類学によると，人間やチンパンジーやゴリラの祖先は同じで，約500万年前はアフリカの森に住んでいました。何故か後に人間になる祖先だけがサバンナに降り，二足歩行を獲得し，道具や火を使うことを覚え，今の人間に進化したのです。森に残った祖先は，チンパンジーやゴリラになりました。すなわち，人間とチンパンジーやゴリラの進化の方向性を分けたのは，「森から出てサバンナに降りた」いうことなのです。「森から出てサバンナに降りた」というのは，すなわち，環境の変化です。今，私たちは地球を離れて宇宙に出ようとしています。これもまた環境の変化です。宇宙へ進出しようとしている人類は，500万年前に森からサバンナに降りようとした私たちの祖先と同じように，進化の分岐点にいることになります。有人宇宙学が進化を司る学問であるという意味が少しわかってきたのではないでしょうか。

さて，森のように隠れる場所のないサバンナに降りた私たち人類の祖先は，どのように生き延びることができたのでしょうか。彼らは，鋭い牙も逃げるための速い足も持っていたわけではなかったのです。サバンナに降りた人類の祖先が生き延びることができたのは，彼らが集団で生活し，お互いを守りあったからに他なりません。私たちの祖先は小さな社会を作ることができたからこそ生き延びることができたのです。そうであるならば，宇宙に進出しようとする人類が生き延びるためには，人類が宇宙に社会を作れるかどうかが鍵になってくるはずです。

では，「人類が宇宙に社会を作ることのできる条件」，すなわち宇宙における「人間社会の存在可能条件」はどのように探せば良いのでしょうか。

質問を変えて，「人類は宇宙に社会を作れますか？」という質問にすると，その答えは2つしかありません。「はい，作れます」という答えと「いいえ，作れません」という答えの2つのどちらかになります。ここでは,「はい，作れます」という答えができる条件を探すことになるわけです。そもそも，何を「社会」と定義するかという問題から始まりますが，残念ながら現在の人類には，この質問に答えるための十分な知識がありません。ただし，知識がないからと言って諦めることもできません。何故なら，その答えに人類の未来が掛かっているかもしれないからです。

現代天文学のホットトピックスのひとつに太陽系外惑星の発見があります。世界で初めての系外惑星が1995年にスイスの天体観測チームによって発見されました。それ以来，現在まで約5000個以上の系外惑星が発見されています。系外惑星の発見が非常に重要なのは，地球型の惑星が発見されれば，ひょっとするとそこに生命がいるかもしれないからです。そのため，系外惑星の発見以後，惑星に生命が存在する条件を明らかにすることが非常に重要になってきました。私たちが知っている宇宙に存在する生命は，地球にいる生命体だけです。すなわち,「液体の水」を必要とする生命体です。ですから，天文学者たちは「液体の水」を持つ惑星の存在する領域をハビタブルゾーン（生存可能領域）と名付けました。私たちの「宇宙における人間社会の存在可能条件」（ソーシャル・ハビタビリティ）の探索は，まず，この「液体の水」が存在する条件から始めることにして，少しずつ最終目標である宇宙における「人間社会の存在可能条件」をめざすことにしましょう。その探索の過程を図示したのが，図5になります。

「液体の水」が存在する領域とはどのような領域でしょうか。もちろん，地球には海があるので地球は太陽系の中で「液体の水」が存在する領域にあります。もし，地球を太陽の方向に近づけていくと，段々と表面温度が上がってきます。地球表面の温度が100℃を超えると，もはや地球には「液体の水」は存在できなくなります。逆に地球を太陽から離れる方向に動かしていくと，地球表面の温度は少しずつ下がりついには0℃になり，

**人類が宇宙に恒久的に進出できる持続可能な社会基盤を構築する**
**新しい宇宙開発へのアプローチ**

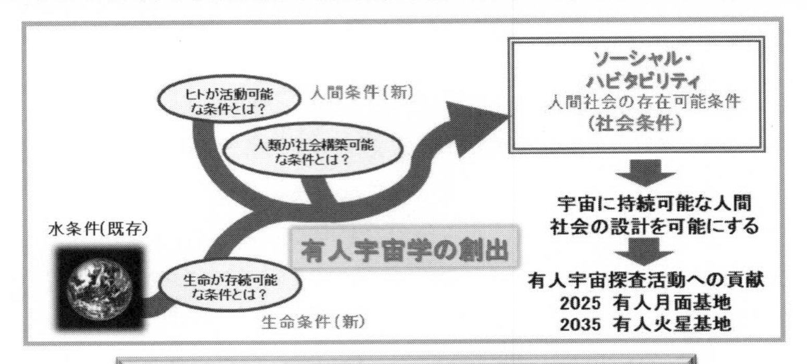


ハビタビリティ：宇宙に液体の水が存在する条件・・・・・・・・・水条件・・既存
スペース・ハビタビリティ：宇宙に生命が存在できる条件・・・生命条件・新
ヒューマン・ハビタビリティ：宇宙に人間が活動できる条件・・人間条件・新
ソーシャル・ハビタビリティ：宇宙に社会が存在できる条件・・社会条件・新

図５　水条件・生命条件・人間条件・社会条件とは何か

水はすべて氷になります。そこではもはや「液体の水」は存在できません。このことから，「液体の水」が存在する領域は太陽からちょうど良く距離が離れている領域になることがわかります。私たちの地球はこの「ちょうど良く距離が離れている領域」に存在しているのです。ここではさらに議論を進めるために，「液体の水が存在する条件」を「水条件」と呼び名を変えて進めることにします。

次に私たちが探したいのは，宇宙に「生命が存在する条件」です。それを「生命条件」と呼ぶことにしましょう。地球は水条件を満たし，かつ，生命条件を満たします。実はこの太陽系には水条件を満たすもうひとつの天体があります。その天体は地球から見える月です。それでは月には生命が存在するでしょうか。皆さんもよく知っているように，月には「生命」は存在しません。このことから，「水条件」は「生命条件」とは等価にならないということがわかります。

「液体の水」が存在し，その次に「生命」の存在が確認できたら，次に私たちが探すのは宇宙に「人間が活動できる」条件です。今度はそれを「人間条件」と名付けることにしましょう。では，ここでもうひとつ質問です。太陽系に地球以外に「人間が活動できる条件」を満たす天体はあるでしょうか。その答えは，「はい，存在します」です。それは国際宇宙ステーションです。人工天体である国際宇宙ステーションは2000年から宇宙飛行士が滞在を開始し，すでに20年以上にわたって常に人間が活動してきました。すなわち，国際宇宙ステーションは「人間条件」を満たしている天体なのです。このことは，何を意味するのでしょうか。それは，人間が科学技術を使うことによって，宇宙に「人間条件」を満たす天体を作ることができるということです。私たちは少しづつ宇宙における「人間社会の存在可能条件」に近づいてきました。

次に進む前に宇宙における「人間社会の存在可能条件」を「社会条件」と名付けることにしましょう。今まで定義してきた「水条件」「生命条件」「人間条件」と「社会条件」はお互いに関連していることは明らかです。すなわち，「社会条件」を満たすためには，まず，「人間条件」を満たすことが必要です。「人間条件」を満たすためには「生命条件」を満たし，「生命条件」を満たすためには「水条件」を満たさなければなりません。つまり「水条件」は「生命条件」の，「生命条件」は「人間条件」の，そして「人間条件」は「社会条件」の必要条件になっていることがわかります。

私たちは「人類が宇宙に社会を作ることができる条件（社会条件）」を探しています。その答えを考える時に，まず，私たちは「社会」とは何かを考える必要があります。特に，人間が何人集まれば，それを「社会」と考えて良いのでしょうか。この問いに答えるために，私たちは再び霊長類学を使うことにします。霊長類学は，人間（ヒト）に近い霊長類を研究することによって，より深くヒトを理解しようとする学問です。

イギリス人の霊長類学者ロビン・ダンバーは1993年に霊長類の群れを構

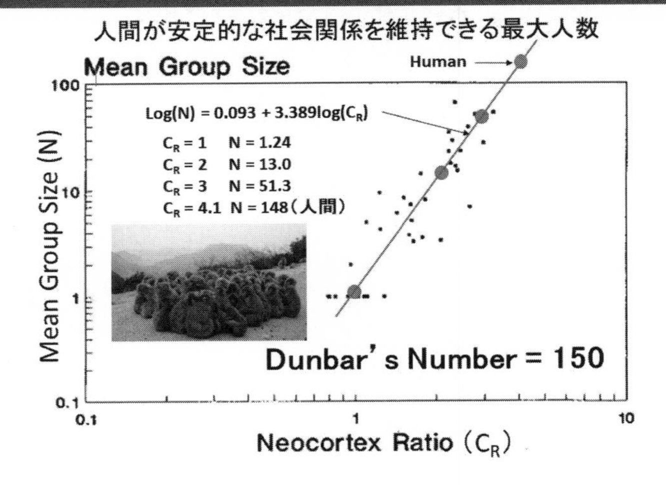


図６　ダンバー数と霊長類の群れを構成する個体数[1]

成する個体数と脳の大きさにある関係があることを発表しました[1]（図6）。これを見ると脳の大きさが大きくなるにつれて群れを構成する個体数が増えていくのがわかります。ここで言う群れは意図的に組織された群れではなく，本能的に作られる群れを意味しています。これは何を意味しているのでしょうか。群れが大きくなるにつれて，自分が覚えておかなければいけない相手の数が増えていきます。脳が大きくなるにつれて，覚えておける相手の数が増えていくことを意味しているようです。すなわち，相互のコミュニケーションによって，相互に覚えている個体数が増えていき，それが群れを構成する個体数の上限を決めているようです。

この関係を延長して，人間の脳サイズではどれほどの個体数を成す群れが可能なのかを見てみることにしましょう。ダンバーの発表した図に人間の場合を書き加えたのが図6に示される Human と書かれている位置です。

その数は150人になります。この150人という数は，現在ではダンバー数と呼ばれています。ダンバー数が意味するのは，ひとりの人間が覚えていられる相手の数を意味していると考えられます。また，ダンバー数は，人間が無意識に平和を維持できるグループの最大個体数とも考えられます。しかし，現実の私たちの社会にはもっと多くの人が参加しています。村や町であれば100人から1000人程度，市であれば10,000人から100,000人程度，県であれば1,000,000人程度，国であれば10,000,000人から100,000,000人程度まで，どんどん大きくなっていきます。ではダンバー数は現代には当てはまらないのでしょうか。私たちは，現代でもダンバー数は当てはまると考えています。ダンバー数は，ちょうど村や町を構成している個体数に匹敵しています。市や県や国の大きさになると，社会に代議員制などの社会制度が導入されることによって，より多くの人がダンバー数を越える大きさのグループに参加できるのです。ただし，村や町の構成員数がダンバー数になっているので，村や町以下の小さな組織に分裂する必要はないのだとも言えます。

私たちが宇宙に恒久的な社会を作ろうとするとき，まず初めに挙げられることは，宇宙に社会を維持するために必要な仕事を果たす様々な人々が必要だということです。またその人々は緊急事態にも各々が自発的に対応できることが求められます。これはダンバー数が規定する誰もが相手のことを考えて行動できる社会に繋がっていると考えられます。そこで，これから考える宇宙社会はダンバー数で決まる150人が住む社会と仮定することにしましょう。

## 5　有人宇宙学と宇宙社会

有人宇宙学の目的は，宇宙に恒久的に存続できる社会条件を明らかにすることです。社会の構成員数はダンバー数を考慮した150人として話を進めます。宇宙に恒久的な人類社会を実現した例が実は一例だけあるのです。それは私たちの地球社会です。宇宙社会の条件を探す前に，まず，この地球社会の特徴を調べることにしましょう。

私たちは，現在の人類社会が数千年にわたって存続してきたことを歴史から学んでいます。人類社会はこれからも恒久的に存続していけるのでしょうか。ローマクラブは，1972年に出版した『成長の限界』の中で，人類社会の未来を予測する初めての試みを行いました[2]。彼らが導入した地球社会の成長モデルでは，地球人口増加をよく模擬するために幾何級数的成長モデルが使われました。彼らの未来予測の例を図7に示します。

これらの未来予測の結果を見ると，どの計算例も地球の人口は2040年から2050年にピークに到達し，その後急激に減少することが示されています。2040年から2050年にかけて，何が起こったのでしょうか。世界モデルの標準計算では，2050年に近づくにつれて急激に人口が増大し，それに伴い資源が急激に減少すると同時に環境汚染が進行し，1人あたりの食料が急激に減少することによって，人口が急変することが示されています。この傾向は，資源埋蔵量を倍にしても無制限にしても変わりません。すなわち，『成長の限界』で示されたのは，人口が幾何級数的に成長するモデルでは，地球が全ての人口を養うことができないということです。この予測は1972年のものであり，今（2023年）から50年も前のものですが，現在の人口は，いまもこの幾何級数的に増えていく人口曲線の上に乗っています。人口の急激な増加は，世界に破滅的な現象，例えば，戦争や疫病の蔓延を意味しています。今，幾何級数的に大きくなっていく私たちの社会はその存続の危機にあるのです。

国連は2015年に持続可能な開発目標（SDGs）として17個の目標を発表しました（図8）。それは，私たちの社会を持続可能，すなわち，恒久的に存続可能な社会に変えようとする目標なのです。地球社会が存続するためには，私たちは，SDGsを是が非でも成功させなければなりません。

## 地球社会:成長の限界　ローマクラブ(1972)

**幾何級数的成長モデル:** $dP(t)/dt = (\alpha - \beta)P(t)$

$$P(t) = P_0 e^{(\alpha - \beta)t}$$

P: 人口、α:出生率、β:死亡率

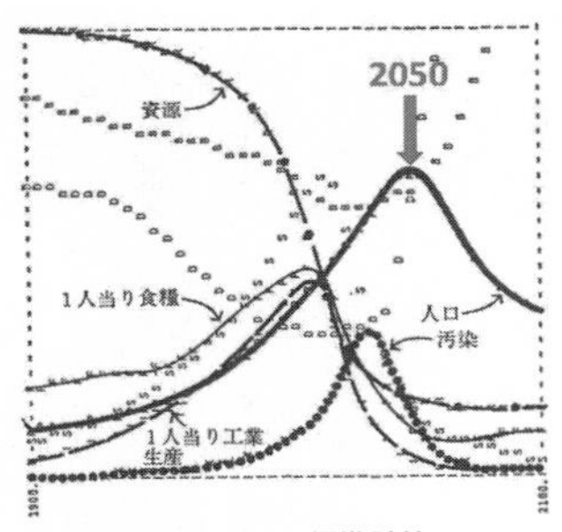


世界モデルの標準計算

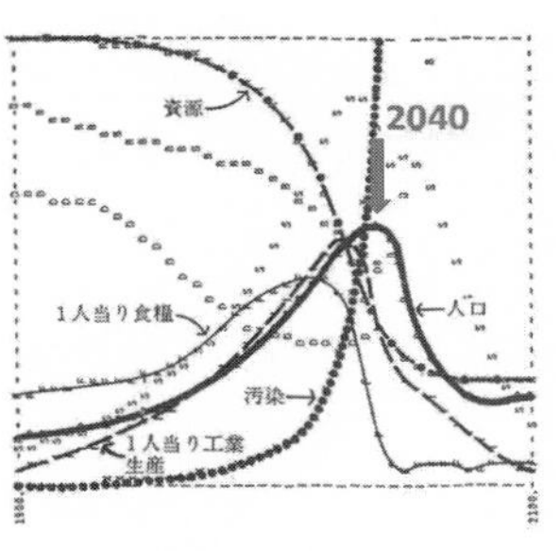


資源埋蔵量を倍増した場合の
世界モデル

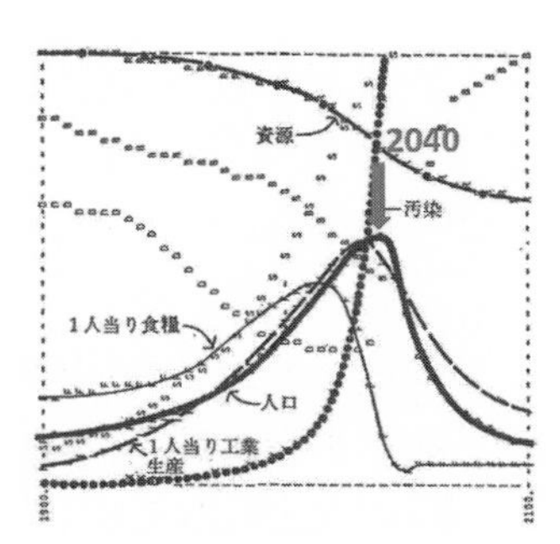


天然資源が「無制限」な場合の
世界モデル

図７　『成長の限界』より[2]

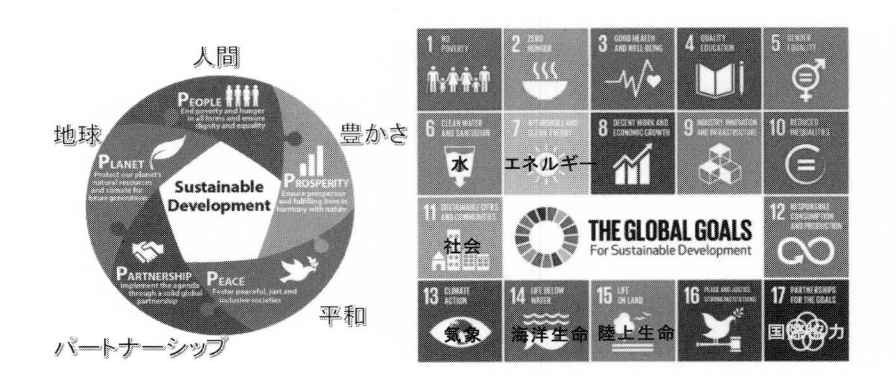


図８　持続可能な開発目標（SDGs）

幾何級数的に人口が増加する成長モデルは，地球でもその成長を支えることができないことがわかりました。宇宙社会は，当然ながら持続可能な社会でなければなりません。そのため，人口を一定の数（例えばダンバー数）に抑えるのは正しい仮定であると考えて良いでしょう。逆に，宇宙社会の存続条件がわかれば，それを地球社会に適用するという方法も考えられます。言い換えてみれば，宇宙社会が地球社会のお手本になる可能性を持っているということです。

もし恒久的に存続する宇宙社会ができ，それを地球社会に適用することができたならば国連の持続可能な開発目標はどのように変化するのでしょうか。その変化の可能性を示したのが，図９です。図９では，国連の持続可能な17の開発目標を決定する時に使われた5つの基本要素（P）を示しています。それらは，People（人間），Prosperity（繁栄），Peace（平和），Partnership（連帯），そしてPlanet（地球）です。宇宙社会ができ，地球社会が宇宙へ開かれていく時，最初の４つの要素（P）は変わりません。しかし，最後のPlanet（地球）は，Outer Space（宇宙）に変わることになります。これは，宇宙社会ができることによって地球社会は地球の資源ばかりでな

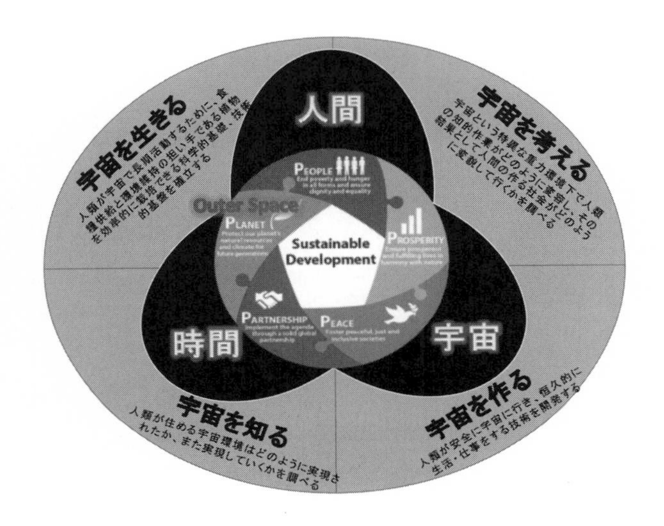


図９　有人宇宙学と地球社会

く宇宙の資源を使えるようになることを意味しています。すなわち，宇宙の無限の空間や，太陽の無尽蔵のエネルギーを地球社会の存続のために使えるということです。これは，地球社会が宇宙に展開していく時，もはや，『成長の限界』で示された惑星である地球の限界を超えて，地球社会の新しい成長の可能性を暗示しているのではないでしょうか。

## 6 有人宇宙学の教育的側面

### (1) 大学教育における「有人宇宙学」

2017 年度より京都大学では大学院横断教育科目として「有人宇宙学」の講義が実施されています。講義「有人宇宙学」は図10に示される学術領域

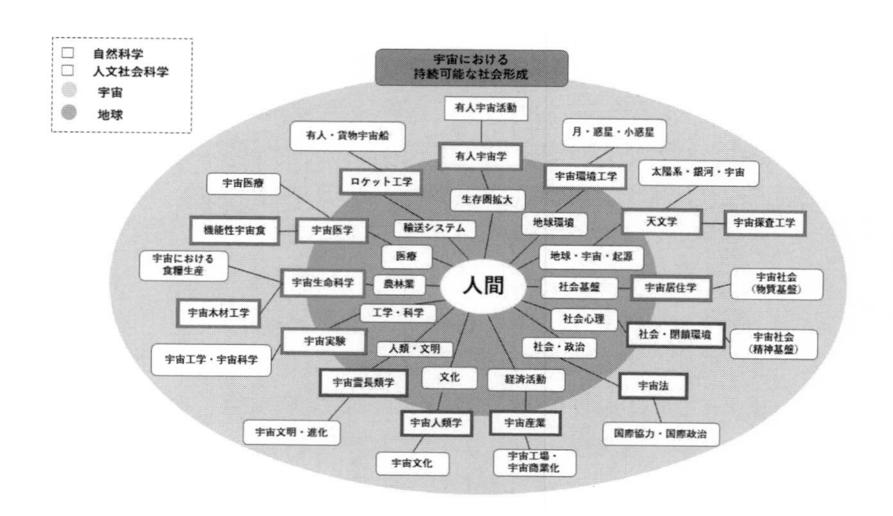


図 10　有人宇宙学学術領域マップ

マップにより構築されています。学術領域マップでは，中心に人間を置き，その周りを地球，さらにその外側を宇宙が取り巻いています。学術領域マップは次のように使います。例えば，人間の地球社会での活動「生存圏拡大」を宇宙での活動まで拡大すると「有人宇宙活動」になります。この時「生存圏拡大」と「有人宇宙活動」を関連付ける新たな学術領域を「有人宇宙学」と定義するのです。同様にして，地球社会の活動に対応する宇宙での活動を関連付けることによって，その他の学術領域を定義していきます。このようにして定義された学術領域によって，地球社会での活動が宇宙での活動に投影されると考えることもできます。今回定義された計 13 個の学術領域：［有人宇宙学］［宇宙環境工学］［天文学／宇宙探査工学］［ロケット工学］［宇宙居住学］［宇宙医学］［宇宙生命科学／機能性宇宙食／宇宙木材工学］［宇宙実験］［社会閉鎖環境］［宇宙法］［宇宙産業］［宇宙人類学］［宇宙霊長類学］のうち，自然科学系は 8 個，人文社会系は

5 個であり，自然科学からの寄与が人文社会科学からの寄与よりも少し多くなっています。これは，宇宙で活動するために宇宙についての知識が地球についての知識よりも多く必要であることに起因しているからです。

京都大学で行われている講義「有人宇宙学」では各学術分野の専門家によるリレー式講義の他に学生による演習が必須になります。演習は「宇宙空間 (1 班)」,「月 (2 班)」,「火星 (3 班)」,「小惑星または地球以外の惑星の衛星 (4 班)」という 4 つの学生班に分かれ，班ごとに「150 人の人間が暮らす宇宙社会を建設するための基礎設計をせよ」という課題に取り組みます。またこの演習では，有人宇宙学における 4 つの研究課題 (宇宙を知る，宇宙を生きる，宇宙を考える，宇宙を作る) に沿って演習を進めることが求められます。

[1] 宇宙を知る：　各場所の環境を調べる。重力，放射線，大気，水，地形はどうか。

[2] 宇宙を生きる：[1] の環境に適する生態系は何か。食料生産をいかに行うか。自給自足するための条件は何か。

[3] 宇宙を考える：[1], [2] の条件を満たすための社会構造は何か。どのようなルールが必要か。どのような社会基盤が必要か。

[4] 宇宙を作る：　[1], [2], [3] の条件を満たすための技術課題は何か。現存する技術で対応可能か。新しい技術が必要か。

講義「有人宇宙学」を受講する学生は各講義終了後に集まり，宇宙社会の研究課題について議論しながら，宇宙社会の設計を進めて行きます。各演習班には演習メンターとして教員が配置されます。演習メンターの役割は各演習班の議論に参加しながら効率的に宇宙社会設計が進むように指導することです。

### (2) 宇宙社会の設計

有人宇宙学演習で学生班が設計した宇宙社会の例を紹介することにしましょう。1番目の例は2018年度の学生班が考えた土星第2衛星「エンケラドス」の社会[3]，2番目の例は2019年度の学生班が考えた小惑星「ケレス」の社会[4]，そして3番目の例は2021年度の学生班が考えた土星第6衛星「タイタン」の社会[5]です。

土星第2衛星「エンケラドス」は直径約504kmです。表面が氷で覆われているのが特徴的な衛星です。エンケラドス社会の目的は深宇宙探査のためのハブ空港となることと生命探査です。エンケラドス社会の特徴は約20～25kmあるとされる氷層の中に居住区を作り，宇宙から降り注いでくる宇宙線を防いでいることです。建築材料は，エンケラドスに豊富にある氷とロケットの機体に使われていたカーボン繊維です。エネルギーは，土星の引力を利用した潮汐発電・地熱発電・水中のメタンを利用した発電・原子力発電から得られます。食料は豊富にある水資源を活用した植物工場によって生産される穀物・野菜・果物です。将来的には，漁業も行うとしています。構成要員は地球の政府や企業から派遣された人達で，社会は地球からの指令に基づいて運用されます。

小惑星「ケレス」は直径約945kmで火星と木星の間にある小惑星帯の中で最も大きい天体です。ケレス社会の目的は第二の地球として人間の暮らす社会を構築することです。エネルギーは，太陽光パネルと水蒸気発電から取り出す電気エネルギーを使います。水や大気は完全循環型で，地下に住居や食料工場を配置しました。地下社会の人間が暮らす様子を克明に描いた色鉛筆画が添えられています。ケレス社会の住人は，地球の公的機関や研究機関出身の人達とその家族から構成されており，ケレス社会の10部門：食糧管理・大気管理・水管理・情報管理・インフラ管理・宇宙船技術・治安維持・小惑星監視・エネルギー管理・医療に所属します。意思決定のための自治会は，10部門の長から成り立っているとしています。将来の発展のために，ケレスの居住地域を増やし，それぞれをリニアモー

表1　タイタン暦の仕組み[5]

| タイタン暦 | 土星の満ち欠け | タイタン暦変換 | 地球暦への換算 |
|---|---|---|---|
| 1タイタン年 | 676（=13×13×4）回 | 4タイタン季節 | 約30年 |
| 1タイタン季節 | 169（=13×13）回 | 13タイタン節気 | 約7.4年 |
| 1タイタン節気 | 13回 | 13タイタン月 | 約6.8ヶ月 |
| 1タイタン土星（月） | 1回 | 13タイタン日 | 約16日 |
| 1タイタン日 | — | 13×2タイタン時間 | 約1.2日<br>（約29時間） |
| 1タイタン時間 | — | — | 約1.1時間 |

ターカーで繋ぐ予定です。

土星第6衛星「タイタン」は直径約5250kmで土星の最大の大きさの衛星です。タイタン社会の目的は観光です。この学生班の特徴は，タイタン社会の生活の基盤となる暦：タイタン暦を考案したことです（表1）。タイタン暦では「1回の土星の満ち欠け＝1タイタン土星（月）」を基本単位と定めています。その基本単位に基づき小さい値から順に，「13タイタン土星（月）＝1タイタン節気」，「13タイタン節気＝1タイタン季節」となります。この暦は全て13の倍数で構成される仕組みとなっています。

## 7 有人宇宙学の展望

ヒトの祖先がかつて森林からサバンナへ進出したことが人類進化を誘発したように，地球を離れ宇宙をめざす有人宇宙活動は進化の一形態と考えられます。そう遠くない未来，人類は宇宙空間をも居住空間とし，そこに新たな社会を創造することが期待されます。私たちは，宇宙を切り開く有人宇宙活動のための新しい総合科学を「有人宇宙学」と名付けました。それは，人類が宇宙に展開していくことを記述できる学問です。有人宇宙学は，宇宙における「人間社会の存在可能条件」（ソーシャル・ハビタビリティ）という宇宙に持続可能な人間社会を構築するための新しい指標の確立・体系化をめざしています。宇宙における「人間社会の存在可能条件」は，物理的・生化学的条件のみでなく，技術やそこに居住する人類のコミュニティの制約条件によって左右される宇宙社会の存在限界を定量的に決定する新たな指標と考えることができます。宇宙における「人間社会の存続可能条件」が確立されれば，それは宇宙に持続可能な人間社会が誕生することを意味し，まさに人類進化そのものに他なりません。

京都大学で行われている講義「有人宇宙学」では講義だけではなく演習が必須とされることで，学生は議論と研究を行いながら宇宙社会の設計を進めていきます。この過程において，学生は宇宙について学ぶと同時に人間とその社会について深く洞察する機会を持つことになります。これまで学生によって設計された宇宙社会は静的なものでしたが，タイタン暦の考察にあるようにすでにその世界に適応した人間の文化的活動にも意識が及ぶようになってきています。将来的には宇宙に設計した社会の動的な変化も取り入れることが可能になれば，宇宙における「人間社会の存在可能条件」（ソーシャル・ハビタビリティ）の構築も可能になるのではないかと期待しています。

## 参考文献

[1] Dunbar, R. I. M. (1993) Coevolution of neocortical size, group size and language in humans. *Behavioral and Brain Sciences*, 16: 681–735.

[2] ドネラ H. メドウズ（1972）『成長の限界：ローマ・クラブ「人類の危機」レポート』ダイヤモンド社.

[3] 石川哲也，比口大育，日高航大，星之内菜生（2019）「スケールが違う，この星の海。」京都大学宇宙総合学研究ユニット第12回シンポジウム，2019年2月9～10日.

[4] 藤井咲花，宮下祐策（2020）「ケレスコロニー計画〜準惑星ケレスを生きる〜」京都大学宇宙総合学研究ユニット第 13 回シンポジウム，2020 年 2 月 8 〜 9 日.
[5] 松岡勇樹，金田伊代（2022）「タイタン観光：150 人の基地を作るには」京都大学宇宙総合学研究ユニット第 15 回シンポジウム（オンライン開催）.

# Chapter 3

# 地球の特殊性から考える宇宙移住の条件

京都大学大学院理学研究科宇宙物理学教室　**佐々木貴教**

本章では，私たちが住む地球に視点を戻し，地球が生命を宿す惑星となるために満たすべき条件について，様々な観点から検討していきます。こうした考察を一般の天体に対して行うことは，長期的な宇宙移住を考えていく上で重要な視座を与えてくれることでしょう。また一方で，地球の特殊性・独自性を明らかにしていくことで，地球自身を新しい視点から見つめることもできるようになるはずです。

## 1　水惑星の条件

地球はよく「水の惑星」と呼ばれます。地球上の生命にとって液体の水は必要不可欠なものであり，宇宙移住を考える際にも水の存在は最も重要な条件となります。そこではじめに，惑星が「水惑星」であるための条件について考えていきましょう。ここでは，以下の３つの条件を満たす惑星を水惑星と定義します。

①惑星が水を取り込むこと
②水が惑星の表面に存在すること
③水が液体状態として存在すること

それでは地球がこれらの条件を満たしていることを確認してみましょう。まず①についてですが，実は地球の水の起源はいまだ明らかになっていません。いくつかの説（その場で獲得・小惑星起源・彗星起源など）が提案されていますが，いずれの説も理論的・観測的決め手が無く，また複数の供給源からの寄与が混ざっている可能性もあります。このことは逆に言えば，地球に水をもたらすメカニズムはいくらでもあるということです。一般的な惑星や小天体を考えた場合にも，水は複数の経路から供給される可能性があるといえます。実際に火星・金星や月，あるいは小惑星にも水が存在している（あるいは過去に存在していた）証拠がたくさん得られています。

次に②について考えましょう。いったん取り込んだ水も，状況次第では宇宙空間に散逸して失われてしまいます。水は蒸発すると水蒸気となって大気中に存在します。水蒸気中の水分子（$H_2O$）に宇宙線などが当たると，水素（H）と酸素（O）に分解されます。大気中の水素分子は主に太陽からのエネルギーによって加熱され，温度が上がると激しく動き回るようになり，地球の重力を振り切って運動する水素分子は宇宙空間に散逸することになります。この一連のプロセスを経て，惑星の表面から水が失われていくことになるわけです。以上のことから，大気中の温度が高いほど，また天体の質量が小さいほど水は失われやすくなります。地球軌道付近での太陽から入射するエネルギー量を考えた場合，惑星の質量がおよそ火星質量（地球の 10 分の 1 程度）を超えると，長期間にわたって惑星表面に水を保持することが可能となります。よって，地球程度の質量を持った惑星であれば②の条件を満たすことがわかります。

さて，地球の隣を回る金星は地球と同程度の質量を持っており，上の 2

つの条件を満たしていますが，現在表面に液体の水は存在していません。いったい何が地球と金星の運命を分けたのでしょうか。③の条件を議論するためには，「ハビタブルゾーン」という概念について理解する必要があります。それでは次章でハビタブルゾーンについて詳しく見ていきましょう。

## 2　ハビタブルゾーン

惑星表面の水が液体状態として存在できるかどうかは，主に中心星からの距離によって決まります。直感的に言うと，中心星に近すぎると水は蒸発し，中心星から離れすぎると水は凍ります。つまり，地球のように中心星から「ちょうどよい」距離にいる惑星だけが，表面に液体の水を保持することができます。この適当な軌道範囲のことをハビタブルゾーンと呼びます[1]（図 1）。

まず，ハビタブルゾーンの内側境界の決め方について見ていきましょう。惑星は中心星に近いほど大きなエネルギーを得ることになり，その表面温度も上がります。より正確に言うと，惑星は中心星から入射するエネルギーと釣り合うだけのエネルギーを宇宙に放出する必要があり，温度が高いほど放出するエネルギーも増えるため，中心星に近い軌道を回る惑星ほど表面温度が高くなることになります。ところが，惑星が表面に十分な量の液体の水を持っている場合，惑星から放出できるエネルギーには上限が存在することが理論的に示されています[2]。惑星が中心星に近づきすぎると，この上限を超えたエネルギーが入射することになります。すると，この惑星はいくら表面温度を上げても放出できるエネルギーには上限があるため，エネルギーの収支をバランスすることができなくなります。この状態を「暴走温室状態」と呼びます。いったん暴走温室状態に入ってしま

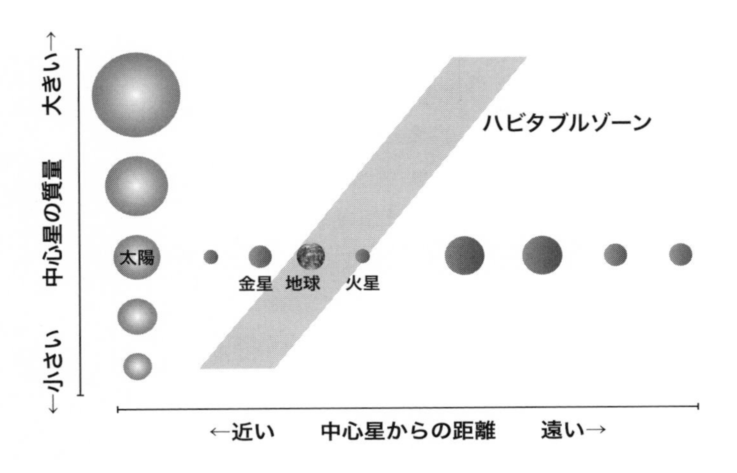


図１　ハビタブルゾーンの概念図

中心星の質量が大きい（小さい）ほど惑星に入射するエネルギーも大きく（小さく）なるため，ハビタブルゾーンはより外側（内側）になる。

うと，全ての水が蒸発して宇宙空間に散逸してしまうまでエネルギー過剰の状態は止まりません。この暴走温室状態に入るちょうど境界の軌道が，ハビタブルゾーンの内側境界になります。

一方，ハビタブルゾーンの外側境界については，二酸化炭素の温室効果の限界位置によって決められています。中心星から遠ざかると惑星への入射エネルギーが小さくなるため，エネルギーの釣り合いから決まる表面温度は低くなりますが，温室効果ガスである二酸化炭素が大気中に存在すれば表面温度は上がります。よって，単純なエネルギー収支だけを考えると表面温度が摂氏ゼロ度を下回って水が凍ってしまう状況であっても，適当な量の二酸化炭素を惑星が持つことで，液体の水を保持することが可能になります。しかし，二酸化炭素の量を増やせば無限に温室効果を強められるわけではありません。二酸化炭素の温室効果には限界があるため，その最大の温室効果のもとでも表面温度を摂氏ゼロ度に保てなくなる軌道の位置が，ハビタブルゾーンの外側境界になります。

現在の太陽系でハビタブルゾーンの境界位置を計算すると，内側境界は 0.97au（1au = 太陽から地球までの距離）の位置，外側境界は 1.7au の位置になります[1]。ここから，金星（0.7au）はハビタブルゾーンから外れており，液体の水が表面に存在できないことがわかります。なお，中心星が太陽よりも大きくて明るい（小さくて暗い）場合には，ハビタブルゾーンは太陽系の場合よりも外側（内側）に位置することになります。

以上が，③の条件について議論する際に最も重要な概念である「ハビタブルゾーン」についての簡単な説明となります。長期的な宇宙移住を考える場合には，液体の水を長期的に保持する環境を整える必要があります。今後はさらに多様な環境下での，より現実的なハビタブルゾーンを推定することが重要です。

## 3　惑星表面の水量

ここまでは液体の水の「有無」のみを考えてきましたが，次は液体の水の「量」の違いについて考察してみましょう。地球は適当な量の水を持っているため，表面に「海」と「陸」の両方が存在しています。もし地球の水の量が 10 倍多かったらどうなるでしょうか？　あるいは水の量が 10 分の 1 しかなかったらどうなるでしょうか？

惑星表面の水量が十分に多くなると，大陸は全て海の底に沈んでしまいます。全球が海に覆われた惑星のことを「海惑星」と呼びます。一方，惑星表面の水量が十分に少ない場合には，南北を縦断して循環するような海は存在できず，水は 1 箇所に局在する（つまり「湖」を形成する）ことになるでしょう。このような水が局在した惑星のことを「陸惑星」と呼びます。これらの中間にある，海と陸がある割合で存在している地球のような惑星のことを「水惑星」と呼びます。

惑星のタイプの違いによるハビタビリティ（生命存在可能性）の違いについては現在もまだ様々な研究が行われているところですが，一般的に水惑星が最も生命の発生・活動に適した惑星なのではないかと考えられています[3]。例えば，水惑星では陸海空の3領域が共存する環境において，降雨によって大陸地殻の多様な元素（リン・カリウム・アルミニウム・カルシウムなど）が海に溶け出し，栄養塩に富んだ水が海洋循環を通して全球に運ばれます。こうして生命の材料や活動に必要な栄養が供給され続けることになります。一方で，純粋にハビタブルゾーンの広さでハビタビリティを考えた場合には，陸惑星が最も有利な惑星である可能性も出てきます。水が局在していることで，水が存在しない領域では惑星から放出できるエネルギーの限界が無くなりハビタブルゾーンの内側境界が広がるなど，水惑星よりも広いハビタブルゾーンを持つことが示されてきました[4]。惑星表面の水量とハビタビリティの関係については，今後もより詳細な数値シミュレーション等によって明らかにしていく必要があります。

では最後に，具体的な地球の水量について見ておきましょう。図2は地球の表面に存在する水を1箇所に集めた場合を示してあります。地球はよく水の惑星と呼ばれますが，実際にはほんのわずか（質量にして0.023%）の水しか持っていない惑星であることがよくわかります。このわずかな量の水が，ほんの少しだけ多かったり少なかったりすると，地球は簡単に海惑星や陸惑星になってしまいます。地球が水惑星であるためには，わずかな量の水のみを絶妙な加減で獲得する必要があるわけです。この奇跡的な加減具合は地球において偶然達成されたのか，それとも地球型惑星が適量の水のみを獲得する普遍的なメカニズムが存在するのか。これについてはまだ十分に明らかになっていませんが，一般的な生命を宿す惑星の存在可能性を議論する上で，間違いなく最重要課題のひとつです。

図２　地球表面の水量のイメージ図

地球の表面に存在する水を１箇所に集めると，地球質量のわずか 0.023% の量の水しか存在しないことがよくわかる。
(Howard Perlman, USGS; globe illustration by Jack Cook, Woods Hole Oceanographic Institution; Adam Nieman)
https://www.usgs.gov/special-topics/water-science-school/science/how-much-water-there-earth

## 4 磁場と炭素循環

ここからは，地球の持つ生命や安定な環境を守るための「仕組み」について考えていきましょう。まずは磁場の存在とその役割について見ていきます。地球はその中心部に，主に鉄とニッケルの合金からなる「核」を持っています。核は固体の内核と液体の外核からなり，外核内で生じる対流運動によって磁場が生成されています。この磁場は地球全体を覆っており，宇宙から降り注ぐ宇宙線などの高エネルギー粒子に対するバリアの役目を果たしています。太陽系の他の地球型惑星では，水星が非常に弱い磁場を持っているのみで，金星も火星も少なくとも現在は磁場を持っていません。地球の磁場の存在は地球上の生命の安定な生存に必要不可欠なものであり，地球以外の惑星への移住を考える際には磁場の存在は重要な必要

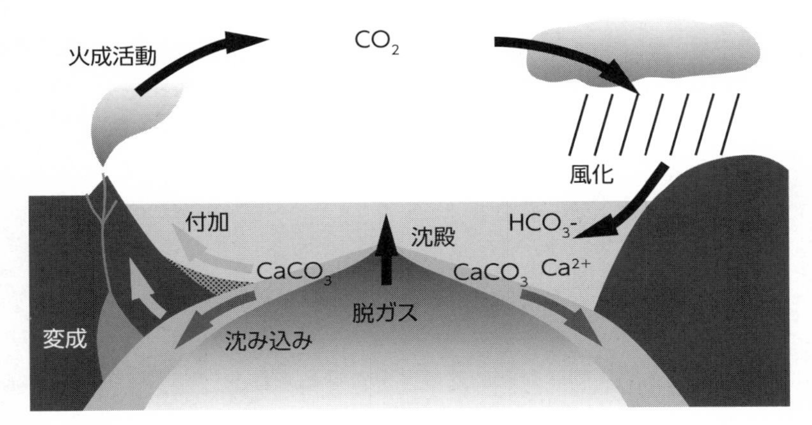


図３　地球の炭素循環の概念図

火成活動，降雨，炭酸塩の沈殿とプレート移動によって，炭素が形を変えながら地球表層で循環していることがわかる。

条件となりえます。惑星自身が磁場を保持していない場合には，人工的に磁場を生成して宇宙線等から表層環境を守ることも考えないといけないかもしれません。

次に，地球の表面温度の調節機構である「炭素循環」について見ていきます[5]（図３）。炭素循環は地球の表面温度に対する典型的な「負のフィードバック」メカニズムです。つまり，表面温度が上がれば下げるように，表面温度が下がれば上げるように，自らで温度調節を行う機構が地球には備わっているのです。それでは具体的にフィードバックの流れを見てみましょう。

何らかの理由で地球が温暖化し，表面温度が上昇し始める

↓

気温が上がると海の蒸発量が増加し，降水量も増加する

↓

大気中の二酸化炭素は雨に溶け込み，降雨によって地表を風化させながら海底に流れ込み，最終的に炭酸塩として海底に沈殿する

↓

温室効果ガスである二酸化炭素の量が減少することで，地球は寒冷化し，表面温度が下降し始める

↓

気温が下がると海の蒸発量が減少し，降水量も減少する

↓

降雨に伴う大気中の二酸化炭素の減少が抑えられる一方，海底の炭酸塩が火成活動（火山活動）を通して二酸化炭素に戻って大気中に付加される

↓

温室効果ガスである二酸化炭素の量が増加することで，地球は温暖化し，表面温度が上昇し始める（以下，同じ流れを繰り返す）

このように，地球は大気中の二酸化炭素量を自律的に調整することで，表面温度を一定に保つことができるわけです。表面温度が上がり続けたり下がり続けたりする環境は生命の存在にとっては不利である可能性が高いため，表面温度の調節機構が備わっていることは，地球が生命を宿す惑星となった理由のひとつだと考えてもよいかもしれません。

ところで，炭素循環が成り立つためには水惑星であること（陸海空が共存していること）だけでなく，地球に特有の「プレートテクトニクス」の存在も重要となります。地球の表面は１枚の大きな球殻に覆われているわけではなく，複数のプレートと呼ばれる板状の地殻からなり，このプレートは互いに様々な方向に動いています。海底に沈殿した炭酸塩はプレートとともに移動し，別のプレートとぶつかる場所で加熱されて火山ガスへと変成し，再び大気中に戻ることになります。これまで地球以外の天体でプレートテクトニクスは確認されておらず，地球におけるプレートテクトニ

クスの存在は偶然の産物なのか，それとも適当な条件が整えば他の惑星でも発生しうるのか，現在も議論が行われているところです。

## 5 酸素大気

地球は現在は酸素に富んだ大気を持っていますが，地球が誕生した直後は全く異なる大気成分だったと考えられています。また，地球以外で酸素を主成分として含む大気を持った惑星は太陽系には存在していません。ではなぜ地球だけが酸素大気を持つ惑星になったのでしょうか。その最大の理由は，酸素発生型光合成生物の出現です。

もともと地球上の生命は酸素の無い「嫌気的」な環境で誕生し進化してきました。ところが酸素発生型光合成生物の出現により，大気中に酸素が溜まり「好気的」な環境に変わることで，生命進化の様相も大きく変化することになります。酸素を用いた呼吸はエネルギー効率が高いため，より複雑化・大型化した生物への進化が促されることになったのです。地球上に生命が誕生したことにより，地球大気が影響を受けてその主成分が変化し，さらにそのことが生物の新たな進化を引き起こす。このように，お互いに影響を与えあって進化してきた地球と生命の歴史のことを「共進化」と呼びます。

地球と生命の共進化によって生まれた酸素大気は，生物の進化に影響を与えただけではなく，地球の表層環境の「安全性」にも大きく寄与することになります。酸素が大気中に大量に存在していることで，酸素原子３個で構成されるオゾン（$O_3$）が成層圏で作られ，オゾン層が形成されました。オゾンは紫外線を強く吸収します。地球には主に太陽から強烈な紫外線が絶え間なく降り注いでいるのですが，オゾン層がその大部分を吸収してくれるおかげで，地表まで到達する紫外線の量は非常にわずかなものとなっています。強い紫外線は生命にとっては有害であり，特に複雑化した生命を安定に存在させるためには紫外線照射量を減らすことは重要な必要条件となります。地球上の生命は，自ら生み出した酸素によって複雑化しただけでなく，その酸素の存在によって紫外線から自らを守ることにも成功したわけです。

酸素大気の発生というイベントは，生命の誕生によってはじめて可能となった一方で，生命を宿す惑星の条件としても重要なものであることがわかります。まさに「鶏と卵」の関係にあるといえるでしょう。長期的な宇宙移住を考える場合にも，安定な酸素大気環境をいかにして実現させるか，という点は極めて重要な課題となります。

## 6 安定な地球環境

ここまで地球自身の独自性について見てきましたが，実は地球を取り囲む外部環境に目を向けても，やはり地球の環境を安定に保つような条件が整っていることがわかります。まずは太陽系全体の構造について考えてみましょう。太陽系には8つの惑星が存在しますが，これらの惑星の離心率（楕円軌道からのずれ）はいずれもゼロに近い値を取ります。つまり，惑星は全てほぼ円軌道で太陽の周りを回っていることになります。これは決して当たり前のことではなく，次節で述べる「太陽系外惑星」の中には大きな離心率を持った惑星もたくさん存在しています。地球の環境を安定に保つうえで，離心率が小さいことのメリットは少なくとも2つあります。

メリットの1つ目は，地球の季節変動が小さくなることです。惑星は中心星を焦点とする楕円軌道をとるため，中心星の近く（近日点）と中心星から離れた位置（遠日点）を交互に行き来することになります。離心率がゼロに近い場合，つまり円軌道に近い場合には，近日点と遠日点の距離の違いは小さくなります。そのため1年を通して中心星からの入射エネルギーの大きさもあまり変わりません。ところが離心率が大きい場合には，近日点と遠日点の距離の違いが大きくなるため，近日点付近では中心星の近傍を通り灼熱の環境に，遠日点付近では中心星からはるか遠くで極寒の環境になり，季節変動の影響が大きくなります。よって，地球の離心率がゼロに近い小さな値をとっていることが，地球の表層環境の安定性に寄与していることがわかります。

メリットの2つ目は，太陽系全体の安定性に関わるものです。太陽系の惑星は全て小さな離心率を持っているので，お互いの軌道が交差することはありません。ところが離心率が大きな惑星が存在すると，歪んだ楕円軌道をとることにより他の惑星の軌道を交差する場合があります。すると，軌道を交差する惑星同士が近接・重力散乱を起こし，この重力散乱によってさらに惑星の離心率が上昇します。これにより，惑星は次々に軌道を乱しあって惑星系全体の構造が大きく変動する可能性があります。よって，太陽系の惑星がいずれも小さな離心率を持っていることが，地球，ひいては太陽系全体の環境の安定性に寄与していることがわかります。

また，地球のすぐそばを回る月の存在も，地球環境の安定性に影響を及ぼしています。現在の地球は自転軸が約23.4度傾いた状態で太陽の周りを回っています。この自転軸の傾きは時間とともにわずかに（±1度ほど）変動するものの，これまで大きくは変わっていないと考えられています。なぜ地球の自転軸の変動は小さく抑えられているのでしょうか。実は地球が大きな衛星である月を持っていることが，重要な条件であることがわかっています[6]。太陽系の惑星の多くは衛星を持っていますが，ほとんどの衛星の質量は中心の惑星の質量の1万分の1以下程度しかありません。ところが地球の月は地球の質量の100分の1を超える質量を持っており，地球に対して重力的に大きな影響を及ぼしています。その結果，地球の自転軸の変動を月の存在によって抑え込むことができているわけです。実際に，小さな衛星しか持たない火星の自転軸は，数百万年程度のタイムスケールで大きく（± 10 度ほど）変動していることがわかっています。また，地球が月を持っていない場合を想定して数値シミュレーションを行うと，やはり自転軸の傾きは10 度ほど大きく変化することがわかります。自転軸の傾きが10 度も変化すると，当然その惑星の表層環境は大きく影響を受けることになります。よって，地球に大きな衛星が存在していることが，地球の表層環境の安定性に寄与していることがわかります。

## 7　地球が「生命の惑星」となった理由

以上，地球が生命を宿す惑星となるために満たすべき条件について，あるいは地球や太陽系の特殊性・独自性について，様々な視点から考察を行ってきました。ここで取り上げた内容以外にも，地球を地球たらしめている要因はまだたくさんあると考えられますが，ひとまずここまでの議論をまとめておこうと思います。

本章で考察した地球が生命の惑星となるための条件は，以下のとおりです。

①水を取り込む（その起源は問わない）
②火星より大きいことにより水が散逸しない
③ハビタブルゾーン内に位置する
④ほんのわずかの水を保持することで水惑星となる
⑤強い磁場が宇宙線に対するバリアの役割を果たす
⑥炭素循環により気候が安定化する
⑦酸素大気発生に伴いオゾン層が形成され強い紫外線が吸収される
⑧惑星の離心率が小さいことで安定な惑星系が保持される
⑨巨大な月の存在により自転軸の傾きの変動が抑えられる

これらの条件を全て満たす必要があると考えると，地球はまさに「奇跡の惑星」と呼ぶより他ない気がしてきます。また，将来の宇宙移住を考える際にこれらの条件を全てクリアーする必要があるとすると，宇宙移住はほぼ不可能な試みであると結論づけられることになってしまいます。果たしてこの結論は本当に正しいのでしょうか。

## 8 宇宙に広がる多様な可能性

本章をまとめる前に，ここで一歩立ち止まって考えてみることにしましょう。これまでの議論では全て「地球中心主義」あるいは「地球型生命中心主義」にとらわれていなかったでしょうか。確かに「地球」が生まれるための条件は非常に厳しいものかもしれません。しかし一般的な「生命の惑星」の中には，地球とは全く異なる環境を持った天体も数多く存在している可能性があります。

そこで最後に，多様な生命を宿す惑星の可能性について簡単に紹介します。現在までに生命の存在が確認されている天体は地球だけなので，ここで紹介するのはあくまでも「可能性」があると考えられている天体ではありますが，いずれもそれぞれに異なった魅力を持っています。

### (1) 内部海を持つ天体

木星の衛星エウロパや土星の衛星エンケラドスなどのように，表面は氷に覆われていますが，その内部に海を持つと考えられている天体が太陽系内にも数多く存在しています。内部海の底には海底火山の存在も示唆されており，生命の誕生や活動が実現できる場が整っている可能性があります[7]。内部海にも生命が存在できることが明らかになれば，ハビタブルゾーンの概念自体が大きく変わることになるでしょう。

図 4　TRAPPIST-1 系のイメージ図

太陽系（下）の惑星軌道・サイズと比較すると，TRAPPIST-1 系（上）では，非常にコンパクトな軌道領域に 7 つの地球サイズの惑星が密集して存在していることがわかる。これらのうち TRAPPIST-1e，f，g の 3 つの惑星は，ハビタブルゾーン内に位置していると考えられている。
（NASA/JPL-Caltech）
https://www.jpl.nasa.gov/spaceimages/details.php?id=pia21424

### (2) 水以外の液体が循環する天体

土星の衛星タイタンの表面では，水ではなく「メタン」の液体が湖を形成しています。地球型生命にとっては水の存在が必須ですが，もしかするとタイタン上にはメタンを用いる別のタイプの生命体が存在しているかもしれません。こうした全く新しい生命体の存在が明らかになれば，「生命とは何か」という議論に大きな影響を与えることになるのは間違いありません。

### (3) 太陽系外惑星

太陽系の外にも可能性は広がっています。例えば太陽よりも質量の小さな恒星である M 型矮星の周りでも，地球と同サイズの惑星が数多く発見されています。その中でも特に注目されているのが，TRAPPIST-1 という星の周りの惑星系です（図4）。ここには7つの地球型惑星が確認されていますが，M型矮星周りのハビタブルゾーンは中心星の近傍に位置するため，中心星からの影響を非常に大きく受けることになります。そのため，同じハビタブルプラネットであっても，太陽の周りを回る地球とは全く異なる表層環境を持つ可能性があります。

ここに挙げた天体以外にも，我々の想像を絶する様々な可能性がきっと宇宙にはあふれているはずです。宇宙移住のための検討という目的からはやや逸脱しますが，多様な可能性について考察することは，より大きな視点から宇宙と生命の関係をとらえるためのよい思考実験となることでしょう。ぜひ読者のみなさんも，本章で学んだことを振り返りながら，宇宙に広がる無限の可能性に思いを馳せてみてください。

## 参考文献


[1] Kopparapu, R.K., Ramirez, R., Kasting, J.F., Eymet, V., Robinson, T.D., Mahadevan, S., Terrien, R.C., Domagal-Goldman, S., Meadows, V., Deshpande, R. (2013) Habitable Zones around Main-Sequence Stars: New Estimates. *The Astrophysical Journal*, 765: 131(16pp).

[2] Nakajima, S., Hayashi, Y., Abe, Y. (1992) A Study on the “Runaway Greenhouse Effect” with a One-Dimensional Radiative-Convective Equilibrium Model. *Journal of the Atmospheric Sciences*, 49: 2256–2266.

[3] Dohm, J.M., Maruyama, S. (2014) Habitable Trinity. *Geoscience Frontiers*, 6: 95–101.

[4] Abe, Y., Abe-Ouchi, A., Sleep, N.H., Zahnle, K.J. (2011) Habitable Zone Limits for Dry Planets. *Astrobiology*, 11: 443–460.

[5] Tajika, E., Matsui, T. (1992) Evolution of terrestrial proto-$CO_2$ atmosphere coupled with thermal history of the earth. *Earth and Planetary Science Letters*, 113: 251–266.

[6] Laskar, J., Joutel, F. Robutel, P. (1993) Stabilization of the Earth’s obliquity by the Moon. *Nature*, 361: 615–617.

[7] Iess, L., Stevenson, D.J., Parisi, M., Hemingway, D., Jacobson, R.A., Lunine, J.I., Nimmo, F., Armstrong, J.W., Asmar, S.W., Ducci, M., Tortora, P. (2014) The Gravity Field and Interior Structure of Enceladus. *Science*, 344: 78–80.

## 参考図書

阿部豊（2015）『生命の星の条件を探る』文藝春秋.
井田茂（2019）『ハビタブルな宇宙』春秋社.
佐々木貴教（2021）『地球以外に生命を宿す天体はあるのだろうか？』岩波書店.

# Chapter 4

## 宇宙での居住可能性を探究する科学

宇宙航空研究開発機構宇宙科学研究所　**稲富裕光**

1961年の人類初宇宙飛行を機に，人類は地球を離れ宇宙空間に進出可能であることを知り，その未知なる世界を探求するために宇宙という広大な海原へと航海を始めました。そして，その後の国家同士の競争そして国際協力の関係構築の時代を経て，2000年代以降は，国主導の宇宙開発だけではない民間企業による宇宙活動が活性化する状況が作られています。地球観測や全地球測位システム，衛星通信の分野での宇宙利用，そして天文観測や惑星探査の分野での宇宙進出は目覚ましく進み，宇宙はもはや現代文明の基盤の一端を担うまでに至っています。特に2020年代は，国際宇宙ステーション計画の今後の在り方が議論され，米国主導の国際宇宙探査計画が始まり，それらに呼応するように民間運用による宇宙ステーションや宇宙往還機など宇宙インフラに関する将来構想が沸き起こっていることから，人類の宇宙空間における活動圏がさらに拡大していくでしょう。現時点における民間企業による宇宙ビジネスの主流は地球低軌道（Low Earth Orbit，LEO）での展開ですが，いずれ将来の月・火星での有人探査計画のように人類が宇宙に短期滞在し，そして居住し，究極的にはある程度の規模の社会を形成することを議論し具現化する時代へと，世界は確実に

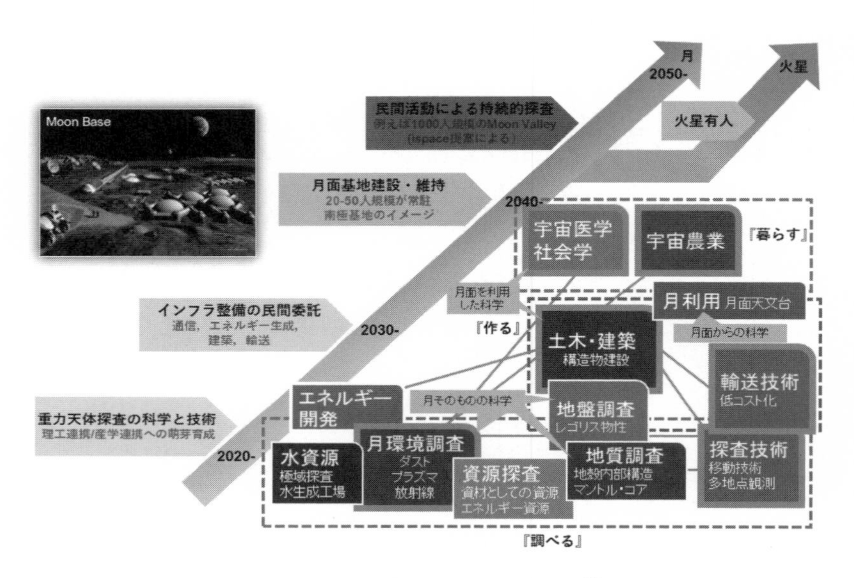


図 1　人類活動圏の拡大のイメージ[1]

進んでいます。しかし，そのような深宇宙の利用・進出において民間活動が持続し成熟するに至るまでには少なくとも今後 20 年，30 年程度は必要であると考えられ，その実現に向けてそれまでは宇宙科学・探査を含み分野横断的な科学研究そして技術開発が宇宙開発を先導していくことが求められるでしょう（図 1）。

さて，将来の宇宙有人活動では，地球から遠く離れた孤立的，閉鎖的環境にて長期間かつ持続的な滞在（以降，宇宙居住と称します）が求められます。地球上の孤立した場所や閉鎖的環境での人間の活動や事業（例えば航海，資源採掘，フィールドワーク）は滞在に関する研究の上で参考になるでしょう。宇宙滞在に関連するこれまでの国内外の研究施設の例としては，以下が知られています。

- **CEEF**（Closed Ecosystem Experiment Facilities）[2]：公益財団法人環境科学技術研究所の閉鎖型生態系実験施設であり，ヤギとヒトと植物から構成された単純な人工的生態系で空気，水，食料と廃棄物などの物質循環を制御することを目指す。
- **Biosphere 2**[3]：米国 Arizona 大学が運用しているこれまでに建設された最大の閉鎖生態系であり，陸域の水循環とそれが生態学，大気科学，土壌地球化学，および気候変動とどのように関係しているかなどの研究プロジェクトに従事している。
- **MDRS**（Mars Desert Research Station）[4]：米国の NPO である Mars Society が所有している世界最大かつ最長の擬似火星実験施設であり，生物学的研究，地質学的調査などを行う。
- **HI-SEA**（Hawaii Space Exploration Analog and Simulation）[5]：International MoonBase Alliance によって運営されている火星類似居住区であり火星への長期ミッションや火星での生活において，宇宙飛行士の幸せと健康を維持するために何が必要かを明らかにすることを研究する。
- **HERA**（Human Exploration Research Analog）[6]：NASA ジョンソン宇宙センター内に設置された閉鎖的居住区であり，行動の健康とパフォーマンスの評価，コミュニケーションと自律性の研究，人的要因の評価，および医療能力の評価を行う。
- **月宮**[7]：中国・北京航空航天大学に建設された閉鎖式生物再生生命維持システム実験ルームであり，地球外環境での自給自足による長期生存の可能性を探る。

しかし，これらの研究施設の利用では，限られた人数および短期間での月・火星滞在を想定してそれに関わる技術獲得を主目的としています。このような深宇宙での短期間滞在に関する研究開発が進展し，より長期となる宇宙居住，さらには社会構築の実現に向けては，これまでのほぼ全ての学問が有用となります。また，地上の学問にとっても宇宙での適用を考え

CEEF

Biosphere 2

MDRS

HERA

図２　宇宙居住に関する国内外の関連研究施設の例

ることは新しい発展をもたらす機会となり得ますが，そのためにはまず，宇宙居住の実現における課題抽出と解決方策を検討する必要があります。具体的には，人を含む地球上の生命あるいはその集団が，地球外の宇宙環境，天体などにおかれた状況で資源・エネルギー・場を能動的に利用し存続することを可能にしなければなりません。人類の宇宙での長期居住可能性を探究する「宇宙惑星居住科学」[8]は以下の項目を満たすものであり，既存の学問分野を横断する総合的かつ戦略的な学問体系となるでしょう。

- 宇宙環境を有効に利用して，従来研究されてきた物理・化学・生命現象の普遍性を明らかにしてその本質の解明に迫ると共に，応用科学

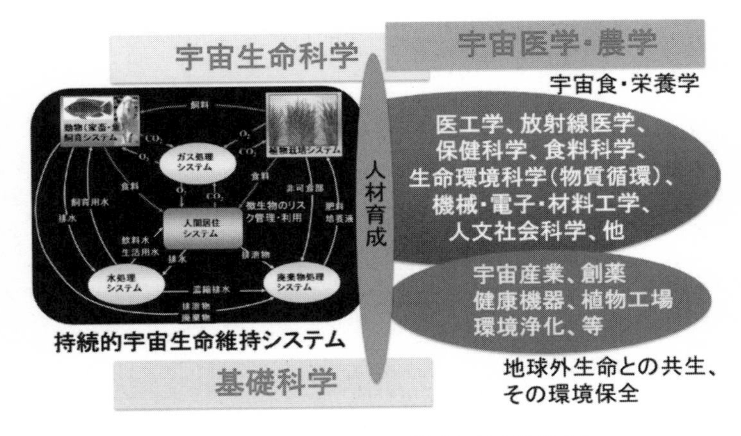


図 3　宇宙惑星居住科学の構成とその目指す先

（工学，薬学，医学，医療，環境科学など），さらには人間科学・社会科学とも連携して英知を結集し，人類の宇宙での長期居住を目指す。

- 宇宙での人類の長期居住を可能にするための課題解決を通して，新たな分野の科学・技術を開拓する。
- 宇宙惑星居住科学の研究成果を，地球での人類の生活・健康・医療・文化などへ還元することにより，地球の急激な環境変化への適切な対処を通した環境保全を可能にし，地球での人類の永続的生存や社会福祉の向上，並びに地球の未来を担う次世代の教育，育成に貢献する。

宇宙惑星居住科学の体系化に向けては，今後 20 年ないし 30 年を視野に入れた長期構想のみでは不十分で，それに至る今後の研究開発が必須となります。本書では，宇宙惑星居住科学における先駆的な研究分野の例として，我が国が国際宇宙ステーション実験など宇宙環境利用を通して培ってきた「空気再生・水再生・廃棄物処理」(Part 2 Chapter 3)，「資源・エネルギーその場利用」（Part 3 Chapter 3），「宇宙食」（Part 3 Chapter 4），「宇宙医療」（Part 4 Chapter 2）を取り上げます。

## 参考文献


[1] JAXA 国際宇宙探査センター編："日本の国際宇宙探査シナリオ（案）2021"（https://www.exploration.jaxa.jp/assets/img/news/pdf/scenario/2021/Scenario2021.pdf）Page 14 の図 4.1-1 を一部改変

[2] https://www.ies.or.jp/project_j/project02a.html（閲覧日 2022.10.11）

[3] https://biosphere2.org（閲覧日 2022.10.11）

[4] http://mdrs.marssociety.org（閲覧日 2022.10.11）

[5] https://www.hi-seas.org（閲覧日 2022.10.11）

[6] https://www.nasa.gov/analogs/hera（閲覧日 2022.10.11）

[7] https://spc.jst.go.jp/news/180503/topic_3_02.html（閲覧日 2022.10.11）

[8] https://jaxa.repo.nii.ac.jp/?action=pages_view_main&active_action=repository_view_main_item_detail&item_id=12881&item_no=1&page_id=13&block_id=21（閲覧日 2022.10.11）

PROJECT REPORT

# 1 アフリカの宇宙開発熱

京都大学大学院総合生存学館　新原有紗

人類の月面着陸，火星探査などを目指すアルテミス計画をアメリカが主導し，日本も宇宙飛行士の派遣や有人宇宙居住システムでの貢献を計画，一方中国は独自の宇宙ステーションを建設し，月面への着陸を目指すなど，先進国の宇宙開発熱，特に月面居住開発熱は高まっています。月に人が降り立ち，そして生活をする――そんな未来が来るのはそう遠くはないでしょう。話題となるのは先進国の宇宙活動ですが，果たして開発途上国は宇宙開発をどのように見ているのでしょうか。

2019年2月，神戸市が主催する起業体験プログラム「KOBE Start Up Africa」に参加し，アフリカ大陸の赤道付近に位置するルワンダ共和国を訪れました。ルワンダは，1994年のジェノサイド（民族虐殺）の悲劇を乗り越え，「アフリカの奇跡」とも呼ばれる経済成長を続け，欧米から注目を集めるICT立国です。神戸市の主催したこのプログラムでは，派遣された若者20名がテーマを決めてチームを組み，ルワンダが抱える課題の探索と具体的施策に挑みました。ルワンダ政府のICT･イノベーション省の事務次官らとの交流のほか，最終日には，現地の起業家にそれらの成果を発表する機会もありました。

ここで，私が挑戦したテーマは「宇宙」。ICT立国であるルワンダは「宇宙」に関する事業に関心が高いはずだと予想し，日本とルワンダの宇宙開発協力が進むことを大きな目標として据えたのです。しかし，日本で行ったアフリカ地域出身の方を対象にしたヒアリング調査では，宇宙開発を「先進国の娯楽」と捉える人が多いことが判明していました。宇宙開発に対する印象には「富裕層の月旅行」や「SF映画の延長」という回答が並び，宇宙開発を現実的ではないと考える人が多いことを示しています。そこで私は，ルワンダの国民が宇宙を身近

ペットボトルロケット製作後の集合写真

に感じる一歩として，宇宙教育を行いたいと考えました。

当初の計画は，宇宙関連の SF 映画を題材にしたレクチャーでした。

しかしルワンダに渡航してみると，不特定多数の大人数の集会はジェノサイドを連想させるとして禁止されていたため，若者にターゲットを絞り，基礎科目である物理の応用として，現地の中学校でペットボトルロケットイベントを開催することにしました。嬉しい驚きは，私が想像していた以上に，生徒たちの宇宙への関心が高かったことです。生徒たちはペットボトルロケットを作製する授業は初めてだったにも関わらず，ロケットの仕組みを意欲的に学び，手際よく作り上げ，打ち上げ体験を楽しんでいました。なかには将来人工衛星を作りたいと話してくれた学生もおり，その一人とは現在も連絡を取り続けています。

続いて参加した Aviation Africa 2019 というアフリカ地域最大の航空宇宙イベントでは，アフリカ地域の開発途上国が航空宇宙開発に力を注ごうとする潮流を目の当たりにしました。そのイベントを紹介してくれたルワンダのエンジ

ルワンダの学生とペットボトルロケットを製作している様子

ニアも，東京大学と小型人工衛星を開発し，水資源の把握や農業・干ばつ対策を行おうと計画しており，この例に象徴されるように，宇宙を国家の発展に役立てようとする熱意がこの潮流を後押ししていることを学びました。一方で，先進国との関係性については，懸念の声が多々聞かれたのも印象的でした。例えば，先進国が排出した宇宙ゴミが自国の衛星を破壊するのではないか，月や火星の資源を先進国が先に利用してしまい平等な宇宙開発ができないのではないか，といった指摘があり，地球の資源をめぐる競争の中で彼らが経験してきた不満の根深さを感じました。

私はこの経験を踏まえて，宇宙を，陸・海・空に続く第四の戦場ではなく，人類が持続的に平和的に利用できる共有地にするための枠組みを作りたいと現在考え，大学院で研究しています。宇宙では，誰もが安全に，安心して，暮らせるように。

# Part 2

西表島の珊瑚礁

# コアバイオーム

CORE BIOME

Chapter 1

# 宇宙海洋と宇宙養殖

東京海洋大学学術研究院海洋生物資源学部門　**遠藤雅人**
京都大学フィールド科学教育研究センター　**益田玲爾**
京都大学大学院総合生存学館　**山敷庸亮**

## 1 地球海洋を宇宙へ

コアバイオームを形成する海洋生態系としては，実際の海洋の一部を切り出し，1つの環境の中に基本的な要素を全て取り込んだものが想定されています。この点では，Biosphere 2におけるサンゴ礁などの浅海域を再現した海洋バイオーム[1]と同様です。そもそも地球における海洋生態系の特性は，広大な水量があり（地球上の液体の水の97.5%にあたる13億5000万立方キロメートル），栄養塩と生物の密度が概ね低く，生態系の挙動が栄養塩や生物移動に依存していることにあるといえます。また，液体の水の97.5%が海水（塩水）であるため，海水の蒸発（年間およそ50万2800立方キロメートル）による陸域からの淡水流入（年間およそ4万5000立方キロメートル）を受けても，局所的なものをのぞいてほとんど塩分濃度が変化しません。また，海洋は三大洋を含み，全て繋がっているため，赤道付近に蓄えられた太陽熱の循環機構と塩分濃度も相まって，ほとんど凍結せず，その安定した海洋生態系を構成しています。

一方，生物密度は海域によって大きく差があり，海洋生態系は水を介した物質の流入や生物の移動で成り立っています。まず，陸地からの栄養塩の流れ込みや深海からの水の移動による栄養塩の流入に始まり，生産の場である太陽光の届く浅海や海洋表層での生物生産につながっていきます。主な生産者は植物プランクトンであり，食物連鎖によって動物プランクトンなどに捕食され，小型魚類や大型魚類というように物質を受け継ぐとともに大型化します。小さい生物は海流によって流される受動的な動きをする一方で，大型の魚介類の多くは自身で遊泳しながら餌をとります。これらの移動は海流や水温にも大きく影響を受けています。この中で捕食・被食の関係は成り行きで行われており，餌生物の大きさによって捕食が可能かどうかということが決まります。また，これらを制限している要因として，物質や密度が薄いこと，生物で言えば個体間距離が大きいことが考えられ，同時にこれによってさまざまな生物が存在する多様性が維持されています。この多様性を包含した生物相は，天然の海洋であっても比較的不安定で水温や海流によって変化しやすいという特徴があります。これは，個々の生物種を食物連鎖，すなわち，物質循環の1つのパーツと考えた場合には，同じ機能を持つ生物に簡単に置き換わる可能性があるということを示しています。

実際の海洋においては，非常に広範囲の外洋部分に対して，陸域近傍の湾域，珊瑚礁内や，汽水域，そして大陸棚上部という相対的には狭い領域に非常に多種の生物相が存在しており，これらのうち「どの」海域の生態系を移転しようとするかによってシナリオが大きく変わります。特に，有限の人工海域に外洋域を移転しようとするのはほぼ不可能であると考えられ，生物多様性が高い汽水域・珊瑚礁域などの移転が現実的だと考えられます。ただし，実際の海洋はこれらが単独で存在しているわけではないため，宇宙に海洋を持ち出す際にはさまざまな困難が予想されます。

このような地球海洋を切り出して生態系を安定的に維持するためには，密度や物質量をかなり低く維持するとともに，非常に大型の水圏を作りださなければなりません。宇宙海洋を地球海洋のコピーとして考えた場合には，成り行きで行われる生態系の維持が課題であり，例えば，栄養塩の多い環境を創出すれば，生物量が増すことで個体間距離が近づき，捕食・被食の頻度が上昇することで，多様であった一部の生物種の根絶が進むことになります（図1）。これによって生物量は多くなりますが種数は減少していきます。さまざまな食物連鎖から成り立つ食物網が単純化され，やがて単一の捕食・被食活動によって捕食される生物が消失して生態系の破綻が起きる可能性が高くなるというわけです。

宇宙ステーションやスペースシャトル内での宇宙実験においても，小さな水槽に数種の生物を収容してマイクロコズムと呼ばれる生態系を作り出し，その挙動を追う実験が過去に行われています[2]。具体的には，900mLの透明な円筒形の容器に淡水を充填し，水生植物としてマツモを，動物プランクトンとしてヨコエビ類，カイムシ類，ミジンコを，貝類としてタニシを収容し，蛍光灯によって光を照射して微小重力下での実験が行われました。1回目はスペースシャトルでの10日間の実験，2回目と3回目は宇宙ステーションミールでの実験が行われました。スペースシャトルでの実験ではミジンコの増殖は確認できましたが，実験終了時には消滅してしまいました。ミールでの実験では，全ての動物は4ヶ月間生き残っていましたが，2回目の実験で植物のマツモは消滅した一方で，3回目の実験では存在していました。このように捕食・被食が活発に行われない種同士でも生物の生存は不安定だということがわかっています。しかしながら，同時に生物の中には生態系内で生き残る生物とそうでない生物とがいることもわかり，選抜する種を精査することで安定した海洋生態系を作ることができるかもしれません。

このような地球海洋を切り取るという考え方の中に，それぞれの生物を個々に飼育・栽培・培養し，それぞれの生物間で捕食・被食を含めた物質循環を制御する「制御生態系」というものがあります。この手法では，各生物を単独飼育・栽培・培養することで，自由に捕食・被食が行われない

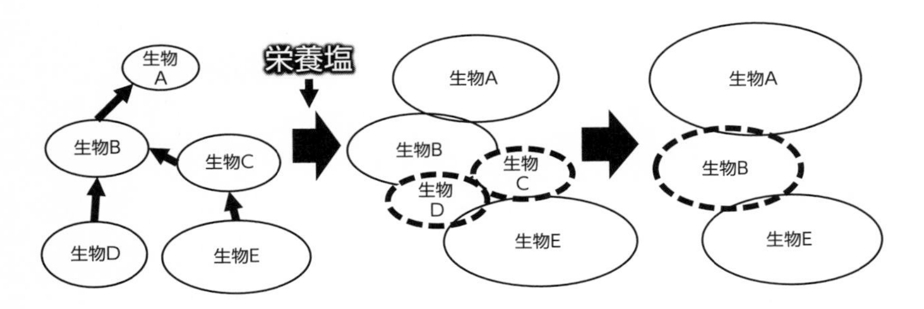


図１　地球の海洋生態系における栄養塩増加による食物網の単純化
丸の大きさは個体群の大きさを示す。点線の丸は根絶される生物を示す。

環境を作り出します。これをいくつか作って配管でつなぎ，生物間の物質移動を人為的に管理することで，食物連鎖や食物網の破綻を防止することができます。例えば，植物に与える肥料成分をコントロールするとか，魚に与える動物プランクトンを管理するといったことが当てはまります。この制御生態系のメリットは，個々の生物を高密度かつ最適な環境で生育させられることにあります。効率が求められる物質循環型の食料生産に有効であり，水圏における食料生産，すなわち，水産養殖に適用できると考えられます。

１つの水圏にいろいろな水棲生物を選定して取り込み，成り行きの生態系を維持するという，従来の発想によるコアバイオームの考え方で宇宙海洋を構築するためには，移動や捕食の頻度が低い生物群を用いるか，広大な海洋を宇宙に展開することを想定しなければなりません。一方，物質移動を管理する制御型の水圏人工生態系は，小スペース化や高密度化に大きく貢献する技術であり，効率を求める水圏での食料生産を物質循環型の養殖として再現できると思われます。

宇宙での長期的な居住を展望するにあたり，海あるいは水域の存在は，食料供給源として，宇宙線回避の手段として，さらには憩いの場として重要であると考えられます。本章では，地球海洋の生態系の特性とそこから考えうる宇宙海洋の在り方，人工水圏生態系における食料生産としての宇宙養殖について，地球外の惑星で海あるいは水域を設けて魚類を飼育することを想定した場合の留意点についてまず整理し，続いて，宇宙での魚類飼育を目指して行った実験を紹介し，その可能性と課題について論じます。

## 2 宇宙海洋

### (1) 海洋の成り立ちと機能

地球上の生命は海で誕生しました。現在知られている全35動物門のうち，34は海域に生息する種を含み，そのうち16は海域特有であると言われています（環境省　海洋生物多様性保全戦略公式サイト，https://www.env.go.jp/nature/biodic/kaiyo-hozen/guideline/index.html【参照2022/9/25】）。海水は酸素と栄養を含んだ状態で循環するため，陸上に比べると海には固着性の動物が多く存在します。例えばイソギンチャクは弱って海底に落ちてきたクラゲを，またウニはちぎれて流れ着いた海藻を餌とすることができます。海水はまた，比熱比が大きく温度変化を和らげるため，水中の温度変化は陸上よりも緩やかです。さらに，海は生物にとって有害な紫外線も吸収してくれます。

地球の歴史上，大規模な絶滅が何度か生じています。おおよそ2億6000万年前に発生したペルム紀末絶滅事象では，シベリア玄武岩による地球規模での温暖化と，海洋大規模貧酸素化（Great Ocean Anoxia）によって，海洋生物の80%前後が絶滅したと言われています。また，6604万年前にユカタン半島に落下した隕石は，それまでの2億年にわたり陸上の支配者であった大型爬虫類の大半を絶滅に導いたとされています[3]。陸上で生じた破滅的な火災や大津波も，海域特に外洋では影響は相対的に少なかったものと考えられています。

地球外生物の生息可能な惑星をスクリーニングする際，しばしば水の有無がポイントとなります。生命の源であるRNAやDNA（あるいはこれらに類似した分子）が生じる上で，水という溶媒の存在が有利であるというのが第一の理由であると考えられます[4]。

さらに，ヒトは海辺で進化したとの説もあります[5]。ヒトは他の霊長類と比較して体毛が少なく，これは水辺で暮らす哺乳類に近いこと，また歩行ができない新生児でも泳ぐことはできることなどがその根拠とされているのです。水辺で心が落ち着く，といった水のもたらす憩いの機能は，霊長類の祖先種からヒトへと至る進化過程に根ざしているのかもしれません。

### (2) 海水・汽水・淡水

地球表面の70%を占める海洋は海水で満たされ，その塩分は平均3.5%です[6]。地球上の淡水は，海水に比べると量的には少ないですが，人類との接点は多く，また多様な環境と生物を包含しています。淡水と海水の混じる汽水域は，特に生物の生産性が高い水域となります。ヒトの血液中の塩分は0.9%であり，海産・淡水産に関わらず大半の魚類もこれに近い塩分濃度の血液を持っています。

通常海水域で生息する魚類であっても，しばしば汽水環境の方がよく成長することがあります[7]。海水魚は，体に絶えず侵入する塩分を排出する必要がありますが，汽水ではそのコストが低減または不要となり，余剰のエネルギーを成長に回せるためと考えられています。宇宙に海を作ることを考えた場合，塩分3.5%とする必然性はなく，むしろ汽水の海とするのが得策かもしれません。一方，海産無脊椎動物には塩分の低下に対して耐性を持たない生物種が多いため，注意が必要だと考えられます。

### (3) 地磁気

地球には地磁気があります。これは，地球内部で鉄を多く含む液体が対流しているためと考えられています。大規模回遊をするサケやウナギは，地磁気を利用することが知られています[8]。地殻内部が冷却されており地磁気を持たない惑星では，魚類の生息に支障が生じるでしょうか？　現在，世界各地の海上生簀ではタイセイヨウサケ（*Salmo salar*）などのサケ科魚類が，また国内の陸上生簀ではニホンウナギ（*Anguilla japonica*）が大規模に養殖されており，これらの魚類は常時地磁気を感知しているとしても，地磁気を利用した回遊行動を示す状態にはありません。地磁気の欠如が魚類の生育を阻害するとは考えにくく，仮にそのようなことが判明した場合も，人工的な地磁気を設けることで解決できると考えられます。

### (4) 水圏生物の食性

海洋の基礎生産を担うのは植物プランクトンおよび海藻・海草類です。植物プランクトンは動物プランクトンに捕食され，これが仔稚魚または小型の魚類に，小型の魚類は大型の魚類に捕食されます。一方，海藻・海草を直接摂食するアイゴ（*Siganus fuscescens*）やメジナ（*Girella punctata*）のような魚類もいます。

栄養段階が１つ上がるごとに，代謝等で大半のエネルギーは消失し，一部のみが捕食者の成長に利用されます。このことから，基礎生産から収穫までを地球外で行うことを考えるのであれば，栄養段階の比較的低い魚類を対象とした方が，エネルギー効率的には有利だと思われます。代表的な植食魚として，海産魚では上述のアイゴやメジナが，淡水魚では中国で養殖されているソウギョ（*Ctenopharyngodon idella*，その名の通り草を食べる）やタイで漁獲されてきたメコンオオナマズ（*Pangasianodon gigas*，植物プランクトンを餌として全長3m に達する）などが有望と考えられます。

魚類には，特定の餌を好んで食べるものがいる一方で，雑食性のものもいます。クロダイ（*Acanthopagrus schlegelii*）やメジナは，植物性の餌も動物性の餌も食べます。光合成植物の養成が可能な惑星であれば，植物を主食とし，動物性蛋白質を補助的に与えるという飼育方法も検討の価値があります。

同量の餌を摂取しても，成長のパフォーマンスは魚種ごとに大きく異なります。同じ魚食性であっても，体重を一定量増やすために必要な餌の量は，クロマグロ（*Thunnus orientalis*）に比べてヒラメ（*Paralichthys olivaceus*）の方がはるかに少ないです。これは主として，遊泳運動により消失するエネルギー量の違いによるものです。限られた空間で魚類を飼育するには，表泳性のクロマグロやブリ（*Seriola quinqueradiata*）などよりは，底性のヒラメやニホンウナギのような魚種が有利だと考えられます。

成長に最適な水温は魚種ごとに異なります。日本沿岸に生息する海産魚であれば，水温25℃程度までは高い水温ほど摂餌量が増え，成長も良くなります。しかし，高水温では代謝により消失するエネルギーも増えるため，エネルギー効率が最も高くなる水温は25℃程度ということになります。水温の設定は，対象生物の成長や代謝に加えて，加温や餌のコストも考慮して決める必要があります。

#### (5) 海のない惑星における熱循環と宇宙海洋について

地球における海洋の大きな役割のひとつに熱循環があります。地球の気候はその巨大な熱容量（大気の4000倍）と，膨大な潜熱輸送とそれに伴う水循環によって，海洋によって「支配」されているといっても過言ではありません。特に大気との境界面となる海表面の温度（SST）は，地域気候に直接的な影響を及ぼします。例えばエルニーニョとラニーニャが交互に現れるエルニーニョ南方振動（ENSO），インド洋ダイポールモード（IOD），そして近年名付けられた数多くの湧昇に伴う地域気候（カリフォルニアニーニョ，ニンガルニーニョなど）で見られるように，SSTの「周期的変動」により，降水量や気温が大きく変化し，それらにより災害や食料生産，また山火事などさまざまな影響を受けることはよく知られています。

海洋のない火星では，熱輸送は薄い $CO_2$ 大気の他，砂嵐が担っています。しかし，その熱容量に大きな差があることからも，高緯度，そして極地方への熱の輸送への貢献はごくわずかです。一方で，火星は特に40億年前には北半球を中心に海洋で覆われていたと考えられており（氷河で覆われていたという説もある），その時代には磁場もあり温暖な気候が維持されていたとも考えられています。現在の火星に残っている水の量では，それが全部液体にかわったとしても，深さ10cm程度にしかならないとされており，水の絶対量が地球に比較して圧倒的に少なくなります。もし現在の地球と同じだけの液体の水があるとすれば，火星にも平均水深1000m前後の海洋ができるはずです。

月面にいたっては，ほとんど液体の水は存在しえないと考えられていますが，PSA（永久影）には若干の水資源がある可能性が示唆されています。

いずれにせよ，月・火星の開発，あるいはテラフォーミングを試みようとしても，この「絶対的に少ない水資源」によって，これらの惑星での実際の海洋の構築は不可能と考えざるをえません。しかしながら，限定された居住域において，表面水を人為的に維持し，気候の安定化や宇宙放射線の回避，食料生産に利用することは大いに考えられます。この場合，いままでに述べたミニ生態系としての人工海洋にプラスして，潜熱による水循環も考慮したシステムの構築が必要となります。その際に問題となるのが，塩分濃度の維持であり，実際にBiosphere 2の人工海洋では，陸域の淡水流入により塩分濃度が変化してしまいます。また，オープンウォーターを淡水にするか，塩水にするかは，多角的な判断が必要です。

今後，他の惑星への移住に関する学問がより体系的に考えられ，火星や月に実際の海洋を再現，というような話が出てくるかもしれません。もちろん，大気圧が維持できてからですが。その際に木星軌道の氷衛星から水を移送する，というような話も出てくるかもしれません。地球のように水循環が維持されながら大量の水が持続的に存在した惑星は非常に稀であることから，液体の水を表面に蓄える地球の優位性を考慮して，宇宙進出の際の海洋について，より深く考えていく必要があります。

## 3 宇宙養殖

### (1) 宇宙における水産養殖とその可能性

人類が宇宙に進出する際には，月などの衛星または火星などの惑星に地球と類似した環境を構築してエネルギーを作り出し，物質循環を行いながら食料を生産して生活することが必要です。これまでにさまざまな宇宙居住施設を模擬した実験が地球上でも行われてきました。アメリカのBiosphere 2のように生態系の縮図を再現したもの[9]から，日本のCEEFのように工学的な手法を取り入れて居住や食料生産に重きをおいたもの[10]まで，その概念や規模に応じて数多くの分野の知識を結集した研究開発が進められてきました。しかしながら，食料生産に関しては，酸素再生と食料生産を同時にできる植物栽培を中心とした施設での実験が多く，動物性蛋白質の生産を目的とした研究はそれほど進んでいません。

そこで我々は，魚類養殖を中心とする人工水圏生態系を想定した物質循環型養殖の可能性を明らかにするための実験を行ってきました。宇宙における魚類養殖を他の家畜と比較すると，水棲生物は水の中で遊泳しているので足が設置する面や臭気処理が必要なく，廃棄物処理も容易に可能であること，大きさも食用とする際には最大数キログラムでそれほど大きくなく，成長が速いといったメリットがあります。また，魚類を用いた実験は宇宙開発初期から行われており，その生命維持システムも同様に発展を遂げてきました[11]。これは鳥類や哺乳類よりも取り扱いが容易であることが大きな理由です。最初の実験は，1973年スカイラブ3号および1975年アポロ・ソユーズ試験計画におけるキリーフィッシュ（*Fundulus heteroclitus*）の成魚と受精卵の飼育実験で，成魚の行動および受精卵の発生過程が観察されています[12], [13]。当時の飼育装置はポリエチレン製の袋に飼育水を充たした単純なものでしたが，その後，日本の技術によって酸素供給装置と濾過装置を接続した水棲生物飼育装置が開発され，1994年に軌道上でのメダカ（*Oryzias latipes*）の交尾や，産卵行動の観察に成功しています[14]。特に酸素供給は地上とは異なり，飼育水に直接通気できないため，中空糸膜という表面に非常に小さい孔がたくさん空いている管状の膜を用いて，その内側に飼育水を通すという工夫がなされています。こうすることで，飼育水中に蓄積した二酸化炭素が膜の外側に排出され，膜外側に存在する酸素が膜の小孔を通過して内側の飼育水に直接溶け込み，溶存酸素を維持することができるのです。近年では，このような仕組みで酸素供給が行われる水棲生物実験装置（Aquatic Habitat：AQH）が国際宇宙ステーションに搭載され，メダカやゼブラフィッシュなどの小型魚類の実験が行われています[15]。

上記の宇宙開発と有人宇宙飛行の長い歴史の中で，水圏生態系が微小重力下でどのような挙動を示すのかという課題を明らかにするために，魚類は人間以外の脊椎動物として，そしてその他の水棲動物も含め，多くの水棲生物が地上400kmの地球周回軌道上に運ばれ，飼育技術やノウハウが確立されてきました。このようなことから，宇宙環境下での飼育実績が豊富な魚類を用いて食料を生産しようと考えたことが研究の発端です。我々は異なる重力環境下での物質循環型養殖技術の確立を目指し，2つの事柄に着目して研究を進めてきました。ひとつは宇宙養殖で用いる水棲生物が生存し，餌を食べ，成長し，成熟した後に繁殖を行うことができるかという生物の特性に関する研究です。この研究に関しては特に異なる重力下における水棲生物の行動特性を理解するために，航空機を用いた水棲生物の行動観察実験を行いました。もうひとつは物質移動が制御された人工生態系技術を取り入れた物質循環型養殖の検討であり，いくつかの動植物を利用した食料生産システムの検証実験を実施してきました。これらについて解説します。

### (2) 異なる重力環境下における水棲生物の行動特性

宇宙養殖技術を確立するためには，利用される生物種の環境適応能力の把握が重要です。特に重力環境は，遠心力を利用して増加させることは可能ですが，これには多大なエネルギーが必要となります。国際宇宙ステーションなどの地球周回軌道上の施設の重力環境は微小重力（μG），月では地球の約1/6の0.165G，火星では約3/8の0.372Gです。これらの重力に魚をはじめとする水棲生物が対応可能で生存・摂餌・成長・成熟・繁殖が可能かどうかということが大きな課題です。微小重力下での先駆的な研究としては，前述のメダカやミジンコ類の軌道上での繁殖やマツモなどの生育が挙げられ[2], [14]，そのほかにもドイツの研究チームが開発した閉鎖平衡型水棲生物飼育システム（Closed Equilibrated Biological Aquatic System, C.E.B.A.S.）を用いた研究があり，熱帯魚のソードテール（*Xiphophorus helleri*），巻貝（*Biomphalaria glabrata*）およびマツモ（*Ceratophyllum demersum*）を用いてガス交換や物質循環を行う宇宙実験が1998，1999年の二度にわたり行われています[16]。

我々は宇宙養殖を成立させるための第一歩として，水棲生物の異なる重力下での姿勢制御や遊泳行動および摂餌行動について研究を行いました。宇宙養殖の候補種としてはナイルティラピアを選定しました。ナイルティラピア（*Oreochromis niloticus*，以下，ティラピアと略す）はアフリカ原産の食用魚で，現在養殖魚種のなかで，世界における養殖生産量がソウギョ，ハクレン（*Hypophthalmichthys molitrix*）に続いて3番目の重要養殖対象魚種です[17]。水質汚濁や低酸素にも耐性があり，美味しいことから熱帯・亜熱帯地域の各国で養殖されています。このティラピアの稚魚を用いた実験，また，餌生物としてはオオミジンコ（*Daphnia magna*）やタマミジンコ（*Moina macrocopa*）を用いて実験を行いました。

まず，ティラピアの遊泳行動や姿勢保持について，航空機の放物線飛行を利用した微小重力実験を実施しました。この実験にはダイアモンドエアサービス（株）が運航している航空機を用いました。これにより，1回に

20秒間の微小重力環境が得られました。航空機実験に用いた装置は，密閉式魚類観察装置で約500mLもしくは1Lの透明アクリル製の密閉式水槽に人工肺を取り付けて飼育水を循環させて酸素供給を行うもので，現在の宇宙ステーションで用いられている小型魚類飼育装置に類似したものです。密閉式水槽それぞれにCCDカメラを設置し，遊泳行動を観察しました。照明は可視光として白色LED，暗視野での行動確認を目的として発光波長880 ± 40nm近赤外光LED（以下，880nm近赤外光と記す），発光波長950 ± 45nm近赤外光LED（以下，950nm近赤外光と記す）を実験条件に応じて水槽上部もしくは下部から光を照射しました。そして約3cmのティラピアを1水槽に6尾程度収容して航空機に搭載しました。装置写真を図2に示します。まず，μG下での行動観察では可視光を照射した際にはほとんどの個体で光に背を向ける背光反射を示し，姿勢を保持して安定的な遊泳が可能でした。また，880nmおよび950nm近赤外光照射時にはほとんどの個体で平衡感覚を失って体軸を中心として体側方向回転するローリングや腹部を中心として頭部（前）方向に回転するルーピングなどの異常遊泳が観察されました。しかし，一部の個体では図3のように880nm近赤外光照射下でも姿勢保持が可能な個体が存在しました。これらの個体は背光反射を行っていたことから880nm近赤外光を感知して姿勢保持を行っていることがわかりました[18]。さらにこの実験から，背光反射によって姿勢保持を行い，微小重力でも多くの個体が正常遊泳するG8系統（黒色系統）と多くの個体が異常遊泳を示すJ1系統（黄色系統）が得られました。これらの系統の視感度を調査するため，魚が流れの中で一定の場所にいようとする性質（保留走性）を利用した回転ドラム追従テストを実施しました。これは，流れの無い透明な円形水槽の周りに白黒の縞模様を描いた回転ドラムを設置して，魚が縞模様を描いたドラムの回転に合わせて遊泳すれば，照射している光を感知できている，そうでなければ感知できないと判断するテストです。この装置に可視光から近赤外光までさまざまな波長の光を照射して実験を行ったところ，700nm以上の光を当てた場合には全

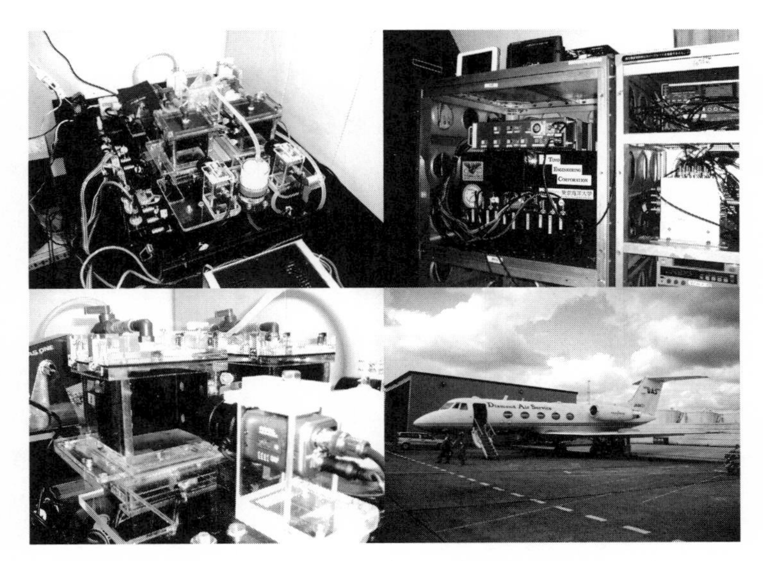

図 2　航空機を用いたティラピアの行動観察実験の装置写真

左上 : 人工肺を備えた実験装置全体　右上 : 航空機に搭載した装置
左下 : 観察水槽と CCD カメラ　右下 : 実験に用いた航空機

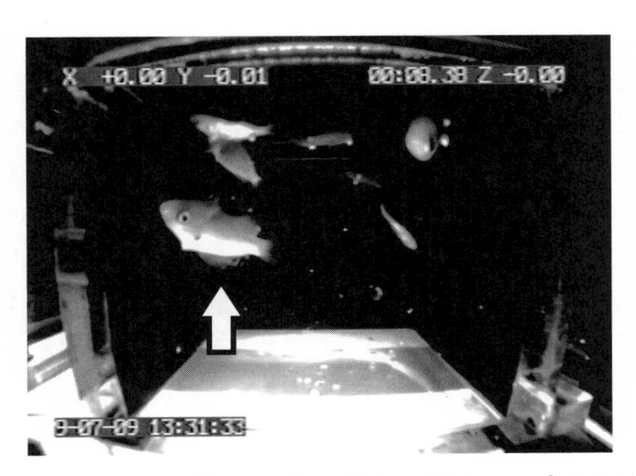


図 3　880nmLED 照明を下部から照射した際のティラピアの行動

一部の個体（矢印）が光を感知して背を向け（背向反射），上下逆さまになって泳いでいる。

ての個体でドラムを追従しましたが，750nm以上ではG8系統が80%，J1系統が10%程度まで減少しました。780nm以上の光ではG8系統の5%が追従するのみでJ1系統は1尾も追従しませんでした。このことから近赤外光感知能力には系統差があり，この系統差が微小重力下で正常遊泳できるかどうかを決定づける要因となることが示されました[19]。さらに，異常遊泳の形態についても系統別で調査したところ，G8ではローリングを，J1ではルーピングを示す個体が多く存在し，これらを掛け合わせた雑系ではローリング，ルーピング両方の遊泳行動を示すことも明らかになっています。異常遊泳行動は視覚と平衡感覚の両者が複雑に関与して姿勢保持を魚が自ら行おうとした結果，平衡感覚の攪乱によって生じることが知られています。今回，異常遊泳行動パターンの系統差が生じたことに対する詳細なメカニズムは不明ですが，その行動パターンが遺伝的形質に支配されていることが示されました[20]。

微小重力下における遊泳行動の研究から，ティラピアが認識可能な光を照射することで正常遊泳を行い，生存できることが明らかとなったことを踏まえて，次段階である餌を食べる（摂餌）行動について調査を行いました。密閉式魚類観察装置の循環水流路にタマミジンコを入れた袋をチューブで接続し，微小重力開始から0.5秒後にポンプを作動させて5秒間の給餌を行い，摂餌行動を観察しました。その結果，微小重力下におけるティラピアの摂餌行動は，異常遊泳行動を示した個体では光照射条件に関わらず摂餌不可能でしたが，可視光下において背光反射による正常遊泳を行う魚のみで摂餌行動が観察されました[21]。このことから，微小重力下で魚に餌を与える際には，可視光を照射することが重要であるとともに，その中で正常に遊泳できる個体を飼育する必要があることがわかりました。

これまで微小重力下での行動観察について示しましたが，微小重力下では耳石器による平衡感覚の制御は異常をきたすか，機能しないことがこれらの結果からわかっています。一方で平衡感覚が単独で機能する重力閾値も宇宙養殖を実現するために重要な要素であることも確かです。そこで我々はティラピアの重力感知能力についても調査しました。航空機を用いた放物線飛行により，微小重力環境が得られるだけではなく，放物線よりも緩やかな傾斜で飛行することで低重力環境を得ることもできます。これらの重力環境創出技術を利用して，異なる重力環境下（μG，0.05G，0.1G および 0.2G）におけるティラピアの行動観察を行いました。その結果，ティラピアの姿勢保持において，光依存から重力依存へ移行する重力値は約 0.1G であり，0.2G 条件下においては大半の個体が重力に依存することがわかりました[22]。

宇宙における居住施設で人工の食物連鎖を制御しながら魚類養殖を行う場合，餌生物の飼育・培養も重要となります。動物プランクトンにおいては，これまで小さな密閉系の水槽を用いた宇宙実験において微小重力下で生存可能であることがわかっており[2]，宇宙養殖への利用が期待できます。我々はさまざまな重力・光環境下における動物プランクトンの行動観察を目的としてオオミジンコを用いて遊泳を観察し，重力や光への反応について調査しました。この実験ではオオミジンコをアクリル製小型密閉式水槽に飼育水とともに収容して CCD カメラで行動を観察しました。ティラピアと同様にオオミジンコを収容した観察装置を航空機に搭載し，照明には白色 LED および 950nm 近赤外光 LED を用い，重力は μG，0.1G，0.2G，1G および 1.8G を設定し，光と重力をそれぞれ組み合せた条件で行動観察を行いました。姿勢保持における光と重力の依存度を解析したところ，オオミジンコは光を感知できる場合，1G では光に依存して姿勢を制御しますが，重力が増加するに伴い，重力刺激が強くなるため，姿勢制御因子は光から重力に移行していくことが判明しました。また，1G 以下では重力が減少するに伴い，光の照射方向に関わらず姿勢制御を行ったため，依存性の傾向が消失するものと考えられました。光感知が不可能な場合においては重力が感知可能な環境では重力に依存して姿勢を制御し，重力感知が不可能な場合においては異常遊泳を行うことも明らかとなりました。なお，重力に依存して姿勢制御が可能な重力値は 0.2G と 1G との間にあることもわかりました。オオミジンコが遊泳のために大きな第二触角で環境水を掻くビート速度と重力の関係を解析した結果，可視光下において，1.8Gでは，1Gと比較し，ビート速度が増加する傾向がみられました。これは，重力の増加に伴い，オオミジンコの沈降速度が増すため，垂直位置を保持する必要性から，ビート速度が増加すると考えられます。一方で重力の減少に従ってビート速度もおそくなる傾向がみられましたが，μG下では正の走光性反応が顕著になることも観察されています。さらに近赤外光下では，重力に関わらず，ビート速度に大きく影響しないこともわかりました[23]。以上の結果から，オオミジンコの場合は0.2G以下の重力環境下での姿勢保持には光照射が必要であることが判明しました。

これらの結果を基に，異なる重力環境下におけるティラピアとオオミジンコの行動制御について図4にまとめました。ティラピアの場合は，微小重力下では完全に光に依存して姿勢制御を行うため，光を感知できない環境では姿勢制御が不可能ですが，重力感知の閾値が0.1G付近で，0.2G下では重力に依存した姿勢制御を行いました。このことから，月および火星の重力（0.165Gおよび0.372G）下では，光照射に関わらず，その重力に対応して姿勢保持が可能であることが結論付けられました。一方，オオミジンコは0.2G下でも姿勢保持は光に依存しており，姿勢保持には光照射が必要であることが示唆されました。

ティラピアの飼育に関しては，微小重力に近い重力環境下では飼育装置に密閉式の飼育槽や濾過槽を用い，酸素供給に人工肺を接続し，姿勢を維持させるために光を一定方向から照射する方法が望ましく，さらに光に対してよく反応する個体群を選抜することで安定した飼育が実現できると考えられました。また，0.2G以上では通常の循環濾過式水槽を用いたティラピアの飼育が可能であると推察されます。

### (3) 物質循環型養殖

宇宙居住を想定した食料生産においては物質循環の効率化が求められ，

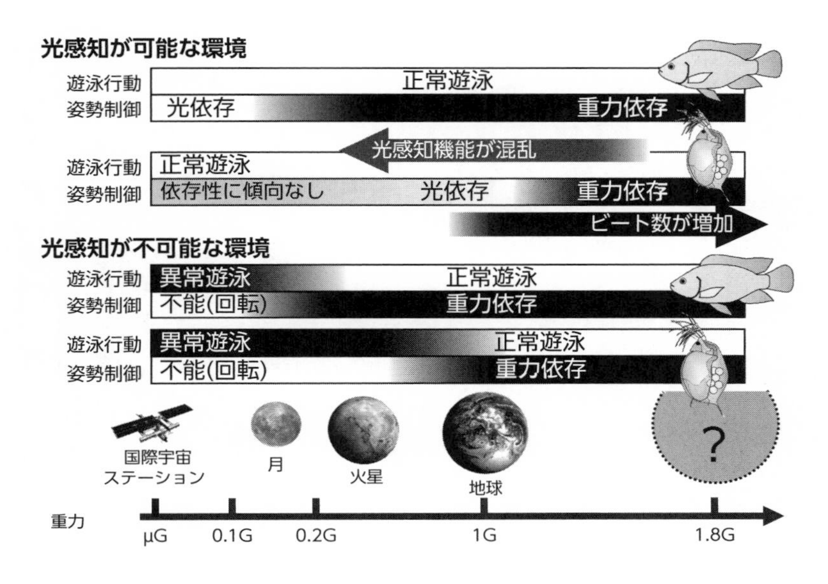


図４　異なる重力環境下におけるティラピアとオオミジンコの行動制御

特に動物性蛋白質の生産においては，多段階の食物連鎖を介した生産が行われることから，その食料生産システム内においても物質循環を行う必要があります。魚類養殖の現場から廃棄される物質は，水質汚濁物質として地球上の養殖産業においても長年問題であるとともに，これらを再利用しようとする試みも出始めています。さらに養殖対象種の海産仔稚魚の飼育では現在でも，シオミズツボワムシ（*Brachionus* sp.）やアルテミア（*Artemia* sp.）のノープリウス幼生といった動物プランクトンの給餌が必須で，自然界の食物連鎖と類似した生産形態がとられています。このことから魚類養殖へ物質移動を制御した人工的な食物網を取り入れることで物質を再利用し，システム外への物質排出の低減を図る物質循環型養殖の構築に向けた研究を進めてきました。具体的には，魚類養殖に微細藻類や水生植物を用

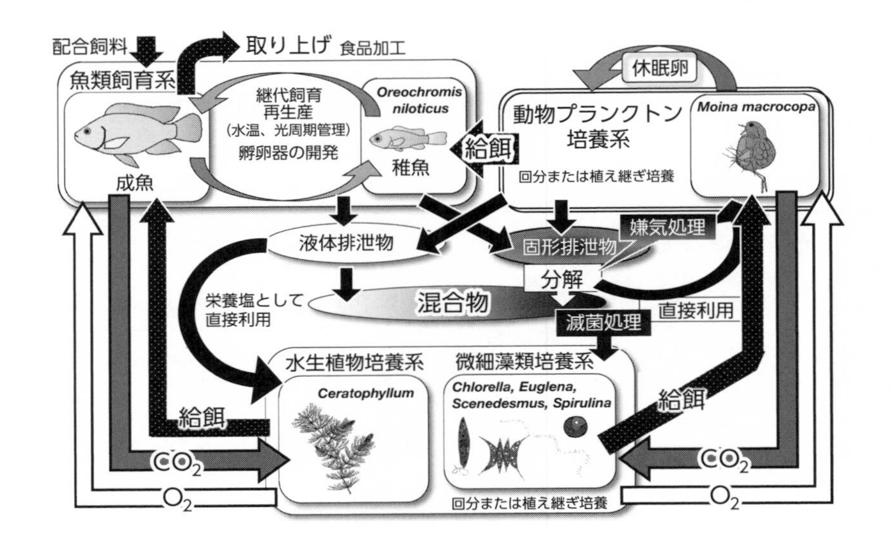


図 5　人工水圏生態系を導入した物質循環型養殖の概念図
矢印は栄養塩や生物，ガスの移動を示す。

いた栄養塩吸収および酸素再生システムを取り入れ，副産物として得られた微細藻類のバイオマスを養殖魚に直接給餌したり，動物プランクトンに捕食させ，魚類仔稚魚の餌料として用いることで，人工の生態系を作り出し，物質循環を行おうとするものです。同時に微細藻類・水生植物－動物プランクトン・魚類間のガス交換のバランスを維持しながら，物質循環を円滑に行うシステムでもあります。概念図を図 5 に示します。

これまでの研究から，宇宙での魚類飼育を想定し，人工肺を装備した密閉式魚類飼育装置（総水量約 60L）を開発しました。この飼育装置を用いたティラピアの半年間にわたる無換水飼育に成功し，約 10g の稚魚が 470g まで成長しました。また，その際，ティラピアから排泄されるアンモニアは飼育水の循環濾過の過程で硝酸イオンとして蓄積されますが，400mgN/L

の硝酸態窒素が蓄積しても成長に影響がないこともわかりました[24]。次に，ティラピア養殖の飼育水と糞等の固形沈殿物を栄養塩としてクロレラ（*Chlorella vulgaris*）を培養し，そのクロレラを餌としてタマミジンコを生産することに成功しました。さらに，タマミジンコの飼育排水を用いてクロレラを連続的に消費・増殖させる栄養塩循環型のタマミジンコ飼育装置を試作し，クロレラを単にタマミジンコに給餌するのみの飼育法と比較して2倍以上の効率でティラピアから排泄された物質をタマミジンコに吸収させることが可能でした[25]。これらの結果から，飼育・培養装置内で物質循環を行うことでティラピアの排泄物からクロレラを介して餌となるタマミジンコを高効率で生産できることが明らかとなりました。また，多段階の食物連鎖を介する養殖システムの他に，微細藻類－魚類の物質循環による養殖システムの研究も行われており，生のスピルリナ（*Spirulina platensis*）をティラピアに単独給餌して3世代にわたる継代飼育が可能であることが確認されています[26]。さらに，ティラピア飼育時の飼育排水と糞等の固形物を可溶化した液体を混合した液体培養液でスピルリナが十分に成長することも示されており[27]，ティラピアとスピルリナの2種生物間のみで栄養塩循環を行うことも原理的には可能であることが示されました。

このほかにも研究が進められている「アクアポニックス」と呼ばれる複合型食料生産システムがあります。この食料生産システムの名称は，アクアカルチャー（養殖）とハイドロポニックス（水耕栽培）とを組み合わせてできた造語であり，実際には魚類養殖の飼育水を水耕栽培の培養液として利用し，魚類から排泄される物質を肥料として栽培する植物に吸収させて，水質浄化を行います。代表的な知見として，ティラピア養殖とハーブや葉物野菜の水耕栽培との組み合わせなどがあり，この他，いくつかの養殖魚種と水耕栽培種を用いて既に実用化されています[28]。アクアポニックスは宇宙居住施設の基本構成である植物栽培（陸圏）と水産養殖（水圏）を結びつけることができる方式であり，排水処理の面から考えると植物の栄養塩吸収作用で飼育水の再生ができる点で非常に効果的であると考えられます。

また，アクアポニックスは水耕栽培が主に淡水で行われるという性質から淡水での利用がこれまで行われてきています。そこで我々はこのアクアポニックスを含めた物質循環型養殖の汎用性を拡大するため，日本では主流の海水魚養殖に適合したアクアポニックスの構築に関する研究も進めています。これまでに西日本の高級魚であるクエ（*Epinephelus bruneus*）の飼育水を利用した「海ぶどう」の名で知られるクビレズタ（*Caulerpa lentillifera*）の栽培や，クエと好塩性植物のアイスプラント（*Mesembryanthemum crystallinum*）のアクアポニックスによる生産に成功しています[29]。現在は近縁種のヤイトハタ（*E. malabaricus*）と有用耐塩性植物との組み合わせについても同様の検討を進めています。

また，クルマエビ（*Marsupenaeus japonicus*）の飼育水を用いてクルマエビ幼生の餌となるキートセロス（*Chaetoceros gracilis*）やテトラセルミス（*Tetraselmis tetrathele*）といった微細藻類を培養し，それを餌としてクルマエビ種苗を育成することにも成功しており，不足しているマンガンを添加することで効率の良い生産ができることも明らかになっています[30]。

物質循環に関しては個々の生物の，例えば成長などの物質利用と吸収・排泄などの物質の流れを的確に追うことでそれぞれの生物間での物質移動経路の人為的な構築が可能になります。これが大型化，複雑化すれば人工的な食物網となり，それぞれの物質移動の制御によって全体のシステムを安定させることができれば，半永久的に破綻することのない人工生態系の構築が可能になると考えられます。

### (4) 宇宙居住と水産養殖

養殖対象種のティラピアおよび人工的な水圏閉鎖生態系の構築の際に用いる動物プランクトンや微細藻類の，重力をはじめとする環境適応能力試験や物質循環技術の確立に関する研究をこれまで行ってきましたが，最終的には宇宙居住施設における人間の食料需要および廃棄物処理量等を考慮した実用規模の試算および運用法の検討が必要です。そこでその第一歩として，これまで得られた研究データを基に宇宙居住を想定したティラピア養殖とサラダ菜を栽培した際のアクアポニックスのシミュレーションを行いました。

食料生産システムとして魚類養殖の導入を考えた場合，まず人間の摂取量を決定し，システム規模を見極めていく必要があります。成人（日本人）が1日に必要な蛋白質は60～70g[31]であり，その1/2を動物性蛋白質摂取量とし，ティラピアを摂取することでこの所要量を全て満たすとすると，1日に35gの動物性蛋白質が必要です。これを，ティラピア幼魚全魚体を摂取できるように加工して食べて賄う場合，1日の消費量は212g湿重量/人となります。これを84日間のティラピア幼魚（魚体重11.7gから94.8gまで）の実際の飼育結果[24]を参考に，最大飼育密度を水量1kLあたり総魚体重30kg，飼育期間中に飼育尾数を変更せずに飼育を行うと仮定して試算を行うと，ティラピアの循環式飼育システムのみで水量677Lの装置が必要となります。また，成魚の筋肉（刺身）のみを摂取する場合は189日間の飼育結果（魚体重11.7gから473.0gまで）[24]および可食部を全体の31.3%，蛋白質含量を19.8g/100g[31]とし，飼育密度等の飼育条件を幼魚飼育と同様として計算した場合，水量3,648Lの装置が必要となります。なお，今回の試算は飼育期間全体で飼育尾数を変更せずに飼育した場合，すなわち，収穫時の密度を基準とした数値であり，実際には飼育初期は個体が小さく，非常に低い密度となるため，魚体が小さい時期の飼育装置を縮小する，もしくは同じ水量で飼育尾数を増やすことも可能です。平均の飼育水量は1,779Lなので，実際に飼育魚を段階的に移動して密度管理を行えば，かなりの水量を削減できる計算になります。また，本試算は食用魚飼育における装置の規模を算定したものですが，宇宙居住施設における食料生産システムを構築する場合には，その一部である物質循環型養殖においても動物プランクトンや微細藻類の生産を考慮する必要があり，数十倍の大きさの飼育・培養設備とエネルギーが必要となります。

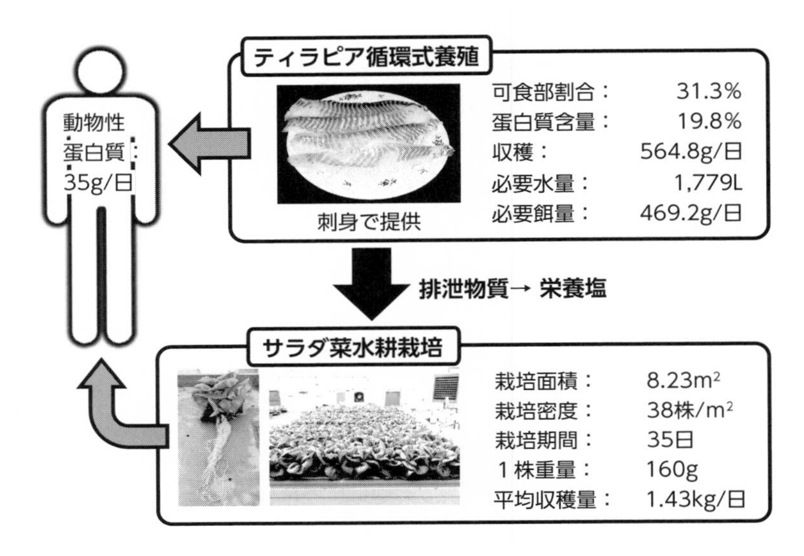


図６　人間の動物性蛋白質摂取量から算出したティラピアとサラダ菜の生産量の試算

次にこのティラピア養殖のデータを基にサラダ菜栽培における規模と生産量を試算しました。結果を図６に示します。成魚までの生産形態においてアクアポニックスの導入を検討した結果，ティラピアへの餌の給餌は１日平均 469.2g となり，これに相当するサラダ菜の栽培面積[32] の試算に基づいて計算すると $8.23m^2$ と見積もられました。サラダ菜は $1m^2$ あたり 38 株栽培でき，種を蒔いてから 35 日で 160g/ 株になることから[33]，平均 1.43kg/ 日のサラダ菜が収穫できます。日本における野菜の摂取量の目標値は 350g/ 日[34] であり，今回試算された生産量はこの目標値の約４倍でした。水耕作物に関しては複合的な植物栽培が可能であり，同時に豆類や穀類も生産できることから，さまざまな食用植物の栽培を行うことで人間の栄養要求を満たすような生産種の組み合わせを検討する必要があります。

今回の試算から，宇宙環境下における食品としてティラピアを用いる際も，幼魚の全魚体を摂取するか，成魚の筋肉のみを摂取するかによって，その生産システムの規模は大きく異なることがわかりました。また，生産システム自体の運用に関しても，その他の構成システムとの相互関係や食料貯蔵の有無，貯蔵方法によって物質循環効率やエネルギー消費量が大きく変わると考えられます。このことから，関連する分野を拡大しながら検討を進め，最適なシステムの提案が必要となります。

今後は人間を含めた閉鎖居住施設等での先駆的な知見も考慮し，食料生産システムとしての魚類養殖の実現性についてさらなる検討を行う必要があります。

## 4 コアバイオームとしての宇宙海洋と宇宙養殖

このように，宇宙海洋について，地球の海洋がもたらす地球物理学的機能（大気海洋循環における気候安定化機能）と，水圏生態学的機能と，さらに養殖技術を通じた食料確保と人類の生存基盤的機能について分けて考えてきました。繰り返しになりますが，地球は表面の７割は海洋で覆われており，それは我々が住む陸域よりもはるかに大きくて広く，また立体的な空間となっています。かたや宇宙に出ると，液体の水はなく，あったとしても「貴重」であり，ましてやその中に住む海洋生物群を選定して飼育することがいかに困難であるかは読者の皆様にも想像していただけるのではないでしょうか。まず人類の一部が，他の惑星に「生存」するための最低限の施設を作り，社会の構築を目指すとすれば，そこに「海洋」をあえて早急に登場させることも必須ではありません。ところが，惑星全体を地球のように変えていこうとしたときに，「海のない」火星や月では，まず表面に液体の水が安定して存在しうるための条件を「構築」しなければならず，それは最終的に，大気散逸を防ぐための「人工磁場」の設定まで必要としえます。惑星の表面に水を存在させられたとしても，それが点在する「湖」のような状態である場合には，地域気候へ影響を与える可能性はありますが，いずれは蒸発してなくなってしまうと考えられます。他方，地球のように，連結された１つの「海洋」を形成するほどの水は他のどの地球型惑星にもないため，難しいと考えられます。仮にできたとしても，そこに地球のような「水文プロセス」が形成されるためには，大気上端の水蒸気が冷えた状態であることが必要です。ただし，火星のテラフォーミングでは，極冠の氷を溶かして，火星をそのような状態にもっていくことを真面目に考えている人々も多く，現実に可能な姿との乖離もみられています。

さて，このような「惑星海洋」を諦めたとしても，地球における生物資源の多くが「水圏」特に「海洋」に存在することを考えると，コアバイオームコンセプトにおいては海洋生物を何らかの形で宇宙に持っていくことを考える必要があります。これは初期の開発においては水槽の中で「養殖」を行う技術になるはずですが，非常に大きな水量が必要となることも事実です。養殖魚類を選定し，それらの循環系を構築するためには，陸上生物，特にベントスも含めた系の構築が望ましいと考えられます。大型回遊性の魚種の飼育は困難ですが，入念な技術開発と実現性検証を行い，コロニーのひとつに巨大水槽を設置し，ある程度大型の魚種の育成を試みても良いかもしれません。また，水塊は建築物内における宇宙放射線の遮蔽や断熱などの機能を担うことも可能であるため，あらかじめ人工的な水塊を含めたコロニーを構築していくという構想も，非常に重要かつ十分に意義のあることと考えています。

## 参考文献


[1] Atkinson, M. J., Barnett, H., Aceves, H., Langdon, C., Carpenter, S. J., McConnaughey, T., Hochberg, E., Smith, M. and Marino, B. D. V. (1999) The Biosphere 2 coral reef biome. *Ecological Engineering*, 13: 147–171.

[2] Ijiri, K., Mizuno, R., Narita, T., Ohmura, T., Ishikawa, Y., Yamashita, M., Anderson, G., Poynter, J. and MacCallum, T. (1998) Behavior and reproduction of invertebrate animals during and after a long-term microgravity: space experiments using an autonomous biological system (ABS). *Biological Science in Space*, 12: 377–388.

[3] Schulte, P. et al.(2010) The Chicxulub asteroid impact and mass extinction at the Cretaceous-Paleogene boundary. *Science*, 327: 1214–1218.

[4] ミチオ・カク（2019）『人類，宇宙に住む』NHK 出版.

[5] エレイン・モーガン（1998）『人は海辺で進化した』どうぶつ社.

[6] 篠田章・塚本勝巳（2010）環境.『魚類生態学の基礎』（塚本勝巳編）pp.1–11 恒星社厚生閣.

[7] Bœuf, G. and Payan, P. (2001) How salinity influence fish growth? *Comparative Biochemistry and Physiology Part C*, 130: 411–423.

[8] Nish, T., Archdale, M.V. and Kawamura, G. (2018) Behavioural evidence for the use of geomagnetic cue in Japanese glass eel *Anguilla japonica* orientation. *Fisheries Science*, 65: 161–164.

[9] Zabel, B., Hawes, P., Stuart, H., and Marino, B. D. V. (1999) Construction and engineering of a created environment: Overview of the Biosphere 2 closed system. *Ecological Engineering*, 13: 43–63.

[10] Nitta, K., Ashida, A. and Otsubo, K. (1997) Closed ecology experiment facilities (CEEF) construction planning and present status. *Life Support & Biosphere Science*, 3: 101–105.

[11] Slenzka, K. (2002) Life support for aquatic species: Past; Present; Future. *Advances in Space Research*, 30(4): 789–795.

[12] von Baumgarten, R. J., Simmonds, R. C., Boyd, J. F. and Garriott, O. K. (1975) Effects of prolonged weightlessness on the swimming pattern of fish aboard Skylab 3. *Aviation, Space, and Environmental Medicine*, 46(7): 902–906.

[13] Hoffman, R. B., Salinas, G. A. and Baky, A. A. (1977) Behavioral analyses of killifish exposed to weightlessness in the Apollo-Soyuz test project. *Aviation, Space, and Environmental Medicine*, 48(8): 712–717.

[14] Ijiri, K (1994) A preliminary report on IML-2 Medaka experiment: Mating Behavior of the fish Medaka and development of their eggs in space. *Biological Sciences in Space*, 8: 231–233.

[15] Chatani, M., Mantoku, A., Takeyama, K., Abduweli, D., Sugamori, Y., Aoki, K., Ohya, K., Suzuki, H., Uchida, S., Sakimura, T., Kono, Y., Tanigaki, F., Shirakawa, M., Takano, Y. and Kudo, A. (2015) Microgravity promotes osteoclast activity in medaka fish reared at the international space station. *Scientific Reports* 5, 14172.

[16] Bluem, V., Andriske, M., Paris, F. and Voeste, D. (2000) The C.E.B.A.S. –minimodule: Behavior of an artificial aquatic ecological system during spaceflight. *Advances in Space*

*Research*, 26(2): 253–262.

[17] FAO. (2020) The State of World Fisheries and Aquaculture 2020, Sustainability in Action. FAO, Rome, Italy.

[18] 遠藤雅人，小林龍太郎，有賀恭子，吉崎悟朗，竹内俊郎（2002）微小重力および近赤外光照射下におけるティラピアの姿勢保持．日本水産学会誌，68: 887–892.

[19] 小林龍太郎，遠藤雅人，吉崎悟朗，竹内俊郎（2002）回転ドラム追従実験によるティラピアの近赤外光感知能力の測定およびその系統差．日本水産学会誌，68: 646–651.

[20] 遠藤雅人，齋藤美里，金丸誠一，小林龍太郎，有賀恭子，竹内俊郎（2009）ティラピアの視感度および微小重力下における遊泳行動の系統差．2009 生態工学会年次大会発表論文集，91–92.

[21] 遠藤雅人，金丸誠一，齋藤美里，柿本夏紀，竹内俊郎（2007）微小重力下におけるティラピアの姿勢保持と摂餌行動に関する研究．2007 生態工学会年次大会発表論文集，37–42.

[22] 竹内俊郎，遠藤雅人，小林龍太郎，有賀恭子，吉崎悟朗，坂本隆幸，神吉良二（2000）閉鎖生態系循環式養殖システム（CERAS）の開発に関する研究 VII．小重力（low G）が及ぼすティラピア遊泳行動への影響，CELSS 学会誌，13(1): 27–32.

[23] 遠藤雅人，柿本夏紀，金丸誠一，齋藤美里，大森克徳，竹内俊郎（2011）異なる重力環境下におけるオオミジンコ *Daphnia magna* の姿勢保持．2011 生態工学会年次大会発表論文集，49–50.

[24] 遠藤雅人，竹内俊郎，吉崎悟朗，豊部睦，神吉良二，大森（鈴木）克徳，小口美津夫，木部勢至朗（1999）閉鎖生態系循環式養殖システム（CERAS）の開発に関する研究　IV．密閉式魚類飼育装置を用いたティラピア *Oreochromis niloticus* の長期飼育．CELSS 学会誌，11(2): 17–24.

[25] 遠藤雅人，森裕一朗，竹内俊郎（2008）養魚廃棄物を用いた餌料生物生産システムにおける回分式および栄養塩フィードバック型飼育培養の比較．2008 生態工学会年次大会発表論文集，99–100.

[26] Lu, J. and Takeuchi, T. (2004) Spawning and egg quality of the tilapia *Oreochromis niloticus* fed solely on raw *Spirulina* throughout three generations. *Aquaculture*, 234: 625–640.

[27] 西村友宏，遠藤雅人，竹内俊郎（2012）ティラピアの循環飼育の排水および固形廃棄物を用いたスピルリナの培養および栄養塩除去．2012 生態工学会年次大会発表論文集，15–16.

[28] 遠藤雅人（2021）アクアポニックスとは？ 教育・趣味・産業の観点から．養殖ビジネス，58(3), 38–43.

[29] Endo, M. (2018) Aquaponics in plant factory. In Anpo, M., Fukuda, H. and Wada, T. (eds.) Plant Factory Using Artificial Light, pp. 339–352. Elsevier, Amsterdam, Netherlands.

[30] Zhanga, X., Endo, M., Sakamoto, T., Fuseya, R., Yoshizaki, G. and Takeuchi, T. (2018) Studies on kuruma shrimp culture in recirculating aquaculture system with artificial ecosystem. *Aquaculture* 484: 191–196.

[31] 鈴木平光（1998）栄養面から見た閉鎖環境下の食料生産及び調理加工．CELSS 学会誌，11(1): 15–19.

[32] Rakocy, J. E. (2010) Aquaponics: integrating fish and plant culture, In Timmons, M. B. and Ebeling, J. M. (eds) *Recirculating Aquaculture* 2nd ed., pp. 807–864, Cayuga Aqua Ventures, Ithaca, US.
[33] Both, A. J., Albright, L. D., Scholl, S. S., and Langhans, R. W. (1999) Maintaining constant root environments in floating hydroponics to study root-shoot relationships. *Acta Horticulturae*, 507: 215–221.
[34] 厚生労働省（2012）国民の健康の増進の総合的な推進を図るための基本的な方針. 14p.

Chapter 2

# 宇宙森林学

京都大学大学院農学研究科　**村田功二**
京都大学大学院農学研究科　**檀浦正子**
京都府立大学大学院生命環境科学研究科　**池田武文**

建築家で思想家のバックミンスター・フラーは『宇宙船地球号操縦マニュアル』(1963) で，地球と人類が生き残るためには，専門細分化された視点ではなく，地球を包括的・総合的な視点から考え理解することが重要だと主張しました[1]。地球を宇宙船に見立て，人類は200万年前から乗船しているにも関わらず，デザインが優れているために中にいることに気づかなかったといいます。絶妙な距離にある太陽という名の他の宇宙船からエネルギーが供給されることで生物の生命維持や再生が実現され，光合成を採用することで生命の再生に必要なエネルギーを適度に蓄積する仕組みがデザインされました。ただ，このようにデザインされた宇宙船地球号で重要なことは，操縦するための取扱説明書がないことでした。説明書がなかったため，知性を使って科学的な実験を考案し結果を判断しながら操作方法を学ぶに至りました。この宇宙船は機械的な乗り物であり，調子よく動き続けるためには，全体を理解し，総合的に保守点検をしていかなければならないと述べました。

アメリカの経済学者のボールディングは『来たるべき宇宙船地球号の経済学』(1966) というエッセイで「宇宙船地球号」という言葉を使い，人類が地球上で持続的に存在するためのシステムを議論しました[2]。原始の人類は，無限の平原に住んでいると考えていて，自然環境の悪化や社会構造の変化によって都合が悪くなると行くべき場所，つまりフロンティアが常にありました。このような無限の資源を想定した過去の開放型経済を「カウボーイ経済」と呼びました。しかし，人類は無限の平面ではなく球体の表面にいることを知りました。閉じたシステムでは，部分的なシステムのアウトプットは別の部分的なシステムの入力に連動しています。人間を含むすべての生物はオープンシステムであり，すべての人間社会も同様にオープンシステムです。インプットを得て，アウトプットを取り除く能力があれば，この種の部分的オープンシステムは無限に存続することができます。将来の経済は，搾取や汚染もなく，無限の貯蔵庫も持たない1機の宇宙船のような閉鎖的社会の「宇宙飛行士経済」と呼ばれるかもしれません。したがって，物質の持続的再生産が可能な循環型生態系の中で存在しなければならないとしました。

人類がこれまでに活用してきた資源の中で真に持続可能な循環型資源は森林資源であり，適切な管理を行えば森林資源は無限に再生可能です。また水や空気の供給にも重要な役割を果たし，人類の持続可能な発展には不可欠でしょう。霊長類の生息地は赤道に近い低緯地域，つまり温暖な場所ですが，現代人は南極を除く地球上の陸地全体に暮らしています。海部は，そのような世界拡散を可能にしたのは発明と創造性に支えられた冒険心だと考えました[3]。この冒険心が現在の宇宙開発の源のひとつであり，将来は人類の居住空間は宇宙に展開するかもしれません。このとき宇宙船地球号のみならず，月面や火星上の恒久的な滞在でも持続可能な循環型資源である森林資源は必要になるでしょう。

# 1　生物相と物質循環

## (1) 気候帯と生物相

ある時空間を共有する種々の個体群のあつまりを群集と呼び，環境との関係でまとまった群集のあつまりを生物相（バイオーム）といいます[4]。生物相には動物相と植物相があり，陸上では平均気温や降水量でその特徴がみられます。植物の生育段階の評価には平均温度の積算値（積算温度）が有効とされ，生理活性がほとんど停止する有効温度（生理的零点）からの積算である有効積算温度がより正確とされます。吉良は自然の植物帯の気候的境界に当てはめて，月平均の積算値を温量指数としました。ここで有効温度は温度帯で異なりますが，低温地方の5℃を採用しました。これらの指数とそれぞれの植物群を比較すると，温量指数の15，55，85，180，240が気候帯の境界と一致し，温湿指数の5，3，7が砂漠，ステップ，サバンナ，森林の境と一致しました[5]（表1）。高地や北極圏（極地）などの気候帯であるツンドラでは，土は年中凍結し，液体の水は短い夏季にしか存在しません。このような条件では植物相は地衣類，蘚苔類，スゲ類と灌木からなります。ツンドラに接するタイガは針葉樹林帯であり，樹種の多様性は極端に少ないのが特徴です。中緯度の温帯地域には温帯林（暖帯林）と温帯草原（サバンナ）があります。温帯林は米国東部，中欧北部と極東，豪州東海岸とニュージーランドなどに分布し，針葉樹と広葉樹の混交林や常緑広葉樹林です。温帯草原には米国中西部のプレーリーやシベリアのステップなどがあります。熱帯にも熱帯草原（サバンナ）があり，草食動物の被食からすぐに回復する草本植物だけが生育しています。地中海，カリフォルニア半島，チリ，豪州南西部などでは，冬は湿潤で，夏が乾燥する地中海性気候特有の植物相があり，乾燥に強い硬い葉の低木が優占しています。熱帯雨林（熱帯降雨林）は生物多様性が高く，アマゾン，アフリカ西部，東南アジアなどにあります。熱帯性季節林（雨緑林）は雨季と乾季が

表 1　気温・乾湿と植物群系の関係（今西・吉良 1953，只木 1996）[5], [6]

<table>
<tr><td>温量指数↓</td><td></td><td></td><td></td><td colspan="2">氷雪</td><td>極帯</td></tr>
<tr><td>0</td><td></td><td colspan="2">乾燥ツンドラ</td><td colspan="2">湿潤ツンドラ</td><td>寒帯</td></tr>
<tr><td>15</td><td rowspan="5">砂漠</td><td rowspan="3">ステップ</td><td>落葉針葉樹林</td><td colspan="2">常緑針葉樹林</td><td>亜寒帯</td></tr>
<tr><td>55</td><td rowspan="4">サバンナ</td><td colspan="2">落葉広葉樹林<br>（ナラ型）　（ブナ型）</td><td>冷温帯</td></tr>
<tr><td>85</td><td>暖温帯<br>落葉樹林</td><td>照葉樹林<br>硬葉樹林</td><td>暖温帯</td></tr>
<tr><td>180</td><td rowspan="2">とげ<br>低木林</td><td rowspan="2">季節林<br>雨緑林</td><td rowspan="2">多雨林</td><td>亜熱帯</td></tr>
<tr><td>240</td><td>熱帯</td></tr>
<tr><td></td><td>強乾燥</td><td>乾燥</td><td>半乾燥</td><td>準湿潤</td><td>湿潤</td><td></td></tr>
</table>

はっきりしていて，インド，東南アジア，豪州北部などにあります。年間降水量が 25mm 以下の極端に乾燥した地域が砂漠です。

### (2) 物質循環

このように地球上には気候に対応して様々な生物相がありますが，生物が必要とする条件に共通したシステムもあります。生物が生きるためには物質とエネルギーが必要です。エネルギーが化学エネルギーという形で蓄積されて，必要に応じて消費されます。太陽からの放射エネルギーが光合成によって有機物に形を変えて蓄積され，呼吸によってアデノシン三リン酸（ATP）などの有機物に蓄えられた化学エネルギーを分解して取り出しています。27億年前に出現した藍藻（シアノバクテリア）は太陽光からのエネルギーと水と二酸化炭素から酸素と有機物を作り出します。二酸化炭素の代わりに硫黄化合物などを使って酸素を作らずに嫌気的な光合成を行う光合成細菌や，深海底の熱水口など極限環境で光合成によらず有機物を合成できる細菌（古細菌）もあります。好気的な光合成生物に必須の要素は，光と水と二酸化炭素の他に窒素やリンなどの栄養塩類です。光合成は酵素反応なので，適度な光，中性に近いpH，適度な温度などの制約があります。

炭素化合物とエネルギーを取り込んで有機物を合成する生物を独立栄養生物といい，ほかの生物由来の有機物を取り込む生物を従属栄養生物と呼びます。独立栄養生物（生産者）を直接利用する従属栄養生物は第一次消費者（植食者）であり，さらにそれらを利用するのが二次消費者です。これらのつながりを食物連鎖といいます。生きた生物だけではなく，老廃物や死体を利用する生物でもエネルギーの連鎖が存在しています。生きた生物だけで成り立つ食物連鎖を生食連鎖，分解者を介した食物連鎖を腐食連鎖といい，出発点が植物か遺骸有機物・分解者（デトリタス食者）かの違いはあれど，食物連鎖の捕食者が連なる点は同じです。デトリタスとは生物体以外の有機物の総称であり，陸上では枯れ葉や土壌腐植質などがあります。一次生産量より多くの遺骸有機物が存在し，腐食連鎖がエネルギー流と物質循環を理解する上では欠かせません。植物が同化した物質やエネルギーの一部は呼吸，排泄，死体となり，植食者に利用されないものもあります。排泄物は遺骸有機物として植物自身の遺骸とともに腐食連鎖に取り込まれ，呼吸などによって失われたエネルギーは大気中に散失します。定常状態では，植物や分解者も含めた生物群集全体の呼吸量は，植物の光合成による同化量とつりあうはずです。

特定の区域に存在する生物と，それに関連する非生物学的な環境をふくめ，ある程度閉じた1つの系を考えるとき，それを生態系と呼びます。生態系のなかの物質の動きを物質循環といい，炭素と窒素の循環がよく注目されます。太陽から供給されたエネルギーは植物から動物へと取り込まれていきますが，最終的には熱となって生態系から出ていきます。生態系ではエネルギーは開放系です。エネルギーを利用して植物は炭素を大気中から取り込み有機物を作り出します。食物連鎖を通じて，炭素は生産者，捕食者，分解者と移動していき，呼吸や排泄によって大気に戻っていきます。地球上にある炭素は大気，陸上，海洋と地中に存在し，大気中には760PgC（ペタグラムカーボン，1PgC = $CO_2$・1015g）の炭素があります。陸上生態系にその約3倍，海洋にはその約50倍の炭素が存在していると考えられています。大気中では二酸化炭素やメタンなどとして存在し，また海洋中にも二酸化炭素などが大量に溶け込んでいます。これらの炭素が燃焼や生物活動などで形態を変えながら，大気や陸上，海中の間を移動する循環を炭素循環といいます。そして陸上で蓄積される炭素の多くは森林によって固定されていると考えられています。

## 2 地球環境と光合成

### (1) 地球環境のなりたち

現在みられる地球環境はどのようにして形成されたのでしょうか。地球が誕生したのは46億年前であり，それから今のような人間が住める形になるのには大変な時間を要しました。最初の生命は35億年前に水の中で生まれたとされています。24億年前にシアノバクテリアが海の中で光合成を開始し，酸素を作り，その酸素からオゾン層が形成され，有害な紫外線をシャットアウトできるようになりました。そこで，まずコケ類や地衣類などの植物が陸上に進出したのは5億年前のことです。コケ類や地衣類は有機酸を出して地表の岩石を溶かし，砂や粘土が形成され，4億年前ごろになるとシダ植物が陸上に上がります。このころの大気は二酸化炭素濃度が4000～5000ppmと現在の10倍ほど高かったとされています。浮力を利用することができる水の中とは異なり，陸上では大気中にさらされ，乾燥の危険を伴い，葉を重力に反してもちあげるために強い構造を作る必要があります。シダ植物は，どんどんと大きくなり，シダの森を形成します。巨大なシダは，活発に光合成を行い，大量の二酸化炭素が吸収されました。このため，二酸化炭素濃度は3億年前には10分の1程度，すなわち現在と同じレベルに下がり，気温も低下し寒冷化を引き起こしました。さらに大気中の酸素濃度も最大35%まで上昇し，大規模な大気組成の変化が起こりました。この酸素濃度の上昇は昆虫の巨大化を引き起こしました。3億年前にはシダ植物に代わり裸子植物が繁茂しました。現在みられるイチョウやマツも裸子植物です。裸子植物はリグニンを発達させ，幹の強度を高めることに成功しました。この時代には，リグニンを分解できる菌類が十分に進化していなかったため，植物は，枯死しても分解されずに植物遺骸として土壌に堆積していきました。この植物遺骸が，現在見られる石炭です。2.5億年前に，リグニンを分解できる白色腐朽菌が登場し，遺骸有機物が分解されるようになり，二酸化炭素濃度も上昇していきます。1.5億年前には花や実のある被子植物が出現し，現在に至ります（図1）。

### (2) 温暖化ガス

火星や金星の大気はほとんどが二酸化炭素ですが，地球の大気は窒素と酸素で構成されています（表2）。地球では光合成により二酸化炭素が固定され，大気中の酸素が増加しました。地球における大気中の二酸化炭素濃度は植物の量に関係して変化します。植物が増えて活発に光合成を行うと二酸化炭素濃度は低下し，逆に光合成を行わなくなると二酸化炭素濃度は上昇します。地球大気の二酸化炭素濃度は季節変動を繰り返しながら全体的に年を追うごとに増加していく傾向がみられ，キーリング曲線と言われます。二酸化炭素は代表的な温室効果ガスであり，地表から熱を逃げにくくすると言われます。光合成には適度な温度が必要で，温暖化が光合成を

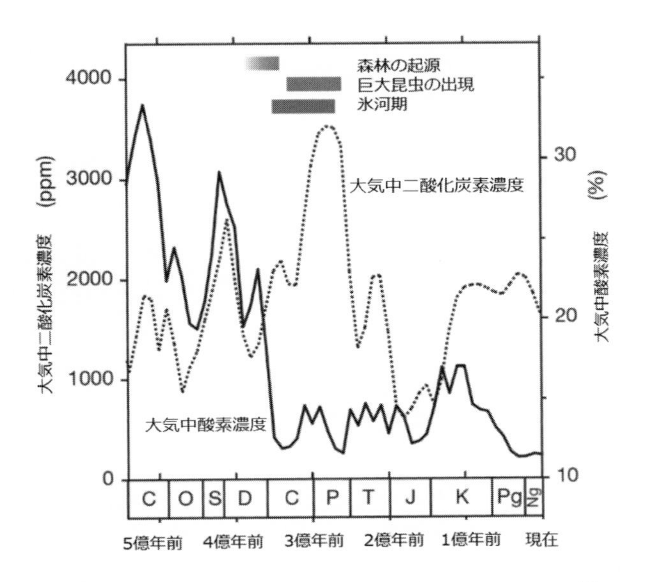


図 1　大気中の二酸化炭素濃度および酸素濃度の変遷（Royer 2014[7] を改変）

表 2　地球，火星，金星の大気組成（松田 2004[4]）

| | 地球 | 火星 | 金星 |
|---|---|---|---|
| 表面気温（℃） | 17 | -47 | 480 |
| 気圧（hPa） | 1000 | 6.4 | 90 000 |
| $CO_2$ | 0.035% | 95% | 96% |
| $N_2$ | 78% | 2.7% | 3.5% |
| $O_2$ | 21% | 0.13% | 0.007% |
| Ar | 0.9% | 1.6% | - |

活性化すれば，大気中の二酸化炭素濃度が下がり，温室効果を減少させる補償作用があるとされます。現在，地球上には 3 兆本の樹木があり，毎年 150 億本が伐採され 1 万 2000 年前に農業が始まって以来 46% の樹木が失わ

れました[8]。伝統的な生活に加えて，地中に貯留されていた化石燃料の消費でさらに大気中へ炭素が放出され，二酸化炭素濃度は上昇し続けています。

### (3) 環境と光合成

生態系において生産者である好気的な光合成生物は必要な資源として光と水と二酸化炭素を用いた光合成により物質生産（炭水化物）を行っています。樹木のような維管束植物では，光と二酸化炭素は葉でとりこみ，水と栄養塩は根から吸収します。光の量，つまり日射量は季節や天候に左右されますが，強度と光合成活性の関係はほぼ決まっています。緑色植物のクロロフィル（葉緑素）が吸収できる光（電磁波）の波長は，400nm から 700nm の範囲に限られ，この波長帯を光合成有効放射（PAR）といいます。緑色なのは約 500nm の波長の光を吸収せずに，それ以外の波長の光を利用しているからです[9]。植物は生命活動として呼吸を行っています。光強度が下がることで光合成活性が下がると，光合成による糖の合成と呼吸による損失の差が小さくなっていきます。前者の総光合成量と呼吸量，この両者の差を純光合成量といいます。小麦のような陽生植物は純光合成活性の最大値は高いものの光補償点も高く，天候がよければ収穫が多いですが日陰では育ちません。コケのような陰生植物では純光合成活性の最大値は低いですが光補償点も低く，日陰でも生長できます。樹木では陽生植物と陰生植物をそれぞれ陽樹，陰樹と呼びます。

高等植物における光合成は，光量子がクロロフィルに吸収されて起こる化学反応です。二酸化炭素と水から炭水化物と酸素を作り出しています。このプロセスでは光エネルギーを利用して ATP（アデノシン３リン酸）の合成と NADPH が生じ，明反応（チラコイド反応）と呼ばれます。その後，ATP が再び ADP（アデノシン２リン酸）に変わるときに得られるエネルギーと還元剤としての NADPH を用いて糖類が合成されます。これを暗反応（ストロマ反応）と呼びます[10]。こうして光エネルギーは光合成によって炭水化物の化学エネルギーへと変換して蓄積され，必要に応じて呼吸により化学エネルギーを取り出して生命活動に利用します。

光合成によって1分子の二酸化炭素を固定するには，少なくとも8個の光量子が必要です。理論的には二酸化炭素吸収速度と光強度（光量子束密度）は比例関係にあります。しかし，実際には二酸化炭素吸収速度は理論値を下回ります[4]。入射した光の一部が反射や透過によって吸収されないことが原因のひとつです。もうひとつは，合成した炭水化物の一部を光エネルギーによって分解して二酸化炭素を排出しているからです。この反応は光呼吸と呼びます。カルビン・ベンソン回路に二酸化炭素を取り込むとき，酵素Rubiscoが触媒の働きをします。Rubiscoはカルボキシラーゼ活性とオキシダーゼ活性を持つので，二酸化炭素を基質とすると共に酸素も基質とします。地球大気下では二酸化炭素と酸素の活性比は約3：1から4：1です。Rubiscoが酸素を基質とすると，1分子の$O_2$と1分子のRuBPから1分子のホスホグリセリン酸と1分子のホスホグリコール酸を生産します。ホスホグリコール酸はいくつかの反応の後，二酸化炭素を発生させます。樹木や多くの草本植物では合成した糖の約1/3をこの反応で失います。また，光合成速度にも限界があり，光合成速度が増加しなくなる放射強度を光飽和点といいます。暗呼吸と光呼吸で失われる$CO_2$量と光合成で吸収される$CO_2$量が等しくなり，$CO_2$の出入りが見かけ上なくなる$CO_2$濃度を$CO_2$補償点といいます。

光合成速度はC3植物，C4植物，CAM（ベンケイソウ型有機酸代謝）植物によって異なります。C3植物では最初に5炭糖のリン酸化合物に$CO_2$が結合して，3炭糖のリン酸化合物が2分子合成され，その後，炭素数が4～7のリン酸化合物が中間代謝産物となります。この回路は「カルビン－ベンソン回路」と呼ばれ，最初の生成物が炭素を3つもつことからC3植物と呼ばれます。C4植物では，カルビン－ベンソン回路の他に$CO_2$濃縮のためのハッチ－スラック回路（C4回路）がある炭素代謝系があります。光呼吸を抑えて光合成の効率を高めることができるため，高温乾燥で日射が強い環境で光合成能力が高くなります。C4 植物は光補償点が高いために光が弱い時には C3 植物の方が光合成速度は速いですが，光が強い環境では C4 植物の方が光合成速度は高くなります。ススキやエノコログサなどのイネ科，カヤツリグサ科，ヒユ科植物などが C4 植物です。ベンケイソウ科やパイナップル，サボテン類などの CAM 植物は夜間に気孔を開いて $CO_2$ を吸収しリンゴ酸として固定します。昼間は気孔を閉じてリンゴ酸から $CO_2$ を放出して RPP 回路で光合成を行います。蒸散が活発になる昼間に気孔を閉じているため水分の損失を最小限に抑えることができます。

### (4) 火星における植物の育成

ここまで地球における植物の光合成について述べてきました。では地球外の月や他の惑星などの環境で植物はどのように振る舞うのでしょうか。もちろん地球外において生命体の存在すら確認されていない現状では，地球外の惑星で植物が育つかどうかは未知の案件です。

このような中，昨今では地球外の惑星，火星への人間の移住も検討されています。ところが火星の環境は地球と比べて大きく異なり（表 2），人間も含め生物は何らかのシェルターがなければとても生きていけないでしょう。そこでは外界から隔離された小規模な人工生態系である閉鎖生態系生命維持システム（closed ecological life support system, CELSS）が構想されています。それを実現するには，微小重力，真空（圧力），宇宙放射線，光，気温，大気組成など宇宙の特殊環境とどのように対峙するかが重要です。

火星に CELSS を建設しようとするとき，まず火星の気圧が地球大気の 0.6 ～ 0.7％と非常に低いことへの対応が求められます。CELSS 内を地球と同じ気圧に保とうとすると内外の圧力差が約 1 気圧となり，その圧力に耐える構造物を建設しなければいけません。そのためには地球から何も無い火星に建設資材一式を輸送することになりますが，容易ではありません。そこで内外の圧力差を小さくできれば，輸送する資材の量を少なくすることができます。JAXA や NASA などで構想されているスペース・コロニーの構成[11]では，人が居住するドームは1気圧の定圧とし，食料（農作物）の自給自足（地産地消）のための宇宙農業を行うドームは低圧とされています。JAXAはすでに地球で稼働している「植物工場」を基本とした宇宙版「植物工場」による月面での宇宙農業の詳細な検討を進めています。その詳細はJAXAの報告（2019）[12]を参照していただくとして，以下に低圧下での農作物育成に関する物質生産・光合成研究を簡潔に紹介します。

この種の実験では，内部を密閉できるアクリル板などで作ったチャンバと呼ばれる容器を作成し，その中の環境，すなわち圧力と空気のガス組成，温度，光，湿度などそれぞれを複数レベルに調整し組合せ，そこに実験材料（農作物）を入れて育成し，それらの成長，光合成，蒸散などの反応を調べています。

これまで実験に用いられてきた作物種はホウレンソウ，トウモロコシ，レタス，コムギ，ダイズ，ヒマワリ，トウガラシ，ラディッシュ，トマト等とモデル植物であるシロイヌナズナです。圧力調節は1気圧の大気を減圧する方法と，複数の気体（$O_2$，$CO_2$，$N_2$）を混合し個々の気体の圧力である分圧を調整して全圧とする方法が取られています。前者では全圧を下げれば大気を構成するそれぞれの気体分圧も同じ比率で低下します。つまり1気圧（101kPa）の大気を1/2に減圧すると$O_2$は10kPa，$CO_2$は0.02kPaと減少します。このような実験条件ではどの要因が植物の生育に正あるいは負の影響をおよぼしたのか明確にできません。後者の方法で実験した結果，$CO_2$を通常の大気と同じ分圧に保つと全圧と$O_2$分圧を低くしても一時的に光合成速度は上昇したものの長期栽培後の乾物生産量は1気圧と差が見られませんでした。これには全圧が低いことにより$CO_2$ガスが拡散しやすくなる正のガス交換係数効果と低酸素分圧で起こる光呼吸の抑制が関連していますが，長期間の栽培では植物がおかれた環境に適応したため乾物生産量が変わらなかったと考えられます。また低圧下でのレタス栽培で抗酸化物質の増加も報告されています。このように実験の結果は種によって異なることが多いようです。トータルとしてガス分圧の制御を適切に行えば，全圧 0.25kPa まで栄養成長は正常に行われ，地球重力の約 1/3 程度（火星重力）であれば農作物は生育可能です[13]。もちろん今後も詳細な研究の蓄積が必要です。

草本植物（食料としての農作物）の研究事例を紹介しましたが，高等植物として抜けているものがあります。それは木本植物です。これに関しては全く研究が進んでいません。農作物は半年もあれば収穫でき，草丈も樹木に比べるとかなり低いです。一方，樹木は多年生の木本植物で年々大きくなり，構成細胞のかなりの部分が木化することで木材として利用できるようになります。農作物のような小規模なチャンバを使っての実験では限界があり，大規模なドームを使った実験が必要です。CELSS のような閉鎖空間での樹木育成には次のような意義が考えられます。①木材資源の供給，②酸素供給，③やすらぎ空間の提供です。閉鎖空間をどのような生物相と非生物環境で構成する人工生態系とするのか，解決しなければならない課題は多々ありますが，このような生態系内で樹木は中心的な役割を果たすことになるでしょう。

## 3　宇宙森林と宇宙木材学

### (1) 月面ログキャビン

人類は古くから森林のある場所に住み，木材を資源として利用してきました。森林資源を求めて探検を続け，活動範囲は南極大陸，月面へと広がっています。長友 (2004) は，長期の宇宙滞在が必要となる月面基地での活動や火星への有人飛行では，人は木材の内装の居室に住み，樹木の光合成を利用した閉鎖生態系が必要になると考えました[14]。木材はかつて航空機の材料として使われましたが近年はアルミニウムに置き換わり，ロケットに関しては断熱材として使われる程度です[15]。宇宙利用に必要な物

図 2　月面の宇宙ログキャビンと宇宙森林
半円の部分が気圧を保つバルーン。低い気圧で樹木が育つ。

性データは皆無で，木材の利用は事実上禁止になっています。そこで未知の物性データとして「木材の空気の通気性」と「真空中での材料の安定性」に注目して検討しました。月面では真昼は100℃以上，夜間は氷点下150℃になり，昼夜は各350時間余りです。木材の通気性や真空環境（約$10^{-4}$Pa）および高温（150℃）での質量変化を調べた結果，おおまかにいって木材は月面では2，3年は構造材料や熱遮蔽材料として使えるのではないかと結論付けました。

木材は完全ではありませんが優れた材料で，人にやすらぎも与えてくれます。長友は図2に示すような月面の木造ログキャビンをイメージしました。周囲をバルーンで覆って内部の圧力をなるべく低くすればシステムは簡単になります。樹木が育つ条件にあわせて温度や大気分圧を調整できれば木材の生産も可能になるでしょう。人間が排出した二酸化炭素を樹木が光合成で固定し，住居の周りの環境を穏やかにする効果も期待できます。

恒久的な月面や火星の基地に森林をつくることができれば環境保持と資源生産が可能な地球型閉鎖生態系が実現すると考えました。

### (2) 減圧環境での樹木の生長

月面はほぼ真空（$10^{-10}$Pa）で，火星は0.06～0.15気圧です。宇宙空間では施設内を低圧にすることで，外壁構造など栽培施設の構造を簡易にでき植物の育成コストが低減できます。宇宙での植物栽培では低圧環境下での植物栽培技術の確立が重要です。周囲の大気圧が地上気圧の1/4の低圧の環境で，ホウレンソウなどが正常に育つことが報告されています[16]。

### (3) 宇宙空間での材料の劣化

宇宙開発で木材が使われた例として，アポロ計画でロケットエンジンのカバーに断熱材としてコルクが使われた例がありますが，構造用材として木材が使われた例はありません[15]。人工衛星の構体に木材を利用する場合にその投入軌道での木材物性の変化を考慮する必要があります。国際宇宙ステーション（ISS）が飛行する高度400kmの軌道では，材料の劣化要因として①真空，②急激な温度変化，③真空紫外線，④原子状酸素，⑤宇宙線があります。

#### 原子状酸素の影響

地上では大気の約20%が酸素ですが，高度が200～600kmでは原子状酸素（AO）の割合が多くなります。ISSの軌道である高度400kmではAOが80%を占めています[17]。材料の表面にAOが衝突すると酸化物層が形成され，酸化物が気体（有機高分子材料では$CO$や$CO_2$）である場合や，剥離しやすい物質（例えばAgO）であれば，徐々に材料の表面が失われます（エロージョン）。木材も有機高分子材料であり，質量の半分を占める炭素原子がAOと反応して表面が徐々に削られると予想されます。

### 高分子材料の宇宙暴露試験

低軌道（LEO）での長期暴露ではAOによる浸食（エロージョン）が深刻な問題です。そこで，数多くのサンプルがスペースシャトルで打ち上げられ，ISSで暴露試験（MISSE, Materials International Space Station Experiment）に供されました。2001年から2005年の3.95年間の暴露実験となったMISSE 2では40種類の高分子材料が暴露試験に供されて，AOによって生じるポリマー表面の浸食率が得られました[18]。ポリマーの種類によって浸食率が異なり，分子構造から予測式が得られました。

### 木材と宇宙放射線

真空の宇宙空間では高エネルギーの宇宙線（cosmic ray）が飛び交っています。例えば銀河系を起源とする銀河宇宙線（GCR, galactic cosmic rays）は約90%が陽子（水素イオン）であり，約10%が$\alpha$線（ヘリウム）です。重粒子が1%で，頻度は少ないものの炭素イオンや鉄イオンなど質量が大きく高エネルギーの粒子も含まれます。太陽を起源とするものは太陽高エネルギー粒子（SEP, solar energetic particles）と呼ばれ，陽子とベータ線（電子）からなります。太陽フレアによって発生し，GCRのように常時飛び交っているのではありませんが，発生すると磁気嵐等を引き起こし，通信障害・電波障害の原因となります。地球には磁場があるので，太陽風で発生した荷電粒子が補足され，補足放射線帯粒子（radiation belt particle）と呼ばれます。放射線帯には平均高度が3600kmの内帯（IRB, inner radiation belt）と18000kmの外帯（ORB, outer radiation belt）があります。内帯には陽子があり，外帯には電子が補足されていて，内帯の一部は南大西洋の上空で垂れ下がり，これをSAA（South Atlantic Anomaly）と呼びます。

Dachev[19]は2014年10月24日から2015年1月11日までの442日間で，ISSの欧州宇宙機関EXPOSE-R2プラットフォームで測定した放射線量を報告しました。測定されたISSの外部の放射線量は4つのソースカテゴリーに分けられました（①銀河宇宙線（GCR），②内部補足放射線帯（IRB），③外部補足放射線帯（ORB），④太陽高エネルギー粒子（SEP）イベント）。442 日間の測定で IRB の陽子が最も多い線量を示し，また ORB の電子と SEP が 1 日あたりで最大の線量を示しました。SEP イベントは測定期間中に 11 回測定されました。

宇宙線が木材に与える影響を調べた研究はありませんが，殺菌を目的としたガンマ線照射実験の報告はいくつかあります。Severiano ら[20] は彫刻用の木材であるセンダン科の Cedro-Rosa（*Cedrella fissilis*）やクスノキ科の Imbuia（*Ocotea porosa*）にガンマ線を照射し，圧縮強度の変化を調べました。照射率は 10kGy/h とし，吸収線量は 25 kGy，50 kGy および 100 kGy としました。吸収線量が 100kGy に達しても圧縮強度には明確な低下は確認できませんでした。

## 4　宇宙木材プロジェクト（LignoStella Project）

宇宙木材研究会の研究成果を発展させ，京都大学と住友林業株式会社の共同プロジェクト（LignoStella Project, 2021 年 5 月〜）が開始されました[21]。人類が宇宙で持続的な社会を形成するためには，宇宙で樹木を育成し，木材を資源として活用することが必要だと考えます。その第一歩として木材で作った人工衛星の打ち上げを計画しました（LignoSat）。

地上での木材の短所としては，①燃えやすい（可燃性），②腐る（生物劣化），③反る・狂う（寸法変化）が挙げられます。しかし真空環境では酸素や水蒸気がなく，また微生物もいないためそれらの欠点は問題ではありません。木材の長所には，①重さのわりに強い（比強度），②熱を伝えにくい（断熱性），③電波を遮蔽しないなどがあります。これは人工衛星の構体に使用できる可能性を示しています。

### (1) 低大気圧環境での樹木育成

先に述べたように好気的な光合成生物に必要な資源は光と水と二酸化炭素です。地球の大気の二酸化炭素の割合は400ppm前後であり，植物の成長には少なくとも5℃の温度は必要です。これら必要な条件を満たせば，極限環境でも樹木の育成は可能であるはずです。そこで火星環境（0.01気圧）での樹木の育成を目指して，低大気圧下における樹木成長を検討しました。アクリル製の育成チャンバ（直径30cm，高さ50cm）内の環境を照明：90μmol/m2s×15h/day，温度：20～25℃，湿度：50%RH，$CO_2$濃度：500ppmに設定し，*Populus alba*の生育状況を観察しました。約3週間の観察の結果，0.3気圧では大気圧コントロール（開放系）と成長に差は見られず，0.2気圧では実験開始1週間ほどは成長が遅かったのですが，2週間後からは成長速度の違いはなくなりました。しかし，0.1気圧では2週間後からは成長がみられなくなりました。また，適度の低圧下では樹高の成長が促進される傾向にあり，さまざまな減圧環境での実験回数を増やし，定量実験データの信頼性を高める必要があります。

### (2) 高真空暴露による木材の物性の変化

木材は含水率が5～8%で最も強くなり，それよりも低い含水率では脆性的となり強度が低下します。月面のような高真空環境では含水率はほぼ絶乾状態になります。そこで2018年より$10^{-5}$気圧以下の環境に長期間暴露して曲げ剛性の変化を継続的に調査しています。現在，3年以上経過しましたが，針葉樹，広葉樹とも剛性の低下は観察されず，非常に安定した材料であることが確認されています。

### (3) 木材の宇宙暴露試験

既往の研究を参考にして木材試験体の宇宙空間の暴露試験を計画しました。試験体にはホオノキ，ヤマザクラ，ダケカンバを選び，AOフルエンス評価用のポリイミド樹脂（カプトンH）を配置しました。暴露試験は

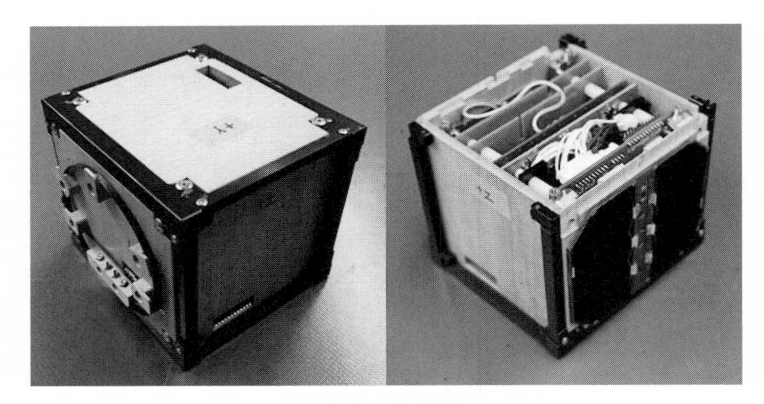

図 3　LignoSat 地上検証モデル（EM）

Space BD 社が提供する ISS 船外暴露プラットフォーム簡易材料暴露試験（ExBas, Exposed Experiment Bracket Attached on i-SEEP）を利用し，一定期間の船外暴露を2022年3月より開始しました。主にAOによる表面浸食量の評価と，宇宙線による強度低下を評価します。並行して地上でのガンマ線照射試験等も実施しています。

### (4) 木造人工衛星（LignoSat）

宇宙空間での木材利用の可能性を検証することを目的に木造人工衛星の打ち上げを計画しています。人工衛星の構体はアルミニウムで作られており，ミッション終了後は大気圏に再突入し燃焼します。この際にアルミナの微粒子が生成しエアロゾルとなる可能性が指摘されます。しかし木造人工衛星であれば完全燃焼によって水蒸気と二酸化炭素となり，地球環境汚染を防止することが期待されます。2023年の打上げを目標として開発中の木造人工衛星（LignoSat）は，木材の宇宙利用の検証をするために，ミッションとして木造人工衛星構体の変形や温度の観察，構体内部に設置したセンサーによる地磁気測定などを検討しています（図3）。

＊　＊　＊

地球上のいたるところに人類が存在するのは常にフロンティアを求める好奇心があったからだとも言われています。それは様々な環境に適応した生活習慣（文化）の多様性をもたらし，人類は種として繁栄しました。次のフロンティアは宇宙であり，持続的な社会の成立のためには森林は不可欠でしょう。地球上とは全く異なる環境で森林を形成するための条件の検討は開始されたばかりで，興味の尽きないところです。また循環社会の成立には資源としての木材利用も重要です。材料としての木材についても，宇宙空間での活用について知見を深める必要があります。

## 参考文献


[1] Fuller, R.B.（著），芹沢高志（訳）(2000)『宇宙船地球号操縦マニュアル』筑摩書房.

[2] Boulding, K.E. (1966) The Economics of the Coming Spaceship Earth. the 6th Resources for the Future Forum on Environmental Quality in a Growing Economy.

[3] 海部陽介（2022）『人間らしさとは何か：生きる意味をさぐる人類学講義』河出書房新社.

[4] 松田裕之（2004）『ゼロからわかる生態学』，共立出版.

[5] 只木良也（1996）『森林環境学』朝倉書店.

[6] 今西錦司，吉良龍夫（1953）『自然地理　V 生物地理』(福井英一郎 編)，朝倉書店.

[7] Royer D. L. (2014) Atmospheric $CO_2$ and $O_2$ During the Phanerozoic: Tools, Patterns, and Impacts. In: *Treatise on Geochemistry*, pp.251–267.

[8] Crowther, T. et al. (2015) Mapping tree density at a global scale. *Nature,* 525: 201–205. doi:10.1038/nature14967.

[9] 佐賀佳央（2016）光合成システムで機能する色素．色材協会誌 89(12), 425–429.

[10] 嶋田幸久，萱原正嗣（2015）『植物の体の中では何が起こっているのか』ベレ出版，p. 88.

[11] 向井千秋（2021）『スペース・コロニー：宇宙で暮らす方法』講談社.

[12] 宇宙航空研究開発機構 JAXA（2019）月面農場ワーキンググループ検討報告書　第1版.

[13] 石神靖弘，後藤英司（2008）低圧環境における植物の生育，植物環境工学，20, 228–235.

[14] 長友信人（2004）地球外森林は可能ですか. *Space Utilization Research*, 20:136–139.
[15] Pavlosky, J.E., St. Leger, J.E. (1974) Apollo Experience Report: Thermal Protection Subsystem. NASA TECHNICAL NOTE D-7564.
[16] Goto, E., Iwabuchi, K., Takakura, T. (1995) Effect of reduced total air pressure on spinach growth. *Journal of Agricultural Meteorology*, 51(2): 139–143.
[17] 木本雄吾（2009）低軌道における宇宙用材料への原子状酸素の影響とその地上評価，真空 (*Journal of the Vacuum Society of Japan*) 52(9): 475–483.
[18] Banks, B.A., Backus, J.A., Manno, M.V., Wates, D.L., Cameron, K.C., de Groh, K.K., (2009) *Atomic Oxygen Erosion Yield Predictive Tool for Spacecraft Polymers in Low Earth Orbit*. NASA Technical Memorandum (TM) 20090034484.
[19] Dachev, T.P, Bankov, N.G., Tomov, B.T., Matviichuk, Yu.N., Dimitrov, P.I.G, Hader, D.P., Hrneck, G. (2017) Overview of the ISS Radiation Environment Observed during the ESA EXPOSE-R2 Mission in 2014–2016. *Space Weather*, 15: 1475–1489.
[20] Severiano, L.C., Lahr, F.A.R., Bardi M.A.G., Santos, A.C., Machado, L.D.B. (2010) Influence of gamma radiation on properties of common Brazilian wood species used in artwork. *Progress in Nuclear Energy*, 52: 730–734.
[21] 京都大学 SIC 有人宇宙学研究センター「住友林業，京都大学と宇宙木材プロジェクトをスタート」https://space.innovationkyoto.org/lignosat_press/（閲覧日 2020.12.24）.

BOX

## 宇宙ステーション（ISS）での木材の宇宙暴露実験

京都大学大学院農学研究科　村田功二

京都大学・宇宙木材プロジェクト（LignoStella Project）では，2023年の木造人工衛星（LignoSat）の打ち上げを目指して開発を進めています。LignoSatの投入を計画している地球低軌道（LEO）では高真空，銀河宇宙線，太陽高エネルギー粒子，真空紫外線や原子状酸素（AO）などの影響で材料が劣化する可能性があります。LEOの環境で木材がどのように劣化するのかを確認するため，宇宙暴露実験を行いました。本試験の最も重要な目的はLignoSatに使用する木材樹種の選択です。密度の異なる3樹種（ホオノキ，ヤマザクラ，ダケカンバ）を選択し，それらの劣化の様子から樹種選択に必要な情報を得ようと考えました。宇宙空間における木材の暴露実験は，世界で初めての試みとなります。

2022年2月20日（日）午前2時40分（日本時間）に米国バージニア州NASAワロップス飛行施設からシグナス補給船運用17号機（NG-17）がアンタレスロケットで打ち上げられ，翌日には国際宇宙ステーション（ISS）に到着しました。このミッションのJAXA搭載品に簡易材料暴露実験ブラケット（ExBAS）がありました。宇宙木材プロジェクトの木材試験体もNG-17に積載され打ち上げられました。木材試験体はISS船内でExBASに取り付けられ，3月4日にロボットアームで運び出されて真空暴露実験が開始されました。約300日の暴露期間を経て，同年12月23日に若田光一宇宙飛行士によってISS船内に回収され，2023年1月11日にドラゴン補給船26号機（SpX-26）に搭載されてフロリダ半島沖に着水しました。3月27日にJAXAにて宇宙暴露試験体は引き渡されました。今後，注意深く解析を進めたいと考えています。

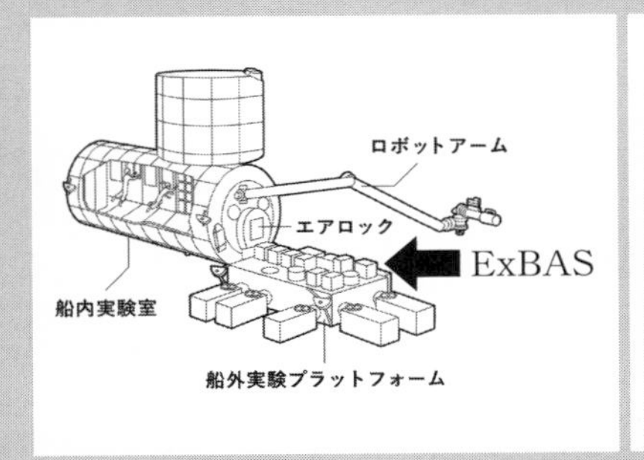

ISS船外実験プラットフォーム（左）とExBAS用木材試験体（右）（Space BD，京都大学）

**BOX**

## 超小型木造人工衛星（LignoSat）開発学生チーム

京都大学工学部電気電子工学科　菊川祐樹

LignoSat は，人工衛星バスシステムにおける構体系を完全に木造化することを想定した世界初の衛星開発プロジェクトです。本研究開発は，5 つのグループ（構体系，電源系，通信系，コマンド＆データ処理系，ミッション系）により構成された学生開発チームを中心として展開されており，木材を人工衛星の構造材料として成立させるための様々な技術的課題の解決に日々取り組んでいます。

コマンド＆データ処理系を担当する CDH 班では，衛星内のデータ通信 / 処理 / 管理システムを設計し，各電子基板及びソフトウェアの開発を行います。各班の開発内容が衛星全体の仕様要求に合致するように電気的な調整を行うため，衛星開発の全体管理も行います。電源系を担当する EPS 班では，内部のバッテリーや太陽光パネル，及び電源系に関連する各種基板の開発を担当しています。バッテリーのスクリーニング試験や，太陽光パネルの衛星表面への貼り付け作業も行っています。通信系を担当する COMM 班では，衛星 − 地上間の通信システム開発を行っています。通信アンテナやそれに関わる LignoSat 基板，使用するアマチュア無線帯周波数の国際調整，地上通信局の整備などを行っています。ミッション系を担当する MISSION 班では，木造構体のひずみ測定，衛星内部の温度測定および地磁気測定システムの開発を行っています。特に，宇宙での木材使用時のひずみデータ測定は，世界初の試みとなります。構体系を担当する STRUC 班は，主に木造構体を含む各種コンポーネントの設計開発を担当し，3D モデルや設計図面作成を行っています。また，組立手順の考案や構体の構造解析・評価も担当します。

これら 5 班を中心とし，宇宙が木材に及ぼす物理化学的影響を木造人工衛星という手段で明らかにしていきます。

LignoSat 開発学生チームのメンバー

# Chapter 3

# 空気再生・水再生・廃棄物処理

宇宙航空研究開発機構　**桜井誠人**

## 1　宇宙船内の空気

国際宇宙ステーション（ISS）は高度 400km 上空を飛行しています。そこには6名程度の宇宙飛行士が滞在し，実験や研究などを行っています。ISS 内部は地上と同じ1気圧に保たれています。ISS の壁は頑丈なアルミニウム合金で作られており，ISS 外部の真空の宇宙空間との1気圧以上の気圧差にも十分耐えられるように設計されています。空気や水は持参する必要がありそれを清浄化し，温度・湿度を維持する環境制御・生命維持システム：ECLSS（Environmental Control Life Support System）[1] が必要です。太陽光発電によりエネルギーを自給し，熱を除去し，放射線からコンピュータを防護し，地球と通信する場合はアンテナを通信できる環境にする必要があります。

空気は呼吸をするために必要であり，空気が生み出す気圧は体内のガスと液体の散逸を防いでいます。人間の肺は酸素分圧 0.2 気圧の空気を呼吸するようにできています[2]。宇宙船の構造を軽量化するために全圧を下げ

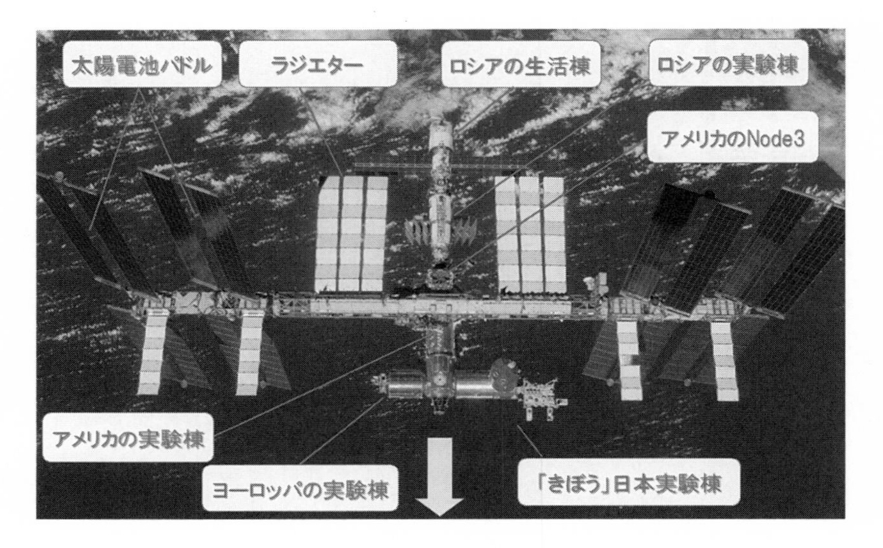


図 1　国際宇宙ステーション（ISS: International Space Station）

ると酸素分圧を上げる必要があります。初期の有人宇宙ミッションにおいて，NASA は宇宙船内を呼吸に必要である純粋な酸素で満たしました。しかしアポロ 1 号の訓練中に，100% の酸素の環境で炎は瞬くうちに宇宙船内に燃え広がり瞬時にして 3 人の宇宙飛行士の命が絶たれました。この悲劇ののち，NASA は酸素に炎の広がりを妨げる窒素を混合するようになりました。

宇宙ステーションは地上と同じ比率の窒素と酸素で満たされています。日本のモジュール「きぼう」の環境制御要求を表 1 に示します。宇宙船の結合時や船外活動時のハッチの開閉や実験運用で行う真空排気，除去した二酸化炭素の船外への廃棄などにより少しずつ空気が逃げていきます。船外へ逃げる空気の量は通常活動時で 1 日に約 3.6g と言われています[3]。ステーションの窒素と酸素は地上から運び込みます。なるべく小さなタンク

表１　きぼうの環境制御要求

| 項目 | 単位 | 制御要求 | |
|---|---|---|---|
| | | 通常時 | デグレード時 |
| 全圧 | atm | 0.966－1.013 | 0.966－1.013 |
| $O_2$ 分圧 | atm | 0.193－0.227 | 0.193－0.227 |
| $CO_2$ 分圧 | atm | ＜0.007 | ＜0.007 |
| 温度 | Dec.C | 18.3－26.7 | 18.3－26.7 |
| 露点 | Deg.C | 4.4－15.6 | 1.7－21.1 |
| 相対湿度 | RH% | 25－70 | 25－70 |
| 空気循環風速 | m/sec | 0.076－0.203 | 0.0051－0.508 |

に充填するため，これらは深冷され液体にします。液体のガスは加熱されモジュールに満たされます。

# 2 酸素の供給

一部の酸素は再生水を水電解することにより生成されます。図２にNASAの水電解装置（OGA: Oxygen Generation Assembly）を示します[4]。OGAは，当初，アメリカの実験棟内に設置されていましたが，その後アメリカのNode 3内に移設されました。水の重量の90%は酸素であり，軌道上で日照のある時間に太陽電池で発電された電力は水の電気分解に使用されます。水電解により発生した水素は危険なので宇宙へ排気します。酸素と窒素はエアロックの外のタンクに貯蔵されています。ISS内の圧力が一定のレベル以下になったらタンクからガスが供給されます。モジュールは内圧の高さに耐えるため円筒状となっています。NASAの水電解装置の他にロシアの酸素発生装置であるエレクトロン（Elektron）がロシアの生活

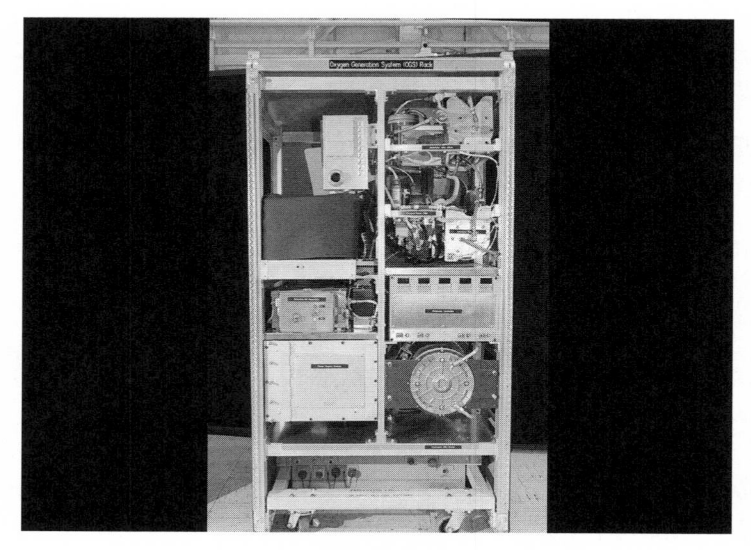


図２　酸素発生装置（提供：NASA/MSFC）[4]

棟にあります。旧ソ連がミール宇宙ステーションで使用してきた装置の改良型です。エレクトロンが使用する水は，ISS内部の空気から除湿により回収した水（凝縮水）を利用しています。

宇宙船がドッキングして滞在中の宇宙飛行士が増えている場合は通常よりも多くの空気が必要となります。スペースシャトルの訪問者は空気穴が複数開いたホースをトンネルとハッチに通し，このホースを使ってスペースシャトルのキャビンからISSモジュールへ酸素を導いていました。酸素と窒素は，スペースシャトルで高圧ガスタンクを運んでISSのエアロックの外部に設置しました。シャトルの退役により，その役割はプログレス補給船やこうのとり（HTV）や欧州補給機（ATV）に移されました。補給船は酸素や空気を充填したタンクを積んで打ち上げられ必要時に手動操作でバルブを開けることでISS内に放出しています。

図３　ロシアの固体燃料酸素製造器[5]

酸素が必要な時は図３に示すロシア製のキャンドル[5]と呼ばれている過塩素酸カリウム（$KClO_4$）や過塩素酸リチウム（$LiClO_4$）のカートリッジを加熱分解することにより酸素を製造します。このカートリッジの小缶は，1日間1人のために十分な酸素（600L）を発生します。カートリッジを缶に入れ，点火ピンを引くと化学反応で加熱が始まり酸素が放出されます。これらの酸素発生機は潜水艦のために開発されて10年以上の期間ミール宇宙ステーションで使用されてきました[6]。酸素発生機は非常に高温となり過去２回発火[7]したことがあります。どちらの火災の時も宇宙飛行士に怪我はありませんでしたが，このリスクがあるためISSではキャンドルはバックアップとなっています。

図４　水酸化リチウムが充填されたキャニスター（提供：NASA/JAXA）[3]

# 3 清浄な空気に保つ

宇宙船は閉鎖系のため換気はできません。酸素を消費し二酸化炭素をキャビンへ排出するため二酸化炭素濃度が上昇しますが，二酸化炭素濃度が高すぎると十分な酸素がある場合でも気分が悪くなり死亡する可能性もあります。地球では二酸化炭素濃度は350ppm～400ppm程度です。ISSの内部では4000ppm以上あり地上に比べ10倍程度濃度が高いですが，この程度では健康被害はありません。宇宙では水酸化リチウムLiOHと呼ばれる化学物質が充填されたキャニスター（図4）を用いて化学式（1）の通り二酸化炭素を除去します。スペースシャトルではLiOHは二酸化炭素除去のメイン装置でしたが，ISSでは緊急時のバックアップなどに補助的に使われています。

$$2LiOH+CO_2 \rightarrow Li_2CO_3+H_2O \tag{1}$$

図５　NASAの二酸化炭素除去装置CDRA（提供：NASA/JAXA）[8]

LiOHキャニスターは頻繁に交換する必要があり[7]使用済みのキャニスターの量が膨大となるため，長期のミッションを行うためには再生型の空気浄化装置が必要となります。図5に示すCDRA[8]（シードラ）（Carbon Dioxide Removal Assembly）は，米国の二酸化炭素除去装置で，アメリカの実験棟とNode 3内に各1基が設置されています。微小重力場では自然対流により温かい空気が上昇することはありません。空気はファンによって絶えず攪拌されてほこりや空気中を漂っている小物などは吸気装置のフィルターによって集塵されます。

フィルターを通過した空気はシリカゲルの入った吸着筒で除湿され，ゼオライトの吸着筒の中を通過します。二酸化炭素はゼオライトに吸着され，一方酸素と窒素は通り抜けます。ゼオライトの吸着筒が二酸化炭素で飽和した時，空気の流れは遮断され，飽和した吸着剤を加熱することにより，吸収されていた二酸化炭素を脱着し船外へと排出します。CDRAは，二酸化炭素の吸着部を2式有しているため，片方の吸着部を加熱して二酸化炭素を放出する再生プロセス中に，もう一方で吸着が可能なため，連続

図 6　微量有害ガス除去装置 TCCS（提供：NASA/JAXA）[8]

運転[9]ができます。ロシアもヴォズドゥク（Vozdukh）という再生式の吸着剤（ゼオライト）を持つ二酸化炭素除去装置を持っており取り除かれた二酸化炭素は船外に排出されます。二酸化炭素除去装置のような重要な装置は，アメリカの実験棟と Node 3，そしてロシアの生活棟にそれぞれ1台ずつ設置されています。そのうち 2 台が故障しても残りの 1 台で生命維持ができるよう設計されています。この考え方は 2 fail safe と呼ばれています。宇宙では信頼性が重要視されておりそれぞれの装置がどのくらいの頻度で故障するか評価するため MTBF（Mean Time Before Failer）[10] という指標を考案しています。

また，人間は二酸化炭素以外に少量のガスを排出します。腸で生成されるメタン，汗に含まれるアンモニア，尿や呼気に含まれるアセトン，メチルアルコール，一酸化炭素などです。これらは図 6 に示す微量有害ガス除去装置 TCCS（Trace Contamination Control Assembly）により活性炭や触媒の作用で ISS 内の空気から取り除かれます。様々な微量有害ガスの最大許容濃度 SMAC（Spacecraft Maximum Allowable Concentrations for Airborne

Contaminants)[11] はミッション期間ごとに規定されています。

図７　サバチエ反応器[12]

Reprinted by permission of the American Institute of Aeronautics and Astronautics, Inc.

# 4 二酸化炭素から水を作る

ISSの初期運用では酸素は水電解により生成し，水素は宇宙に排気していました。一方キャビン内の二酸化炭素も分離濃縮して宇宙へ捨てています。この捨てた水素と二酸化炭素から何か有用なものが得られないでしょうか。それを解決するアイデアがサバチエ反応で水を生成するという考えです。NASAは図７に示すサバチエ反応装置[12]を搭載して３人が排出する二酸化炭素を還元して水を生成しています。その水を電気分解することにより酸素を作り酸素のリサイクルの流れを作っています。サバチエ反応の化学式は式 (2) の通りで二酸化炭素に含まれる酸素は水に含まれる酸素となります。

$$CO_2 + 4H_2 \rightarrow CH_4 + 2H_2O \qquad \cdots (2)$$

地上では植物が二酸化炭素を吸収し酸素を生成していますが，宇宙船では物理化学的手法により空気を再生します。

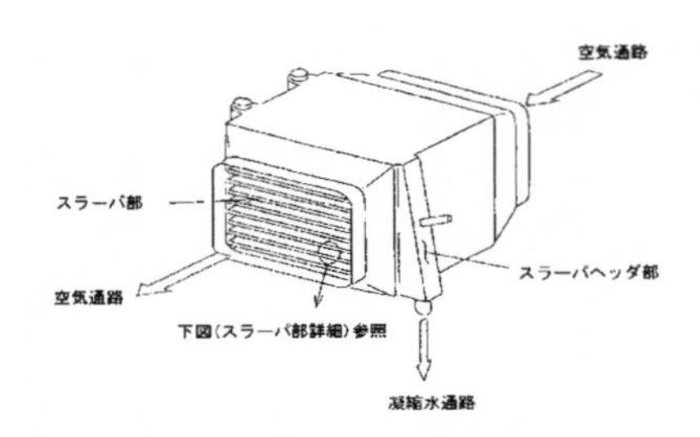


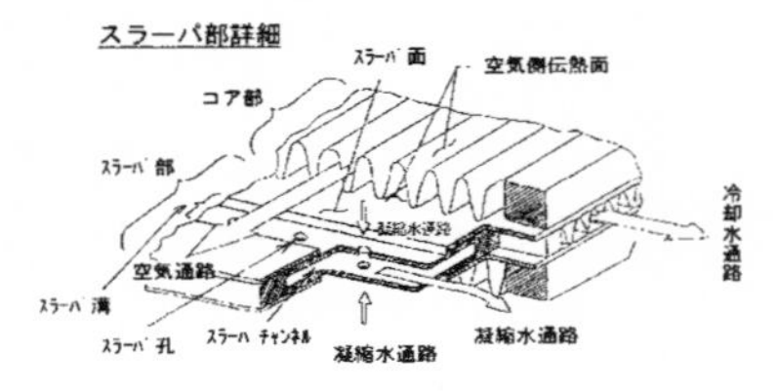


図８　キャビン熱交換器構造概要[13]

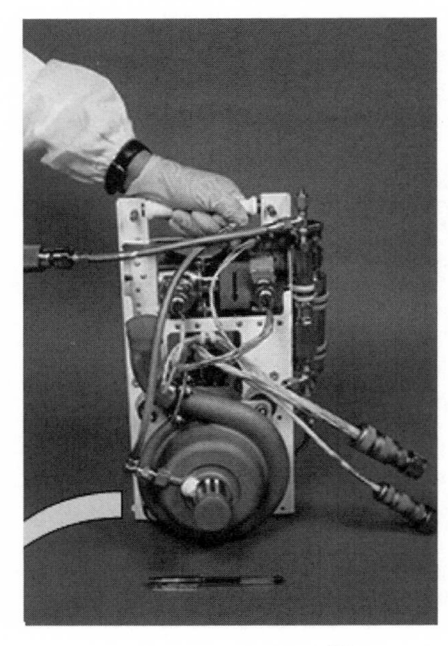

図９　除湿用水分離機[13]

# 5 除湿装置

吐息，汗，洗浄などの水分から発生する湿度を空気から除去する必要があります。キャビンエアから湿度を除去するため，ISSでは地上の除湿器と同じようなシステムを用いています。ファンで導かれた湿った空気は図８に示すキャビン熱交換器で冷却水と熱交換します。

アイスティーのグラス表面に結露するのと同じように湿ったキャビンエアの水分はキャビン熱交換器の表面に凝縮します。空気と水の熱交換器はサンドイッチのような構造で金属シートによって空気と水が数十層にも区分けされています。キャビンからの温かい空気は金属を温め，今度はその金属が他方から流れてくる冷たい水を温めます。熱交換器によって空気は冷却され熱を奪った水はパイプの中を流れてゆきます。

地上の除湿装置では，これらの水滴は自然と水受け皿に落ちます。一方微小重力状態の宇宙では水滴を気流で押し流します。さらにガスを分離し水のみを収集装置に送り込むために図9に示すような回転式の気液分離器[13]が必要です。遠心力で気液分離された凝縮水は捨てられることなく，タンクに貯蔵され飲み水や酸素製造のために使用されます。

# 6 水再生

平均的なアメリカ人は1日に605Lの水を消費しているそうです。宇宙飛行士はこれほど大量の水を使用していません。宇宙ステーションのトイレは水洗ではありませんし洗濯もしません。食べ物はヒータで温めるのみで茹でたりしません。宇宙ステーションの搭乗員は1日に3.5L程度の水で生活しています。

### (1) トイレ（液体排泄物）

ISS内には2つのトイレがあります。ロシアのモジュール：ズヴェズダ内に設置されているロシア製トイレが先行して使用されてきました。ISSの2台目のトイレとなる米国製のWHC（Waste and Hygiene Comartment）は2008年にスペースシャトルミッションSTS-126で運ばれ，トランクウィリティー（Node 3）に設置されています。全体システムは米国製ですが，トイレ本体はロシアから購入しており，1台目のISSトイレと基本構造は同一です。WHCの特徴は，ここで収集された尿を米国の水再生処理システム（WRS）へ送って飲料水として再生することです。

小便器は，掃除機のアタッチメントのようなもので，端にじょうごが付いた長いホースです。宇宙では，男性も女性も立ったまま排尿します。男女の違いは，ホースに取り付ける漏斗の形状です。ホースをホルダーから引き抜くと，小便器のファンがオンになります。ファンはフィルターを通してホースに空気を引き込み，尿を一緒に運びます。フィルターは糸くずや髪の毛がホースに詰まるのを防ぎます。尿は22Lの汚水タンクにためられてタンクがいっぱいになるとISSに結合されているプログレス補給船に運び込むか，水が不足する場合は米国の尿処理装置と水処理装置に送ります。

宇宙では，空気と水は混在します。したがって，コンテナを回転させることによって尿を空気から分離してタンクに保管する必要があります。空気は別のフィルター（臭気除去用）を通過し，キャビンに戻ります。洗浄しにくい部分に尿がたまるのを防ぐため，使用後は化学薬品を混ぜた約80mlの水をシステムに流します。これによりホースの側面に付着してバクテリアが増殖する可能性のある尿滴が取り除かれます。また，尿が結晶を形成するのを防ぎます。化学薬品を使用しなければ小便器は数週間で詰まるでしょう。

### (2) ISSの水再生処理

ISSの滞在クルーを3名から6名へ増員するに伴って，STS-126で米国の水再生処理装置WRS（Water Recovery System）ISSラック2台がディスティニーに設置されました。この水再生処理装置は，尿処理装置UPA（Urine Processor Assembly）と，水処理装置WPA（Water Process Assembly）の2つから構成されています。

尿は尿処理装置（UPA）へ送られて，ガスや固形物（髪の毛やほこりなど）を除去した後，加熱して蒸留することで水分を回収し，これをエアコンの凝縮水と一緒に水処理装置（WPA）に送り，残っていた有機物や微生物が除去されます。

ISSでは，クルー1人あたり1日に3.5Lの水を消費します。このうち2Lはプログレス補給船等で補給し，残りの1.5L分をロシアの凝縮水再生装置でまかなっていました。WRSが補給分の35%（0.7L）を供給するため，地上からの補給は65%（1.3L）で済むようになります。すなわち，6人がISS

に常駐した状態で水の補給量は，年間約2850Lで済むことになります。

WRSで処理した水の水質測定は，WRSラックの前面に設置された有機炭素量分析器（TOCA）で分析します。また，大腸菌などの微生物の検出も軌道上で行います。WRSで再生された水は，ギャレーの飲料水供給装置（PWD）へ送られ，温水と常温水として使用できます（飲用，歯磨き，宇宙食の調理に利用します）。また，米国の酸素発生装置（OGS）へ送られて酸素生成に使われたり，蒸発させて宇宙服の排熱のために使われたり，実験に消費されます。WHCでトイレの洗浄水としても使用されます。

また，服やタオルにしみ込んだ水や，動植物実験に使用された水，化学反応に用いられた水はリサイクルされません。失われた水の分だけ新鮮な水を補給船に乗せてステーションへ供給します。

### (3) 尿処理の概要

尿処理装置UPA（Urine Processor Assembly）は，主にWRSラック2に搭載されており，尿を飲用水へ再生します。尿処理の原理は，ヒーターで尿を含んだ水を加熱して水蒸気を生成します。この処理の最も重要な部分は蒸留装置DA（Distillation Assembly）です。内部を0.048気圧に減圧することで沸点を下げています。尿は円筒形の加熱器の中において220rpmで回転し，遠心力によって液体は円筒内の内側に押しつけられ，蒸気は中央部から集められ蒸留水として取り出されます。不揮発性の不純

図10　尿の蒸留装置 Distillation Assembly(DA)（提供：NASA/JAXA）[8]

物は蒸発しないため97%を除去できますが，アンモニアやアルコールは揮発します。揮発成分は酸化触媒により酸化され，イオン交換樹脂で処理され純水を生成し，ヨウ素を添加して殺菌することにより飲料水になります。

#### (4) ロシアモジュールにおける水処理の概要

ロシアモジュールでは，エアコンから生じる凝縮水を飲料水に処理する凝縮水処理装置がズヴェズダ内に装備されています。処理方法は，活性炭とイオン交換樹脂膜を通す方法が使われています。これまでの尿処理方法は，尿タンク（空になった水容器を転用）に尿を詰め，プログレス補給船を廃棄する際に一緒に焼却処分が行われていました。

## 7　廃棄物処理

#### (1) トイレ（固形排泄物）

宇宙ステーションの便器は地上の水洗便所とは違います。宇宙ではモノが浮遊してしまうため宇宙便器は基本的に掃除機です。固形廃棄物は無重力状態でカーブして体にくっつく傾向があります。それを引き離すに十分な気流を得るために便器の穴は小さめとのことです。

米国のトイレも，トイレの本体はロシア製で，ロシアのトイレと同様にファンを回して空気の流れで尿と便を吸い込むような仕組みです[14]。しかし，米国のトイレは，回収した尿が尿処理装置に送られるよう改良されており，またラックに組み込まれているため，移動も可能となっています。

大便を行う際には，便器の内側に小さな穴が多数開いたバックを装着し，そのバックの中に便が回収されると，バックのゴムが自動的に閉まります。その口を塞いだビニールパックをアルミ製の固形排泄物タンクに押し込んで，新しいバックを取り付けます。

この固形排泄物タンクは3人のクルーでは1週間に1回程度で交換し，プログレス補給船に運び込みます。

トイレの後は手洗いです。無重力状態では水が落ちてこないため流し台はありませんが，洗面所の横に給水口があり，手を拭くための水を使うことができます。顔や体の汚れは濡れタオルで拭きとります。洗髪は泡の出にくいドライシャンプーを使い乾いたタオルで拭きとります。歯を磨くときは歯磨き粉を飲み込むか，口から出してタオルに吸収させます。

図11　ISSに設置されているNASAのトイレ（提供：NASA）

### (2) その他の廃棄物

固形廃棄物はリサイクルされません。食品を包んでいるパッケージや2日に一度交換する下着など，軌道上で生成されたゴミは国際宇宙ステーション（ISS）に保管され，その後，補給用宇宙船が地球の大気圏へ再突入する時に空気との摩擦熱によって燃焼廃棄されてきました。

# 8 生命維持システムの質量算出，ESM[15]

一般的にミッション期間が長期化するにしたがって消費型 ECLSS から再生型 ECLSS が有利になると考えられていますが，ECLSS には様々なバリエーションがあり，それぞれのミッションに最適な ECLSS システムを決定する目安として ESM（Equivalent System of Mass）の考え方が用いられています。宇宙機を構成する構造物はそれ自体の質量以外に，与圧空間，電力，排熱，作業時間等を必要とするため，システム質量を推定する際にはそうした付属的要素を考慮する必要があります。ESM では，各システムコンポーネントの質量，体積，消費電力，排熱，作業時間にそれぞれ係数をかけることで質量に変換します。ここで表 2 に示す通り，一例として月面上の ESM に関して考えてみましょう。エネルギーに関して考えた時，月面上で太陽追尾装置の太陽電池の 1kW あたりの重量は 54kg/kW と見積もられます。しかし太陽電池だけでは月の夜を過ごせないので再生型燃料電池で夜の分の電力を充電することを考えると 1kW あたりの重量は 749kg/kW と見積もられて非常に重くなってしまいます。原子炉を考えると夜間用の充電池が必要なくなるため 1kW あたりの重量は 77kg/kW と軽

表 2　月面を仮定したミッションコストの重量換算の例[15]

ESM (Equivalent System of Mass) (kg)

| Mission | Volume [kg/m$^3$] Inflatable Module | | Power [kg/kWe] | | | Cooling [kg/kWth] |
|---|---|---|---|---|---|---|
| Lunar mission - surface | 9.16 Unshielded | 133.1 Shielded | 54 Tracking PV no storage | 749 PV + Regenerative Fuel Cell | 77 nuclear refractory reactor | 221 Current technology |

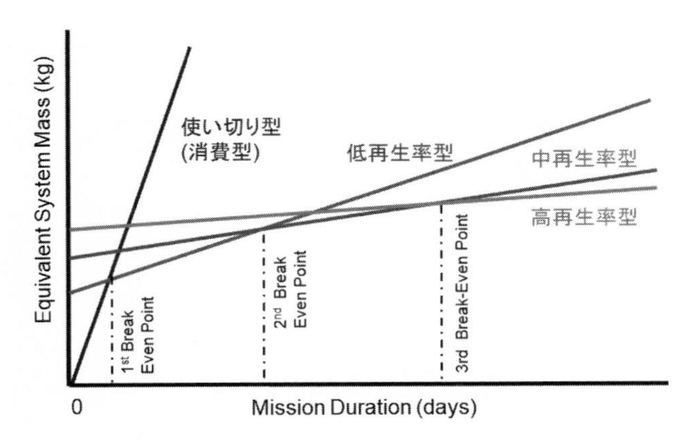


図 12　ミッション期間とシステム重量の関係[1],[10]

くなります。与圧空間を考えた場合シールドのあるインフレータブル構造の場合 1m³ あたり 133.1kg/m³ ですが，シールドの無いインフレータブル構造を考えると 9.16kg/m³ と 1/10 以下の重さになると見積もられます。熱管理を考えると 1kW の排熱を行うのに 221kg/kW と想定されています。参考までに ISS の既存技術ではラジエーターが太陽面を向かないように姿勢制御することも考慮に入れて 323.9kg/kW となっています。これらの係数を $CO_2$ 除去装置，酸素製造装置などのそれぞれコンポーネントの容積，消費エネルギー，排熱にかけ合わせることにより，各コンポーネントのコストが重量という次元で比較可能となります。

ECLSS のコンポーネントには，水再生装置，$CO_2$除去装置，酸素製造装置，サバチエ反応装置，微量有害ガス除去装置など様々なコンポーネントとその組み合わせがあります。それぞれのコンポーネントの重量，容積，消費電力，排熱に表 2 で示したような係数をかけ合わせ重量の次元で比較します。図 12 にミッション期間とシステム重量の関係を示します。期間が短い場合使い切りの消費型 ECLSS が有利であることがわかります。期間が長くなり1st Break Even Pointを越えると低再生率のECLSSが有利になります，さらに期間が長期化し2nd Break Even Pointを越えると中再生率のECLSSが有利になり，さらに長期化すると高再生率のECLSSが有利になることがわかります。

## 9 月周回有人拠点（Gateway）計画[16][17]

国際協力により構築される「月周回有人拠点（Gateway）」は，米国が提案し，2019年10月に日本が参画方針を決定した国際宇宙探査（アルテミス計画）の一部です。2020年12月にGateway計画参加に関する了解覚書（MOU）を日本と米国との間で締結し，開発を進めてきています。

わが国は，ESA（欧州宇宙機関）が提供するI-HABに対する環境制御システムのインテグレータとしての役割を果たすと共に，クルーの生命維持に不可欠な，空気循環，温湿度制御，二酸化炭素除去，有害ガス除去，酸素分圧・全圧制御に必要なシステムを開発し，その後，開発の進捗に応じ，凝縮水再生，水再生，$CO_2$還元，酸素製造機能をI-HABに付加し，再生型の環境制御システムをGatewayに構築する予定です。

### （1）温湿度制御装置（THC）

温湿度制御装置（THC: Thermal and Humidity Controller）は，宇宙飛行士が活動するI-HABキャビン内の空気の温度，湿度を制御し，適切な風速分布を提供して，空気循環を行うとともに，空気中の微粒子・微生物を除去する装置です。THCは，わが国の国際宇宙ステーション「きぼう」の既開発品の実績をベースにGatewayの要求に基づいて部分的な設計変更を行い，開発を行っています。

THCの仕組みは，I-HABキャビンの空気を，まずHEPAフィルターで微粒子・微生物を取り除き，次に，I-HAB システムからのクーラント（冷却液）を使って熱交換器で除熱／除湿を行い，温湿度制御を行います。除湿の際に発生した凝縮水は水分離機で収集し，初期はタンクに貯めて廃棄しますが，将来的には凝縮水再生装置につなげて飲料水に再生する計画です。

### (2) 二酸化炭素除去システム（CDRS）

二酸化炭素除去システム（CDRS: Carbon Dioxide Removal System）は，宇宙飛行士の呼気由来等の二酸化炭素（$CO_2$）を除去するシステムです。$CO_2$ を吸着剤により吸着し，減圧下で加熱し脱着することで濃縮し，船外に排気します。将来的には濃縮後の $CO_2$ を還元システムに提供し，水を再生します。

近年カーボンニュートラル社会に向けた大気中からの $CO_2$ 回収技術等の研究が活発化しているものの，既に確立されている工場排ガス等からの $CO_2$ 除去技術は，船内よりも高い $CO_2$ 分圧を対象にしているため，より低 $CO_2$ 分圧環境下でも性能を発揮できるよう設計しています。システムとしては，前段で空気中の水分を除去する除湿筒と $CO_2$ を除去する吸着筒をそれぞれ 2 筒交互に運用する方式を採用します。ブロワ，ポンプ，バルブ等の主要構成品に関しても，高い信頼性が求められるため，民生品で実績等をベースに開発を進めています。

＊　＊　＊

1998 年より建設が始まった国際宇宙ステーションは 30 年の運用を想定して設定されており，次世代の宇宙拠点が検討されています。月周回軌道上に建設される深宇宙探査ゲートウェイ（DSG：Deep Space Gateway）は，月や火星への有人探査・居住のために，極めて大きな役割を果たすと期待されています。日本は得意の環境技術などで次期国際有人宇宙活動に貢献するために環境制御生命維持システムなどの研究開発[18],[19],[20],[21] を行っています。

## 参考文献


[1] Eckart, P. (1994) *Spaceflight Life Support and Biospherics*. Kluwer Academic Publishers, p. 175.

[2] 新田慶治，木部勢至朗（1994）『宇宙で生きる』テクノライフ選書.

[3] ファン！ファン！JAXA！ ホームページ http://fanfun.jaxa.jp/faq/cat5/?c=40#item-20

[4] https://www.nasa.gov/centers/marshall/home/marshall50/photos/0005602.html

[5] https://artsandculture.google.com/asset/sfog-solid-fuel-oxygen-generator-candles-in-the-rs-russian-segment-robert-thirsk/IwHX0PDV7QvZkw

[6] Dyson, M.J. (2005) Space Station Science: Life in Free Fall. Scholastic, 2005.

[7] ブライアン・バロウ（著），小林等（訳）(2000)『ドラゴンフライ』筑摩書房.

[8] 若田宇宙飛行士長期滞在プレスキット
http://iss.jaxa.jp/iss/jaxa_exp/wakata/pressdoc/wakata_exp_presskit_a.pdf

[9] Reysa, R.P., Lumpkin, J.P., El Sherif, D., Kay, R., Williams, D.E. (2007) International Space Station (ISS) Carbon Dioxide Removal Assembly (CDRA) Desiccant/Adsorbent Bed (DAB) Orbital Replacement Unit (ORU) Redesign. ICES-2007-01-3181

[10] Larson, W.J. and Pranke, L.K. (1999)*Human Spaceflight : Mission Analysis and Design*. McGraw Hill Higher Education.

[11] Spacecraft Maximum Allowable Concentrations for Airborne Contaminants
https://www.nasa.gov/sites/default/files/atoms/files/jsc_20584_signed.pdf

[12] Samplatsky, D.J., Grohs,K., Edeen, M., Crusan, J. and Burkey, R. (2011) Development and Integration of the Flight Sabatier Assembly on the ISS. AIAA 2011-5151, 41st International Conference on Environmental Systems 2011.

[13] 宇宙航空研究開発機構特別資料JAXA-SP-12-015『国際宇宙ステーション日本実験モジュール「きぼう」で獲得した有人宇宙技術』「第21章　「きぼう」空気調和装置の開発成果」
https://repository.exst.jaxa.jp/dspace/bitstream/a-is/15451/1/61925021.pdf

[14] 大西宇宙飛行士長期滞在プレスキット，p. 89.
https://iss.jaxa.jp/iss/jaxa_exp/onishi/material/onishi_press-kit_0a_0701.pdf

[15] Anderson, M.S., Ewert, M.K., Keener, J.F. and Wagner, S.A. (2015) Life Support Baseline Values and Assumptions Document. NASA/TP-2015–218570

[16] ゲートウェイ居住棟プロジェクト移行審査の結果について，資料67-2，科学技術・学術審議会，研究計画・評価分科会，宇宙開発利用部会（第67回）R4.7.
https://www.mext.go.jp/kaigisiryo/content/220708-mxt_uchukai01-000023880_2.pdf

[17] 辻紀仁，立原悟，平井美季，兼田繁一，潮田陽介，坂井洋子，山際可奈，勝田真登，関谷優太，柴山博治（2021）「Gatewayと日本の役割」第65回宇宙科学技術連合講演会講演集，オンライン，JSASS-2021-4007

[18] 桜井誠人（2022）「ECLSS研究・開発の論点」第66回宇宙科学技術連合講演会講演集 JSASS-2022-4568

[19] 桜井誠人，木部勢至朗（2012）『閉鎖生態系・生態工学ハンドブック』（生態工学会編）第2章「宇宙と閉鎖生態系・生態工学」「有人宇宙活動の将来展望」，アドスリー，2–16.

[20] 二村聖太郎，平井健太郎，山﨑千秋，島明日香，松本聡，桜井誠人，猿渡英樹（2022）「将来有人探査用空気再生 ECLSS の研究開発状況」第 66 回宇宙科学技術連合講演会講演集，熊本，JSASS-2022-4573
[21] 桜井誠人，後藤大亮，白坂成功，河野功，田中宏明，上野誠也（2022）「人間が定住する月拠点建設へのロードマップ」日本航空宇宙学会誌 70 巻 7 号，pp. 156–161

# Chapter 4

# 宇宙空間に生態系を創造する

京都大学フィールド科学教育研究センター　**小林和也**

## 1 生態系を創造するには

### (1) 生態系とは

人類が宇宙空間で生活していくためには地球環境が提供している様々な機能を小型化しつつ安定して提供する必要があります。我々の生活は，食品，建材，衣料といった農林水産物の供給から，大気や水の浄化，気候の調整，災害の緩和，レクリエーションや観光資源の提供にいたるまで，さまざまな側面で生態系（Ecosystem）に支えられています。生態系とは，ある一定の範囲に存在する生物と非生物が互いに相互作用することで形作られている系（システム）であり，一般に隣接する他の生態系と生物や物質の流入，流出が生じる開放系です。地球全体を大きな１つの生態系と見なすこともできますが，あまりに大規模で内部構造が複雑になってしまうため，多くの場合はその範囲に多く生息する生物種（Species）や環境（Environment）の違いに応じて，森林生態系，草地生態系，湖沼生態系，海洋生態系，農地生態系，都市生態系などに区分されて研究が進められています。これらの各生態系において，構成要素の性質や量を計測し，それらの変化をもたらす生物要因と物理要因を理解し，将来予測を可能にする試みは，宇宙空間に人工的な小規模生態系を構築するという目的だけでなく，地球上に存在する限られた資源を効率よく，かつ持続可能な方法で利用し，管理するためにも重要なテーマです。

### (2) 生態系の構造

生態系の構成要素のうち，生物で構成される部分，すなわち，ある一定の範囲に存在する多様な生物の集合を生物群集（Biological community）あるいは単に群集と呼びます。生物群集は多様な生物で構成され，それらの生物は機能によって大きく生産者，消費者，分解者に分けられます。生産者とは，植物に代表され，非生物由来のエネルギー（多くの生態系では太陽光）を用いて無機化合物から有機化合物を合成し生育可能な生物の総称であり，栄養源を他の生物に依存しないことから独立栄養生物とも呼ばれます。消費者とは，自身の生育に必要なエネルギーや有機化合物を，他の生物を食べることで得ている生物の総称であり，従属栄養生物とも呼ばれます。草食動物に代表される，生産者を捕食する消費者を一次消費者と呼び，一次消費者を捕食する消費者を二次消費者，二次消費者を捕食する消費者を三次消費者などと呼びます。ただし，生物群集全体で食う－食われる（捕食－被食：Predator-Prey）の関係を図示すると，単純な直線関係（食物連鎖：Food-chain）というより，複雑な網目状のネットワーク（食物網：Food-web）となることが知られており，ある生物種が一次消費者も生産者も食べる（いわゆる雑食性の動物）など，特定の生物を明瞭に二次消費者であると判定することが難しい場合も多いため，これらの生物は高次消費者と呼ばれることもあります。最後に残った分解者は，動植物の枯死体や排泄物などの有機物を栄養源としている生物の総称で，他の生物由来のエネルギーに依存しているため，消費者と同じく従属栄養生物に分類されます。食物網の中で，生の枝葉や花などの生きた植物体を起点とする食物連鎖を生食連鎖（Grazing food-chain），落ち葉や動物の遺体など死んだ生き物を起点とする食物連鎖を腐食連鎖（Detritus food-chain）と呼びます。森林生態系では，生産者（樹木）が光合成で得た有機物（純生産量）のうち，生きたまま直接一次消費者に捕食され，生食連鎖に流れるエネルギーはせいぜい1割程度で，9割が腐食連鎖を経由して，すなわち落葉落枝などになってから分解者を経由して食物網に流れていると推定されています[1]。

熱帯や温帯に成立する森林生態系の重要な分解者としてシロアリ（Termites）がいます。シロアリは木造建築物を食い荒らす害虫というイメージでよく知られている昆虫ですが，現在世界で知られているおよそ3000種のシロアリのうち，実際に建築物や家具などの加害が報告されている種はおよそ100種とされ，それ以外の多くの種は森林生態系において他の生物には分解しにくい木材（リグニン）の分解者として機能しており，腐食連鎖の起点として重要な役割を担っています[2]。一方で亜寒帯や高山帯をはじめとした冷涼な地域に成立する森林生態系ではシロアリが生存できず，真菌類（Fungi：キノコやカビの仲間）が重要な分解者として機能していますが，シロアリと比べると分解能力が低く，一般に気温の低い高緯度地域では，どのような土壌条件下でも植物遺体が未分解のまま泥炭と呼ばれる水分を多く含んだ泥状の土として堆積していきます。すなわち，分解者が十分に機能しない地域では，光合成産物の一部が生態系に蓄積していきます。これらの泥炭はさらに長い年月をかけ，堆積作用などにより埋没し，地中で地熱や圧力を受けた結果，石炭に変化していくと考えられています。

このように地球上の生態系では周辺の生態系や環境から物質やエネルギーの移出入が生じていますが，一般に流入量や流出量は生態系の内部で蓄積あるいは循環している物質の量と比べると少ないとされています。生態系の構成要素を単純化して記述するコンパートメントモデル（ボックスモデルとも呼ばれる）を用いて，森林生態系において特に重要とされる窒素の生態系内での循環について例示すると図1のようになります。

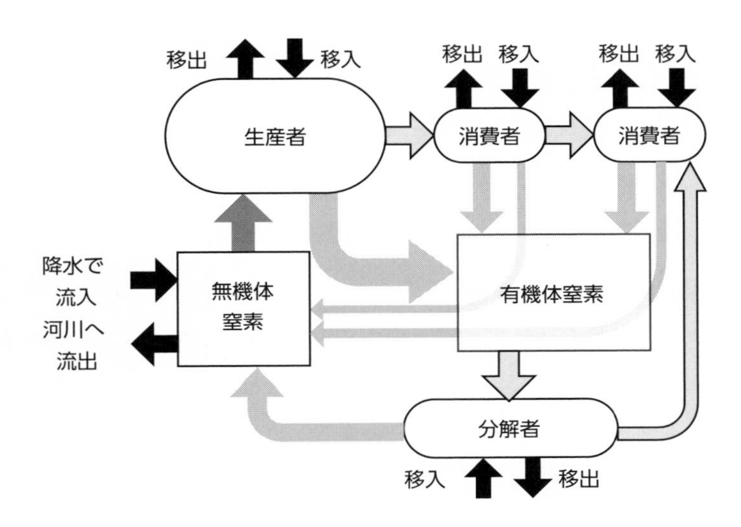


図１　森林生態系における窒素循環の模式図

図中では，生態系の各構成要素（コンパートメント）が保持する窒素量を四角形（ボックス）で示し，それぞれのボックスから他のボックスへ流出，流入する窒素量を矢印で示しています。各ボックスは資源を蓄積していることからプール（Pool）と呼ばれ，その蓄積量をプールサイズ（Pool size）のように表現します。同様に矢印はフラックス（Flux）と呼ばれ，物質が移動する向きに加えて，速度も重要な要素となります。

コンパートメントモデルは生態系の複雑さを単純化することで，生態系内部で物質がどのように流れ，蓄積しているかを大まかに理解する上で重要な役割を担います。一方で例えば生産者だけに着目しても樹木や草本といった多様な生物が存在しています。さらに樹木といってもスギ，ヒノキ，マツ，モミといった針葉樹からミズナラ，カエデ，ヤチダモといった広葉樹まで存在し，それぞれの種に着目しても同種の中には少しずつ形の違う個体が存在します。このように生態系を構成する要素は複数の階層に分解できます。生物群集は様々な生物種の個体群（Population）が集まって構成されており，個体群は同じ種に属し，互いによく似ているが少しずつ性質の異なる個体が集まって構成されています。このように生態系内部の構造を詳細に観察していくことによって，これまで見過ごされていたフラックスやプール，生態系の機能を発見できるかもしれません。

### (3) 生態系の複雑性と安定性

近年，人間活動によって地球上の生物種が急速に絶滅しており，生物多様性と共に生態系の機能の劣化が問題となっていますが，どのようにすれば生物多様性や生態系の機能を修復することができるのかはよくわかっていません。また，生物進化の過程で形成されてきた生物多様性や生態系機能がどのように維持されているのかもいまだに謎が多い問いです。かつては，野外で観察されるような複雑な生物間相互作用が重要だろうと考えられていました[3]。つまり，現実の生態系でみられる複雑な食物網や，共生や競争を含んだ多様で複雑な生物間相互作用が生態系の安定性に寄与していると考えられてきました。その証拠として，自然草原に比べて単純な生態系である農耕地で害虫の大発生が起きやすいこと，多様性の高い熱帯林よりも多様性の低い北方林の方が生息する動物の個体数変動が大きいことなどが挙げられています。しかし，1972年のロバート・メイの理論研究[4]では生態系の内部で種数が多く，それぞれの種が多数の種間関係を結んでいる複雑な生態系ほど絶滅が起こりやすく不安定になると予測しています。このように理論研究が単純な生態系を予測するにもかかわらず，自然界では不安定になるはずの複雑な生態系が普通に見られるという理論と現実の不一致が生じています。この矛盾を解消するメカニズムとしてどのようなものがありうるのかについては，現在も盛んに研究が行われており，生態学における重要な未解決問題とされています。宇宙空間において人類という高次消費者の集団を安定的に維持していくためには，生態系を安定して維持管理する手法を確立する必要があり，小規模閉鎖生態系を確立するという挑戦は，実際の生態系がどのように変化しているのか，また維持されているのかを理解する手掛かりをもたらす可能性もあります。

生態系に限らず，あらゆる系（システム）に安定性をもたらす負のフィードバック（Negative feedback）と，逆に不安定性をもたらす正のフィードバック（Positive feedback）について紹介しておきましょう。負のフィードバックとは，系に何らかの変化が生じたときに，その変化を小さくする方向に働く機構のことで，正のフィードバックとは逆に系に生じた変化を大きくする方向に働く機構のことです。全球レベルで生じる代表的な正のフィードバックとしてアイス・アルベド・フィードバック（Ice-albedo feedback）が知られています。アルベドとは太陽光を反射する割合のことであり，氷河や海氷，積雪などは多くの太陽光を反射するため，アルベドが高いと表現します。気温が上昇するとアルベドの高い氷が地表から減ることにより，地表面が多くの光を吸収して暖められ，気温がさらに上昇します。反対に気温が低下すると氷に覆われる地表面が広がることで太陽光の吸収が抑制され，さらに気温が低下することになります。生物群集でもフィードバックは起こりえます。例えば，群集を構成していた種のひとつが絶滅してしまった際に，別の種の一部の個体によって絶滅種が利用していた資源を利用されることで絶滅種の機能を代替し，結果として新しい資源を利用しはじめた種に種分化が起こって，絶滅種の機能を新種が代替する状態になれば元の状態に近づくため，この過程は負のフィードバックと呼びます。逆に絶滅種に依存していた他の種が次々と絶滅してしまうならば，この過程を正のフィードバックと呼びます。一般に種分化速度（新しい種が誕生する速度）より，個体数が変動する速度の方が速いため，生物群集では後者の正のフィードバック（絶滅の連鎖）が働きやすいとされています。同様に１つの種の個体の集まりである個体群レベルでいうと，個体数が減ってしまったときに，個体数が増えやすくなるメカニズムを負のフィードバック，逆に減りやすくなるメカニズムを正のフィードバックと言います。

生態系が安定するか，それとも不安定になるのかは，生態系全体で負のフィードバックと正のフィードバックのどちらが相対的に強いかが重要であり，実際の生態系で双方のメカニズムがそれぞれどのくらい存在しているのか，それぞれの強さはどのくらいなのかが重要となってきますが，その実態はまだよくわかっていません。それらのメカニズムを把握し，制御することができれば安定した小規模閉鎖生態系を構築することが可能となると考えられます。

## 2 進化と系の安定性

ここまでは生態系全体の概略をご紹介しましたが，ここからは生態系を構成している個々の生物に備わっている進化（Evolution）という性質についてご紹介します。進化という現象について概要を把握していただいたうえで，進化の面白い側面をご紹介しつつ，進化が生態系の安定性にどのように寄与しているのかについて解説し，それを踏まえて人為的に進化を制御することで安定した閉鎖生態系を構築することが可能かについて検討します。

### (1) 生物は進化する

生物進化の代表的なものに，適応進化（Adaptive evolution）あるいは単に適応（Adaptation）と呼ばれる現象があります。生物は繁殖を繰り返すことで数を増やします。その過程で時折，遺伝子（Gene）に突然変異（Mutation）が生じて新たな性質を獲得した個体が生まれます。突然変異によって生じた新しい性質が，その生物をとりまく環境において，個体に生存率や産仔数の向上などをもたらすと，その突然変異遺伝子は集団中で頻度を増していき，最終的には元々あった遺伝子と置き換わることになります。このように進化というプロセスを経て，生物は新たな性質を獲得し，環境に応じて変化していきます。これが一般的によく知られている進化のイメージではないかと思いますが，この適応という現象は進化のごく一部に過ぎません。進化は，変異（Variation），遺伝（Inheritance），選択（Selection）という3つの要素が揃ったときに集団全体に必然的に生じる現象であり，これらの前提となる要素に加えて，様々な環境条件が揃うことで，進化は生物や生態系に思いもよらぬ帰結を引き起こしたりします。

1つ目の変異とは集団内に性質の異なる個体が存在することを意味します。先ほどの突然変異は集団にそれまで存在しなかった変異を持つ個体が新たに生まれることを意味し，それによって集団が保持している変異の幅が大きくなることを意味しています。突然変異と変異は互いに関連し，似たような文脈で使用されることがあり，時に突然変異を単に変異と書くこともありますが，別の概念ですので，混同しないように注意が必要です。ほぼ全ての生物において，同一種とされる個体の集まりであっても，それぞれの個体は少しずつ性質が異なり，集団中に変異を維持しています。例外的に変異がない生物集団として，人間によって選抜され育種されている農作物の品種などが挙げられます。このような農作物の集団では何世代も選抜した少数個体の間で交配を繰り返すことで均質な種子が生産されており，同一品種の集団は野生の植物集団と比べるとほとんど変異がありません。一方でこのような均質な農作物の集団であっても，成長段階の違いや，害虫による食害の有無によって見た目の個体差は生じえます。これらの個体差は次に説明する遺伝という性質を持たないため，進化を引き起こす変異にはなりません。また均質な農作物であっても，十分に大きな集団で累代を繰り返していけば，いずれ突然変異によって集団内に変異を保持するようになり，再び進化し始めると考えられます。

2つ目の遺伝とは個体の性質が子孫に継承されることを意味します。同一種に属する個体間の性質の違いは，遺伝子に起因するものと環境条件や成長段階に起因するものに大きく分けられます。遺伝子は個体の性質を生み出すための情報をDNA配列によって保持しており，繁殖の際にこれらのDNA配列が複製されて子孫に受け渡されることで親の性質が次世代に伝達されます。複製の際に稀に発生するDNA配列のエラーが突然変異であり，進化に必要な変異は集団内に異なる遺伝子（DNA配列）をもつ個体が存在することで形成されます。逆に栄養条件が良くて身体が大型化したとか，捕食者に食べられて体の一部が欠けたといった，全ての遺伝子が完全に同一であるクローンの間でも生じうるような個体差は，子孫に遺伝しないため，進化に寄与しません。これらの個体差を区別するため，遺伝的変異（Genetic variation）と表現型変異（Phenotypic variation）と呼び分けます。表現型（Phenotype）は形態や性質として表に現れている性質のことを指すのに対し，遺伝子型（Genotype）は2倍体生物であれば個体が持つ2つの遺伝子の組み合わせのことを指します。例えば人間のABO式血液型であれば，表現型にあたるのがA型で，遺伝子型はAO型あるいはAA型となります。血液型は遺伝子型だけで表現型が確定しますが，体重や身長といった表現型は，遺伝子と環境の両方から影響を受けることが知られています。どんなに体の大きい個体から生まれた個体でも，その個体の栄養条件が良くなければ大きくなることができませんし，同じような環境条件で育ったクローンであっても少ないながらも個体差が生じえます。このような環境条件で生じた表現型変異は遺伝しないため，どんなに選抜しても進化は生じません。

最後の選択とは集団内の個体が入れ替わることを意味します。生物は出生と死亡によって絶えず集団内の個体が別の個体に入れ替わっていくため，選択という性質を保持しています。狭義の選択として「遺伝的変異に起因して個体の間で生存率や産仔数に差があること」のように定義されることもありますが，生存率や産仔数に差がないときにも中立進化（Neutral evolution）と呼ばれる現象が起こります。突然変異には，生存率や産仔数を増やすことも減らすこともない中立な突然変異もあります。そのような中立遺伝子が集団内に占める割合は，現実の生物集団のサイズが有限であることから，世代を重ねるごとに確率的に変化し，集団中から偶然失われることもあれば，逆に集団中の全ての個体に広がって元々あった遺伝子と置き換わることもあります。これが中立進化，あるいは遺伝的浮動（Genetic drift）と呼ばれる現象です。特に小さな集団では遺伝的浮動の効果が大きく，多少個体の生存率や産仔数を損なう突然変異であっても適応進化のプロセスに反して集団内に広まることもあります。この中立進化あるいは遺伝的浮動のプロセスにおいても，変異と遺伝に加えて，個体が入れ替わる「選択」という要素が重要な役割を担っています。

変異と遺伝と選択という前提が揃うことにより，集団は世代を経るにしたがって絶えず変化していきます。この変化を進化と呼び，前提が揃いさえすれば進化は必ず生じる現象です。進化には善悪はもちろん何かにとっての良し悪しもありません。半世紀ほど前まで，生物はそれぞれの種を維持し，繁栄させ，保存するための様々な性質を進化させていると考えられていました。最後の選択の定義で出てきた遺伝的浮動のように，進化が生じると生物の何らかの機能が向上するとは限らないのですが，それでも実際の生物にみられる様々な性質を見た当時の人々は，個体の利益よりも種あるいは集団の利益を優先するような性質が進化しうると解釈してきました。このような認識を覆した研究が血縁選択理論[5]と進化ゲーム理論[6]です。血縁選択理論の登場によって，個体が何らかのコストを払ってでも遺伝子を共有する他個体に利益をもたらす利他行動（Altruistic behavior）を適応進化によって説明できるようになりました。同様に，進化ゲーム理論は，相互作用する他個体の性質によって個体の利得（生存率や資源獲得量，産仔数など）が決まる時，一見集団の利益を最大化しているようにみえる行動（資源をめぐって激しく争ったりしない）が，実際には個体の利益の最大化によって説明できることを示しました。これらの理論研究の進展によって個体の利益よりも集団の利益が優先される条件は狭い範囲に限られていることが示されています。以降では進化ゲーム理論の研究成果をご紹介しながら実際に集団の利益が損なわれる例について見ていきましょう。

### (2) 性比の進化理論

多くの生物で生まれてくるオスとメスの数はほぼ等しいことが知られています。多くの動物のオスは1個体で多数のメスが子を産むのに十分な量の精子を提供でき，オスは子育てに参加せず子供の数は概ねメスの数に依存するため，単純に考えれば少数のオスと多数のメスを産む方がオスとメスを同数ずつ産むよりも子孫繁栄のためには良いはずです。つまり実際の生物で観察される子供の中の雌雄の比（性比）は種の保存や繁栄のために起こっているとは考えにくい現象です。進化ゲーム理論はなぜ1:1の性比が進化できたのかを説明してくれます。性比がなぜ1:1になるのかはロナルド・フィッシャーが著書『自然選択の遺伝学的理論』[7] で解説したことから，以下の議論はフィッシャーの性比理論と呼ばれますが，類似の議論はチャールズ・ダーウィンの『人間の由来』の初版[8] にも登場しており，フィッシャーの著書が出版された時点で研究者の間では一般的に受け入れられていたと考えられています[9]。

ある個体が産んだ子供が成熟して繁殖しようとするとき，配偶に成功するかどうかは周囲にどのくらい異性がいるかに依存するため，周囲の他個体がどのような性比で子供を産んでいるかによって，自分の子供が配偶に成功するかどうかが左右され，結果として孫世代がどのくらい生まれるかが変化します。議論を簡単にするため，親から見て息子と娘はどちらも同程度に繁殖コストがかかると仮定します。つまり息子を1匹多く産もうとすると娘を1匹減らさなければなりません。集団中のメスがそれぞれ $B$ 匹の子供をメスの割合 $s$ で産み，突然変異によってメスの割合 $s_{\mathrm{m}}$ で産むメスが1匹だけ現れたとき，突然変異メスが残せる孫の数の期待値（繁殖成功度）$W$ は $s$ と $s_{\mathrm{m}}$ の関数であり，

$$W(s_m, s) = B^2 s_m + B^2(1 - s_m)\frac{s}{1 - s} \tag{1}$$

と表せ，右辺第一項は娘由来の孫の数，第二項は息子由来の孫の数を示し

ています。娘は生まれれば配偶競争を経ずとも確実に孫を残してくれますが，息子は生まれたのち，集団中の他のオスと，メスとの配偶をめぐる競争を経て，配偶に成功してから孫を残します。この配偶競争の効果を示すため，右辺第二項には集団全体の性比 $s/(1-s)$ がかけられています。メスよりもオスが多ければ，すなわち $s$ が小さければ，配偶競争が激しくなり，$s/(1-s)$ が小さくなって，息子由来の孫が減ります。逆に $s$ が大きければ，オスよりもメスが多いため配偶競争が緩和され，$s/(1-s)$ が 1 よりも大きくなって，息子由来の孫が増えます。ここでは集団が十分に大きく，集団全体の性比は突然変異メスの産む子供の性比 $s_\mathrm{m}$ の影響を受けず，それ以外の大多数のメスが産むオスの割合 $s$ にだけ依存していると考えています。もし $W(s, s) > W(s_\mathrm{m}, s)$，すなわち集団中の性比が $s$ の時，突然変異遺伝子の性比 $s_\mathrm{m}$ よりも既存遺伝子の性比 $s$ の方がより多く孫を残せるのであれば，この突然変異で生じたオス割合 $s_\mathrm{m}$ は集団内で安定して増えることができず，選択の過程で集団から取り除かれてしまうでしょう。逆に $W(s_\mathrm{m}, s) > W(s, s)$ であれば，突然変異遺伝子は集団中で増加し，既存の遺伝子と置き換わります。とりうる全ての $s_\mathrm{m}$ に対して $W(s, s) \geq W(s_\mathrm{m}, s)$ であれば，$s$ はどのような突然変異遺伝子が発生しても進化によって形質が変化しないことになります。このような状況を進化的に安定な状態（Evolutionary stable state: ESS）と呼びます。$W(s_\mathrm{m}, s)$ を $s_\mathrm{m}$ の関数として最大値を求めるため，偏微分すると，

$$\frac{\partial W}{\partial s_m} = B^2 \frac{1-2s}{1-s}$$

となります。この式から $s = 1/2$ の時，極値をとる（値が0になる）ことがわかります。すなわち，メスとの配偶をめぐるオス間競争の効果 $s/(1-s)$ が打ち消される（1 になる）時，$s_\mathrm{m}$ の値によらず $W(s, s) = W(s_\mathrm{m}, s)$ となるため，雌雄が 1：1（$s = 1/2$）で進化的に安定することがわかります。$s > 1/2$ の時，$s_\mathrm{m}$ の単調減少関数となるため，$s$ はより小さい $s_\mathrm{m}$ によって置き換わ

り，逆に $s < 1/2$ の時，$s_m$ の単調増加となり，$s$ はより大きい $s_m$ によって置き換わります。このように娘を多く産んだ方が集団の増殖率を高めるにもかかわらず，息子由来も含めた孫の数の最大化が進化の結果として生じるため，初期の性比がいくつであったとしても進化のプロセスを経ることで 1：1 性比に近づいていくことが理論上予測されます。

フィッシャーの性比理論に矛盾はなく，現実世界でも機能していそうに思えますが，異なるメカニズムによって 1:1 性比が生じている可能性を排除できないため，この理論で想定したメカニズムが現実の 1:1 性比をもたらしていると結論付けることはできませんでした。ウィリアム・ドナルド・ハミルトンは，フィッシャーの性比理論を拡張することで，寄生蜂などで見られる極端にメスに偏った性比から 1：1 性比まで説明できる理論を示し，実際の生物の性比を用いて検証する方法を提示しました[10]。

寄生蜂に限らずアリやハチの仲間（膜翅目）は，受精卵がメスになり，未受精卵がオスになる単数倍数性という性決定システムをもち，一般にメスが交尾で得た精子を貯精嚢に蓄え，産卵の際に受精を調整することで子供の性別を産み分けられることが知られています。このような生物であれば，実験によって，理論予想に対応した性比調節を行うかどうかを検証可能です。また，寄生蜂の仲間には 1 個体の宿主に複数の卵を産み付ける種がおり，幼虫は宿主の体を食べて成虫になり，そのまま宿主の体の近くで同じ宿主から出てきた個体同士で交尾を行う種類が知られています。このような状況では同じ宿主から生まれた息子の間でメスとの配偶をめぐる競争（Local mate competition：局所配偶競争）が生じます。宿主に 1 匹の寄生蜂しか産卵しないのであれば，息子は全ての娘が交尾できる必要最低限の数だけ産むことで孫の数が最大化されます。つまり，極端にメスに偏った性比で子供を産む性質が進化すると考えられます。

局所配偶競争の状況を一般化して進化的に安定な性質を推定するため，フィッシャーの性比理論と同様に数式を組み立ててみましょう。1 個体の宿主に $n-1$ 匹のメスがそれぞれ $B$ 匹の子供をメスの割合 $s$ で産み，1 匹の

突然変異遺伝子を持ったメスが$B$匹の子供をメスの割合$s_m$で産むとすると，突然変異メスの繁殖成功度$W$は，

$$W = B^2 s_m + B^2(1 - s_m)\frac{s_m + (n-1)s}{1 - s_m + (n-1)(1-s)}$$

となります。右辺の第二項にある分数がフィッシャーの性比理論における$s/(1-s)$よりも複雑化することで，局所配偶競争の効果を組み込んであります。分母と分子は，宿主の上で生まれてくるメスの割合とオスの割合をそれぞれ表しており，全部で$n$匹の寄生蜂のうち，$n-1$匹のメスが子供をメスの割合$s$で産み，1匹の突然変異遺伝子を持ったメスが子供をメスの割合$s_m$で産むため，このような式となっています。先ほどと同様に$W$を$s_m$の関数として偏微分して最大値を求めます。その際，進化的に安定な状態であれば$s_m = s$の時に$W$が最大となることから，

$$\frac{\partial W}{\partial s_m}\Big|_{s_m = s} = \frac{2ns - n - 1}{n(s-1)} = 0$$

となり，

$$s = \frac{n+1}{2n} \qquad (2)$$

が得られます。式(2)から$n$が十分に大きければ1：1性比が，$n$が小さい場合にはメスに偏った性比が予測され，宿主に1匹の寄生蜂しか産卵しない場合($n=1$)は，全ての娘が交尾できる必要最低限の数だけ息子が産まれると予測されます。実際の寄生蜂の状況はもう少し複雑でさらに理論の改良が行われていますが，1個体の宿主に1から10匹程度の寄生蜂に産卵させると，理論予測通り，寄生した蜂の個体数に応じてメスに偏った性比から1：1性比に近づく方向へ変化することが確認されています[10], [11]。

性比理論は，生物が種の存続とは無関係に，それぞれの個体が自分の遺

伝子をなるべく多く将来世代に伝える性質を進化させていることを示しています。性比の場合はメスをめぐるオス間の配偶競争の強度に応じて進化的に安定な性比が決まっていました。宿主に1匹の寄生蜂しか産卵しない場合（1個体由来の子供たちだけで繁殖集団を形成している場合）は，個体の利得（繁殖成功度）を最大化させる性比が集団の増殖率を最大化させる性比と一致しますが，一般的に相互作用する各個体が自らの利得を最大化しようとする状況では，集団の増殖率のような利得の総和は最大化されないことが進化ゲーム理論の研究から予想されます[12]。

配偶競争によって生じる性比の進化は増殖率，個体数の動態に大きな影響を与えます[13]。仮に宿主が常に一定数供給されるとすると，寄生蜂の個体数が増えれば，宿主あたりの寄生蜂が増え，性比が1:1に近づき，個体数が増えにくくなると予想されます。逆に寄生蜂の個体数が減れば，宿主あたりの寄生蜂が減り，性比がメスに偏ることで個体数が増えやすくなると予想されます。すなわち，個体数の変化が配偶競争の強度を変化させ，性比が進化する方向を切り替えることで個体数の動態に負のフィードバックをもたらします。この負のフィードバックがあることで，個体数が安定する効果が生じます。個々の生物種の集まりが生物群集であり，生物群集に生物以外の環境を加えたものが生態系でした。生態系の主要な構成要素である個々の生物種の個体数が進化によって安定的に保たれるのだとすれば，個々の生物種の進化によって生態系全体の機能も安定するかもしれません。このような進化プロセスと個体数動態の相互作用は近年，生態学の重要なトピックとなっています[14], [15]。

進化が生じるには変異，遺伝，選択が必要です。遺伝と選択という性質が生物から消失することはありませんが，変異についてはなくなりうることを農作物の例で紹介しました。性比についても変異がなくなってしまうと進化が生じなくなってしまい，個体数を安定化させる機能が失われる可能性があります[13]。生息密度に応じた性比の進化によって個体数が安定するには，十分な個体数によって集団中に様々な性比で子供を産む個体（変異）が維持されているか，十分な速度で突然変異が発生して常に異なる性比で子供を産む個体が供給されなければなりません。実際にシミュレーションを行うと，個体数が少ない場合には確率的に絶滅が生じることがわかっています。これは個体数が減ったときに，より有利なメスに偏った性比で産む個体がたまたまいないという状況が起こり，さらに個体数が減ることにより繁殖という突然変異を起こす試行回数が減ってしまうため，新たな突然変異が生じる確率が減ってしまうことに起因します。確率的な絶滅を避けるためには，進化が生じるだけの十分な変異を維持する必要があり，そのためには一定程度の個体数を維持する必要があります。

現実には1個体の宿主が100匹のハチに寄生されるほどの高密度になることは起こりにくく，また，多くの動物の性比が1:1であることを考えれば，性比の進化だけで生態系を安定させることは難しいと考えられます。ただし，種内の個体間相互作用の結果，個体数増加率に負のフィードバック効果がもたらされるという構造が生態系の内部で普遍的であれば，生態系全体の安定性や機能の維持に貢献しているかもしれません。種内の個体間相互作用があり，進化ゲーム理論が機能する状況さえあれば，個体数が安定するため，似たようなメカニズムが他にも存在することが期待されます。

### (3) 嫌がらせの進化理論

別の事例として嫌がらせ行動について考えてみましょう。動物ではオスがメスに対して執拗に求愛したり，配偶時にメスを傷つけたりする嫌がらせのような行動（Sexual harassment）が知られています[16]。これらの行動は生まれてくる子供の数が減ってしまったとしても，競争相手となる他のオスよりも配偶機会を高め，そのメスが産んでくれる自分の子供の割合を高める機能を持つと考えられます。植物でも類似の現象が予想されており，花の柱頭で花粉が他の花粉によって受精される可能性を抑制している可能性が指摘されています。個体数を安定化させるという視点で見ると，この現象もまた性比と同様に進化によって個体数の安定化に寄与するメカニズムとして機能しうるように思われます。なぜなら，このような嫌がらせは同種のオス（配偶をめぐるライバル）が多い状況では自身の子供を増やす効果が大きい一方で，ライバルが全くいない状況では折角の配偶の機会が得られても，嫌がらせによって配偶で得られる子供の数が減ってしまうからです。個体数の増加が配偶をめぐるライバルの増加をもたらし，嫌がらせが激化するような進化が起こった結果，増殖率が下がって個体数の増えすぎを抑えるかもしれません。逆に，個体数が減った時にはライバルも減って，嫌がらせをする性質が集団から取り除かれる進化が起き，結果として増殖率が上がって個体数の減りすぎを防いでいるかもしれません。

ここでは嫌がらせの強度について進化的に安定な状態を予測するため，性比理論の時と同様に数式を組み立ててみます。ここでは，雄蕊と雌蕊の両方を持つ両性花の植物集団を想定します。この植物はいくつかのパッチ状に分布し，それぞれのパッチの中で花粉は全ての個体から全ての個体へ等しく分配されると仮定します。各パッチにいる $n-1$ 株がそれぞれ嫌がらせの強さ $x$ の花粉を生産し，突然変異株が嫌がらせの強さ $x_m$ の花粉を生産する時，突然変異株の残せる種子数の期待値（繁殖成功度）$W$ は

$$W = F\left[1 - \frac{x_m + (n-1)x}{n}\right] + nF\left[1 - \frac{x_m + (n-1)x}{n}\right]\frac{x_m}{x_m + (n-1)x}$$

となります。$F$ は株あたり種子数，右辺第一項は雌蕊由来の種子数，第二項は花粉由来の種子数です。性比理論の時と同様に $W$ を $x_m$ の関数として偏微分し，$x_m = x$ とおいて，

$$\frac{\partial W}{\partial x_m}|_{x_m=x} = \frac{n-1-(n+1)x}{nx} = 0$$

となり，ここから，

$$x = \frac{n-1}{n+1}$$

が得られます。この進化的に安定な嫌がらせが実現した時，個体あたりの種子生産数は$2F/(n+1)$となり，個体数$n$が増えるにしたがって個体あたりの種子数が単調に減少していくという予測が得られました。

性比の進化による個体数の安定化効果と比べ，嫌がらせによる個体数の安定化効果はより強力で，性比では個体数がどんなに増えて高密度になったとしても，理論上は増殖率が半減で済みますが，嫌がらせは高密度になると増殖率が0に漸近します。実際には配偶相手がほとんど繁殖できないほど嫌がらせを行うとは考えにくく，様々な動植物における嫌がらせの観察事例とも一致しないため，今回の数式には何らかの非現実的な仮定が含まれていると考えられます。今回は現実の植物の状況を極めて単純化したものであり，実際の植物での検証には更なる改良が必要であると言えます[16], [17], [18]。

## 3 課題と展望

進化は必ずしも個体や集団の性質を改善するとは限らないことを，性比や嫌がらせといった例を挙げながら紹介してきました。また，これらの性質の進化が個々の生物種の個体数を安定化させる負のフィードバック機構として機能しうることも示しました。これらのメカニズムは比較的最近見つかったばかりで，地球上に存在する生態系において，進化が負のフィードバック機構としてどの程度の効果をもたらしているのかなど，まだまだわからないことだらけです。しかし，生物進化による個体数調整メカニズムをうまく活用することができれば，これまで困難だった小規模閉鎖生態系を安定化させることができるかもしれません。また別の視点で見れば，進化することによって生物はその増殖率を損なってしまう可能性があるということですから，あえて進化しない状態，変異がない選抜され育種された生物だけで生態系を構築することで生産性の高い状態を維持できるかもしれません。

小規模閉鎖生態系を構築するために地球上の生態系を模倣することも重要ですが，小さくするということは，それだけ複雑性を簡略化する必要があるということでもあります。古くは1967年にマッカーサーとウィルソンが著書『島嶼生物地理学の理論（The theory of island biogeography）』[19]で示したように，一般に面積が広い島ほど生物の種数は多くなることから，狭い空間では安定して養える生物の種数が少ないことが予想されます。性比の進化シミュレーションが示したように，十分な個体数が維持できない場合には進化が起こるために十分な変異がなくなってしまう可能性があり，結果として確率的に絶滅が生じてしまいます。限られた空間ではごく少数の生物種しか維持できないため，地球上の生態系を模倣するにしても限度があります。また地球上の生態系とはかけ離れた歪な構造の生態系を作ろうとすると何処かに無理が出てきてしまう可能性があります。例えば，森林生態系で観察されている生産者から食物網へ流れるエネルギーの内訳において，生食連鎖と腐食連鎖の比率が1:9であったことから，単純に腐食連鎖を取り除き生食連鎖だけを利用した生態系を構築しようとすると，同程度の高次消費者バイオマスを維持するために9倍程度の生産者バイオマスが必要になるかもしれません。同時に腐食連鎖が適切に駆動しない場合は泥炭のように系の内部で資源が利用しにくい形態で蓄積してしまったり，蓄積してしまった資源を利用して予期しない分解者が過剰に増殖してしまったりする恐れがあるため，植物枯死体を別途処理するシステムが必要となりそうです。

これらのアイデアはまだ実際に検証作業が行われているわけではなく仮説の段階であり，現状では単なる思い付き，妄想に過ぎません。一方であらゆる生物は必ず進化してしまう性質を持っていることから，進化を適切に理解したうえで，上手く制御する技術は，小規模閉鎖生態系を安定的に維持するために貢献できるでしょう。

## 参考文献


[1] Cebrian, J. (1999) Patterns in the Fate of Production in Plant Communities. *The American Naturalist, 154*(4): 449–468. https://doi.org/10.1086/303244

[2] 吉村剛，板倉修司，岩田隆太郎，大村和香子，杉尾幸司，竹松葉子，徳田岳，松浦健二，三浦徹（編）(2012)『シロアリの事典』海青社.

[3] MacArthur, R. (1955) Fluctuations of Animal Populations and a Measure of Community Stability. *Ecology, 36*(3): 533. https://doi.org/10.2307/1929601

[4] May, R.M. (1972) Will a Large Complex System be Stable? *Nature, 238*(5364), Art. 5364. https://doi.org/10.1038/238413a0

[5] Hamilton, W.D. (1964) The genetical evolution of social behaviour. I. *Journal of Theoretical Biology, 7*(1), Art. 1. https://doi.org/10.1016/0022-5193(64)90038-4

[6] Maynard Smith, J. and Price, G.R. (1973) The Logic of Animal Conflict. *Nature, 246*(5427): 15–18. https://doi.org/10.1038/246015a0

[7] Fisher, R.A. (1930) *The genetical theory of natural selection.* Clarendon Press. https://doi.org/10.5962/bhl.title.27468

[8] Darwin, C. (1871) *The descent of man, and Selection in relation to sex, Vol 1.* John Murray. https://doi.org/10.1037/12293-000

[9] Edwards, A.W.F. (1998) Natural Selection and the Sex Ratio: Fisher's Sources. *The American Naturalist, 151*(6): 564–569. https://doi.org/10.1086/286141

[10] Hamilton, W. D. (1967) Extraordinary Sex Ratios. *Science, 156*(3774), Art. 3774. https://doi.org/10.1126/science.156.3774.477

[11] Herre, E.A. (1985) Sex Ratio Adjustment in Fig Wasps. *Science, 228*(4701): 896–898. https://doi.org/10.1126/science.228.4701.896

[12] 岡田章（2011）『ゲーム理論』有斐閣.

[13] Kobayashi, K. (2017) Sex allocation promotes the stable co-occurrence of competitive species. *Scientific Reports, 7.* https://doi.org/10.1038/srep43966

[14] Svensson, E. I. (2019) Eco-evolutionary dynamics of sexual selection and sexual conflict. *Functional Ecology, 33*(1): 60–72. https://doi.org/10.1111/1365-2435.13245

[15] Yamamichi, M., Kyogoku, D., Iritani, R., Kobayashi, K., Takahashi, Y., Tsurui-Sato, K., Yamawo, A., Dobata, S., Tsuji, K., and Kondoh, M. (2020) Intraspecific Adaptation Load: A Mechanism for Species Coexistence. *Trends in Ecology & Evolution, 35*(10): 897–907. https://doi.org/10.1016/j.tree.2020.05.011

[16] Kobayashi, K. (2019) Sexual selection sustains biodiversity via producing negative density-dependent population growth. *Journal of Ecology, 107*: 1433–1438. https://doi.org/10.1111/1365-2745.13088
[17] Iritani, R. (2020) Gametophytic competition games among relatives: When does spatial structure select for facilitativeness or competitiveness in pollination? *Journal of Ecology, 108*(1): 1–13. https://doi.org/10.1111/1365-2745.13282
[18] Kobayashi, K. (2020) Conditions for kin selection to bring cooperation and improve population growth: A response to Iritani. *Journal of Ecology, 108*(1): 14–16. https://doi.org/10.1111/1365-2745.13281
[19] MacArthur, R.H. and Wilson, E.O. (1967) *The Theory of Island Biogeography*. Princeton University Press.

PROJECT REPORT

# Space Camp at Biosphere 2 実習

東京理科大学薬学部　平嶺和佳菜

みなさんは，地球の自然というと何を思い浮かべるでしょうか。青く広い海，深い緑の森，私たちを支えている土――。これらの地球の自然を人工的に作った「閉鎖人工生態系」があるのです。その名も「Biosphere 2」（図 1）。このコラムでは，私が参加した Biosphere 2 での実習「Space Camp」の体験をもとに，Biosphere 2 とはどんなところなのかをお伝えしていきます。

Space Camp とは，宇宙に関する幅広い分野を泊りがけで学ぶプログラムです。Space Camp at Biosphere 2（SCB2）は 2019 年に京都大学大学院総合生存学館の山敷庸亮教授と当時宇宙総合学研究ユニット特定教授だった土井隆雄特定教授･寺田昌弘特定准教授らによりスタートし，現在は SIC 有人宇宙学研究センターが運営している宇宙教育プログラムで，全国の学生を対象とした公募・面談を経て参加者が選定されています。私は第 4 期生として参加することになり，日米各国代表の学生5人とともにアメリカの Biosphere 2 で実習を行い，地球生態系や人工生態系について学びました。なお，隔離生態系 Biosphere 2 を学ぶ前に，地球生態系そのものを学習する Biosphere 1 での実習も 2020 年より行われており，我々第 4 期生はその研修も行っております[*1]。

---

＊1　2021 年の SCB2 第 3 期生は新型コロナウイルスの影響でアリゾナ大学 Biosphere 2 での実習を行うことができず，国内で Biosphere 1 すなわち地球生態系を直接学ぶフィールドワークを行っています。海洋実習として和歌山県白浜・田辺湾で船舶からの水質調査や，森林実習として京都府にある芦生原生林での実習，砂漠（乾燥地）実習として鳥取大学乾燥地研究センターおよび鳥取砂丘で実習を行いました。また，海洋と森林の両方を備えた国内実習の一つとして屋久島と種子島での実習も行われています。Spaceology-NewsLetter_20220314_V2.4（innovationkyoto.org）

図1　Biosphere 2

図2　Rainforest (熱帯雨林)

アメリカのアリゾナ州にあるBiosphere 2の大きさは16万平方メートル，東京ドーム約3つ分という世界最大の人工隔離生態系です。Biosphere 2には海洋バイオーム，熱帯雨林，サバンナがあり，その自然現象を人工的に作り上げています。名前にsphereと入っているのは，外と壁で隔たれ，扉を全て閉めて，外気と一切触れない状態にしても，その生態系の独自性を保つことができる環境ということを意味しています。どのようにその生態系を保っているのかを見てみましょう。

まず初めに熱帯雨林をご紹介します(図2)。図1のBiosphere 2全体像の左側に見えている建物です。熱帯雨林はピラミッド型をしており全面ガラス張りになっています。高さは地面の土から17.9mあり，この熱帯雨林は6階建ての建物くらいの高さがあることになります。

大きなガラスに囲まれた森では外からの雨は入ってくることができません。そこで1週間に2回，定時になると，天井のスプリンクラーから大量の水が降り注ぎます。その雨により，植物は育ち，土の中にいる微生物たちも生きていくことができるのです。ちなみに，閉鎖されているので，外から酸素を送り込むことも受け取ることもできません。植物は光合成や呼吸を行うことは予想がつくかもしれませんが，土の中にも微生物がおり，それらも呼吸を行っています。これらから吸収されたり排出されたりする酸素と二酸化炭素の量もすべて計算されているというのですから，驚きです。

図 3　Ocean（海）

Biosphere 2の海洋バイオームは，あまり大きくありません。約20m × 35mなので25mプールを一回り大きくしたようなイメージです（図3）。しかしこの海は一番深いところで約7mあり，魚がおり沈水植物も生えています。そしてその中ではサンゴ礁の育成の試みも行われています。サンゴ礁は海の森林と言われるように，地球の海の生態系の多様性を担っています。Biosphere 2は様々な大学が研究を行う場所としても活用されており，海のpHが低下することによるサンゴ礁の変化をみることも行われています。今後の地球環境の変化によりどのような現象が起こるのか，そのシミュレーションが行われているのです。海洋バイオームのサンゴ礁は過去に一度全滅しており，その維持の困難さがうかがえます。

Biosphere 2の砂漠は低木の生態系を模しています（図4）。ここの土壌は乾燥地帯でみられるさまざまな段階，すなわち未熟な砂丘の砂から粘度，炭酸塩，塩分が蓄積された土壌までを含んでいます。植物の多くは砂漠に生えているものであり，食料用の植物は他で育てていました。

Biosphere 2で一番重要な部分と言っても過言ではないのは，気圧を調製す

図 4　Desert（砂漠）

る「Lung」と呼ばれる場所です。すべての扉を閉めて閉鎖状態にした場合，建物内の気圧は温度によって変化します。太陽がよく当たるお昼時は建物内の空気が温められ，気圧が上がります。もし何も対策をしなかったら，気圧で内側から空気が押され，ガラスは破裂してしまうでしょう。このような気圧の変化に対応するためにあるのが Lung です。Lung は二重のドームのような形になっており，外のドームは硬い素材，内側の壁と天井を繋ぐ部分はゴムでできています。海や砂漠，森林の自然エリアとは別の建物ですが，空気の通り道はつながっており，自然エリアからの空気は外側のドームと内側のドームの間の空間との間を行き来することができます。自然エリアの気圧が上がると，Lung のゴムにより二重構造の間の体積が大きくなることで，自然エリアにあった空気を Lung に呼び込みます。また，夜になり気圧が小さくなった場合には，Lung にあった空気が自然エリアの方に流れ込みます。このユニークな構造により，自然エリアの気圧を常に一定に保つことができるのです。

Lung の素晴らしいところは，動力として電気を使用していないことです。このため，電力供給がなくなったとしてもこのシステムは動き続けます。さらに，火星など，電力などのエネルギーを得ることが困難な場所においても，このシステムを活用し，気圧を調節することができるのです。

このBiosphere 2でCampを行うにあたり，私たちは一つのゴールをもっていました。それは「火星にBiosphere 3を設計する」というものです。みなさんの中には「Biosphere 2があるということはどこかにBiosphere 1があるのではないか」と考えた人がいるのではないでしょうか。正解です。では，Biosphere 1は何なのか。答えは地球です。そして，地球を人工的に作ったのがBiosphere 2なのです。私たちのゴールは，その3つ目を火星に作るということです。しかし，Biosphere 2と全く同じものを火星に作るということではありません。火星の環境や限られたエネルギーを使って，さらに自然が果たす役割を最大限に活用できるよう設計していくことが最大の目的です。

そこで，人工的に生態系を維持するためにはどのような装置が必要なのか，自然のどのような部分を活用しているのかを学ぶため，Biosphere 2で実習を行いました。

熱帯雨林では，そこに生えているすべての木の周囲を測定し，木の炭素量を計算しました（図5）。木の周囲を測定することにより，その木がどれくらい二酸化炭素を吸収し，酸素を出しているのかを計算することができます。それを測定することができれば，人がいる空間内に何本木を植える必要があるのかを知ることができるのです。熱帯雨林での実習は過酷でした。じめじめと蒸し暑く，地面もぬかるんでいるため，少し歩いただけで汗が止まりません。メンバーの1人が穴のようなものに挟まってしまい2人がかりで引っ張り上げたり，ぬかるみのせいで転びそうになり手をついたところが針だらけの木だったりという，思いがけないアクシデントもありました。Biosphere 2の施設長によると，毒のある植物はないから全く問題ないとのことでしたが，針が刺さったメンバーの指が日に日に腫れていくのを見て本当に心配になりました。（施設長の言うとおり，大事に至ることなく治ったようです。）

海の実習では，ボートに乗り，沖側と海岸側の2点でpHや温度，溶存酸素量（DO）などを測定しました。

自然を人工的につくり，それを維持するには莫大なエネルギーと費用がかかります。自然エリアと同じくらい大きなLungが必要だったり，熱帯雨林の下に

図５　熱帯雨林での実習
（木の周囲を測定）

も温度，湿度を調製する大きな機械が常に作動していたり——。これらの生態系を保ち続ける地球の自然のバランスは計り知れないと感じた実習でした。みなさんも地球の自然を人工的に作り上げようとしたらどのような設備が必要なのか，どれくらいの費用がかかるのかをぜひ一度考えてみてください。莫大な項目について考えなければならないことに気が付くでしょう。そして答え合わせがしたくなったら，Biosphere 2を訪れてみてください。きっと地球の自然をもっと愛することができるようになるはずです。

# Part 3

ルナグラス

# コアテクノロジー

CORE TECHNOLOGY

Chapter 1

# 人工重力と月面・火星での居住施設

京都大学大学院総合生存学館
鹿島建設株式会社イノベーション推進室　**大野琢也**

本章では，人類が地球外天体で居住するにあたり大きな障壁となると考えられる低重力への解決策として，人工重力施設を検討します。火星や月面で低重力を楽しみに行くのに，なぜ地球並みの重力「1G」が必要なのか。それは，我々の健康を支えているのが重力だからです。まず，無重量（無重力）状態は非常に不便であり，危険でもあります。例えば，水を飲むにもコツが必要で，コップの水やシャワーでの窒息の可能性があります。また，物体が床に落ちないことから，鋭利な破片が浮遊し続けるといった危険性があります。さらに，水滴浮遊を放置すると，電気系統への接触による漏電事故の原因ともなります。そもそも日常生活，特にトイレをイメージするとその不便さは理解しやすいでしょう。以上のように，重力は少しでも必要なのです。次に，月面や火星での地球の数分の 1 といった低重力環境ですが，医学界等の研究により，世代交代や生物学的成長，そして長期滞在に根本的な問題がある可能性が示唆され始めています。数十億年も 1G 環境で進化してきた生物には，やはり地球並みの重力が必要なのではないか，と考えられるのです。

ところが，本当の意味での重力は人為的に発生させることはできません。地球規模の天体を準備するか，1Gで加速し続けることが必要となり，技術的に不可能な話です。そのため重力の代わりに回転による遠心力を利用した疑似重力（以下，この章では人工重力と呼びます）を検討したいと思います。人工重力の効能は不便さを解決するにとどまらず，世代交代や子供の成長といった人類の宇宙居住にとって必須のコアテクノロジーとなる可能性を秘めています。遠心力を利用した人工重力の構想は古くからありますが，この章では地球環境1G相当の重力が必須であろう，ということを前提に施設の検討をすすめ，さらに無重力空間だけではなく，月面や火星のような天体上での構築，あるいは天体間の移動中，さらには超重力惑星ではどのような施設が可能であるか検討してゆきます。

# 1　低重力という課題

## (1) 生物学的発達

人類が宇宙空間や，月，火星に住む日は目前に迫っています。研究者，旅行者が恒常的に宇宙を往来する時代には，それを支えるメンテナンス・スタッフや，ホテルなどのサービス・スタッフも常駐する必要に迫られるでしょう。駐在が長期化すれば，そのご家族も滞在することとなるかもしれません。つまり，近い将来“一般家庭”が宇宙で暮らす時代になっていると考えられます。

宇宙進出の目的のひとつに低重力の利用があります。無重量環境では医薬品の製造や新材料の開発が期待されています。また，旅行者が頻繁に往来し，かつ長期間暮らせるようになると無重力を利用した新しいスポーツなどが考案されるでしょう。そして，1/6Gの月面は地球では経験できない，新しいアミューズメントの可能性を秘めています。月面でのバンジージャンプや水泳など，地球とは全く違った体験となるでしょう。3/8Gの火星においても跳躍力等，超人の感覚が味わえるでしょう。しかしながら，その快適さには落とし穴があります。

低重力下の長期滞在についての医学的な研究は，まだ十分されていませんが，明らかに問題があることが徐々にわかってきています。また，宇宙飛行士により，無重量環境での長期滞在が身体に及ぼす悪影響が数多く報告されています。そのひとつに，骨格への負担が軽すぎることから，骨の健康が損なわれることがあげられます。そして，骨髄で作り出される血液の健全性にも影響がある可能性があります。つまり，無重量状態では成人の体の維持ですら問題がある可能性が高いのです。さらに，世代交代，誕生，成長となるとその課題はもっと深刻です。無重量下での実験で繁殖の成功が確認されたのはメダカ，両性類であり，鳥類であるニワトリ，小型哺乳類では繁殖が難しいことが確認されています。また，2017年のISS小型哺乳類実験により，人工重力があれば，正常に誕生可能なことが示されました。月面の1/6Gや火星の3/8G下で人の誕生がうまくいくのかどうかは誰にもわかりませんし，実験するわけにもいきません。また，誕生できても低重力下では正常な発育は望めないでしょう。人類の生物学的な発達にとって地球並みの重力は根本的に必須かもしれないのです。

この場合，私が危惧する解決策のひとつとして，重力がどうしても必要な成長段階のみ遠心分離機による小型人工重力施設での揺籃装置で育てる方法があります。そして，ある程度成長した後は薬や運動施設による身体維持が可能かもしれません。しかしながら，機械的な小型装置内での成長は親子の分断にもつながり，決して理想とは言えないでしょう。そのような未来を避けるためにも，我々はより自然な生活空間，「場としての1G空間」を提供したいと考えています。

### (2) 人類の分断

20世紀は国家規模でのみ可能であった宇宙開発も，21世紀に入り資本調達の手法が多様化し，企業どころか個人ですら可能となってきました。

広大な宇宙空間への各個の進出は，コミュニケーションの希薄さを拡大する恐れがあります。さらに，低重力下で成長すると，地球では自力では立てない体になるかもしれず，脚力の弱い「月面人」，「火星人」を生むことになる可能性があります。そうなると往来は自然と制限され，これらが相まって人類は分断されるかもしれません。

1000年超の超長期では深宇宙に広がり各地域で人類が分化していくことは避けられないかもしれませんが，人類の遠い未来のためにもここ数百年は地球圏としてのコミュニティを強固なものとすべきと考えます。地球人としての一体感を持って宇宙進出するのでなくては，紛争の遠因になる可能性があります。反駁，軋轢をできる限り避けられるような，その先の平和裏な進出の礎を構築しておかなければ，遥か将来の人類の行く末を暗くしてしまうことになりかねません。宇宙人になぜ出会わないか，という議論において，知的生命は高度文明を築くようになると環境破壊やその最たる戦争によって自滅するからではないか，ということも言われています。人類にとって，幸福に宇宙に出ることができるかどうかが真に知的生命と言えるかどうかの試験紙であるのかもしれません。宇宙へうまく進出することができたならば，人類は過去よりも未来により豊かな歴史を刻むことになるでしょう。そして，それを左右するのは，この宇宙進出の起点である今であり，現在は人類にとって極めて大切な歴史的分水嶺に当たると考えます。

### (3) 人工重力施設による解決策

以上のような理由から低重力の課題を克服する解決策として，我々は宇宙空間や月面，火星面において地球環境1Gに近い疑似重力を発生する，回転による遠心力を利用した「人工重力」施設を各宇宙拠点のハブとして建設することを提案したいと思います。できれば日常的に暮らせる施設とすることが理想ですが，全員が暮らすことができない初期は天体来訪時あるいは地球帰還前の一定期間過ごすだけでも，リハビリの場，コミュニケーションの場として人類の結束を促すことになるでしょう。建設は，各国が協力しなければできないような難しいプロジェクトであるため，国際的な結束を促す必要があります。

将来的には宇宙居住者全員が人工重力施設で暮らすことを目指します。この施設を月面，火星上，あるいはそれらの衛星軌道に設けることにより，基本的な生活は地球近似の重力場で暮らし，仕事や研究，レジャーを行う時にだけ，月や火星ならではの低重力，宇宙空間での微小重力を楽しむようにできれば理想的でしょう。この施設によって，人類は安心して子供を産み，いつでも地球に帰還できる身体の維持が可能となり，月や火星に長期的に住んでもまた地球に戻れるという本当の複域居住（マルチハビテーション）が実現すると考えます。

さらに天体間を結ぶ「人工重力」移動施設により「人工重力ネットワーク」の構築が有用であると考えています。“1G は人類のアイデンティティ”という認識の下，我々は人類の宇宙進出を支える人工重力施設が場所ごとにどのような設計手法が可能であるか検討を重ねてまいりました。それらを以下にご紹介させていただきます。

## 2 人工重力施設

### (1) 歴史と構想

遠心力を利用した人工重力の考案は，ロケットの父と呼ばれるツィオルコフスキー（1857 ～ 1935）にまでさかのぼります。その後，ハーマン・ヌールデュング（1892 ～ 1929），ジョン・デスモンド・バナール（1901 ～ 1971），フォン・ブラウン（1912 ～ 1977）などによって同様の原理による回転系の施設が提案されていますが，映画「2001 年宇宙の旅」（1968 年公開）によって広く知られるようになりました。さらに日本ではアニメの題材とされたことにより，ジェラルド・オニール（1927 ～ 1992）によるスペース・コロニー（1969 年）が有名です。

オニール氏のスペース・コロニーは，回転するバケツの水がこぼれ落ちない原理を利用し，回転する巨大な円筒を疑似重力場とし，その中に人を住まわせようという計画でした。直径 6.4km，全長 32km の円筒に数百万人が暮らす土地を構築するという提案です。この壮大な理想郷は，その壮大さゆえに実現性に懐疑的な意見が多くみられます。しかしながら，このような施設が人類の未来に必須と考える人たちは少なからず存在し，ジェフ・ベソス氏（1964 ～）もそのひとりです。2019 年 5 月 9 日にブルー・オリジンからオニールの提案と同等スケールのスペース・コロニー案が示されました。航空宇宙企業ブルー・オリジンの設立者ジェフ・ベソス氏は，アマゾンの設立者でもあり，J・オニールに師事し，スペース・コロニー建設を目指していると言われています。

人工重力は水の入ったバケツを回すだけで再現できるように，その原理と実現は難しいものではありません。遊園地の回転ブランコも実は人工重力施設です。実現性は規模の問題であり，都市スケールでは難しくとも，建築スケールなら現代の技術でも可能ではないでしょうか。

### (2) 重力の代替となりえるか

アインシュタインは重力下と加速状態は見分けがつかないとする等価原理を唱えました。そこで加速度の一種である回転系の向心力の反力としての遠心力を重力に見立てることが可能となるわけです。ただし点では等価かもしれませんが，これが液体，固体，気体からなる広がりを持った空間となるといろいろ事情が異なります。そして，どの程度の角速度，半径，形状が人間の生活にとって快適域かを見極める必要があります。どうしても快適域に設計できない場合は，体の動かし方の作法を工夫する必要があるかもしれません。いずれにしても宇宙で構築する前に，まずは地上での実験施設での検証が必須であると考えます。地球上での人工重力施設は

1G 以上にはなりますが，それでも快適性の確認はできると考えます。

また，そもそも 1G が必須かどうか，という問題もあります。もしかしたら，0.8G でいいかもしれないし，火星程度の 1/3G でもいいのかもしれません。これは今後の研究を待ちたいところですが，実際に人間で実験するわけにはいかない以上，しばらくは 1G を目指した研究を続ける必要があると考えています。

## 3　無重力下での人工重力

### (1) タイププゼロ（限定加速度設計）

まず，地球衛星軌道のような無重量空間で考えてみます。遠心力のみによって 1G を創りだすので，半径に応じて角速度が決まります。これを基本形という意味で，円筒建築（シリンダーアーキテクチャー）タイプゼロ，と呼ぶこととし，この設計手法を限定加速度設計と呼ぶこととします（図 1）。

このタイプゼロの場合，すべての床で 1G を目指すため，半径は一定となります。これを建築スケールとした例，「宇宙の劇場」を図 2 に示します。床面は円筒形となり，ステージが下にも上にもある空間となります。遠心力によって水面も円筒を描き，水面からは太陽光を反射させた自然光を導いています。ここは宇宙でのみ可能な空間です。窓から地球を眺めながら様々なイベントに利用することが考えられるでしょう。

### (2) タイプワン（許容加速度設計）

完全に 1G にこだわった場合，純粋に円筒となり床は単層でしかなく，地上でいえば平屋と同じとなります。これでは設計に制限が多く，移動にも不便をきたします。そこで，1G から多少のブレを許容した場合を検討

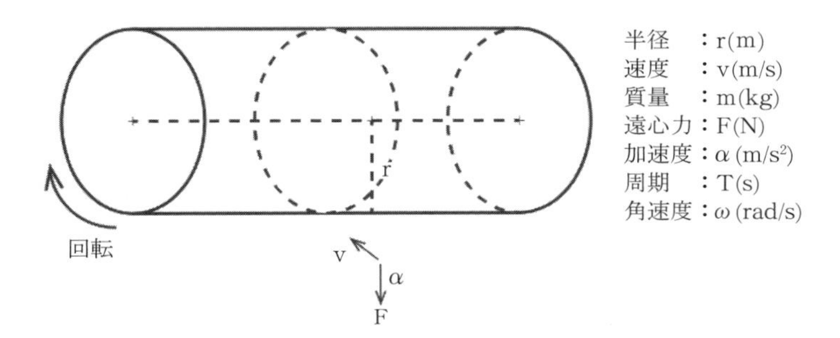


$F=m\cdot\alpha$, $vT=2\pi r$, $\omega=\frac{2\pi}{T}$ より,

$F=m\cdot\alpha=m\frac{v^2}{r}=mv\omega=mr\omega^2$　　……①

$\alpha=1G$（一定）とすると，r によって v，ω，T が決まる。

図 1　回転建築基本形

図 2　宇宙の劇場タイプゼロ

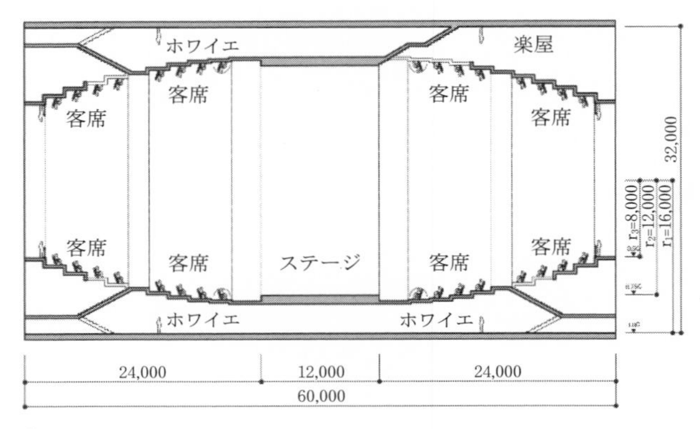


①より

$F = m \cdot \alpha = mr\omega^2$ ……②

角速度一定の場合，半径の変化に伴って，加速度，遠心力が変わる。

$r_1 = 16(m)$ → 1G と設定すると

$r_2 = 12(m)$ → 0.75G

$r_3 = 8(m)$ → 0.5G

図３ 宇宙の劇場タイプワン断面

したいと思います。角速度が同じ場合，半径を変化させると感じる重力は異なることとなりますが，ここでは多層階の発想が可能となります。半径が 1G を再現する場所より小さくなると体重が軽く感じ，大きくなると重く感じるようになります。これをタイプワンとして，劇場に応用すると，図３のような断面が可能となります。これにより立体的な設計の自由度が大きくなり，観客席に角度を設けたり，楽屋や，ホワイエをステージの下層に設け，下階から演技者が現れるというような，3 次元的な演出が可能となります。

これを完成予想図としたものが図４です。遠心力の違いによって，それぞれの床の用途も適したものを想定することとなるでしょう。この手法を駆使することにより，いろいろな用途の，表現豊かな宇宙建築が可能とな

図４　宇宙の劇場タイプワン

ります。遠心力の許容範囲をどのように設定するか，そして，足元と頭の遠心力の差をどの程度におさえれば快適であるか，今後研究の余地があります。この設計手法を「許容加速度設計」と呼ぶこととします。

## 4 天体上での人工重力

### (1) グラス建築

遠心力を利用した1G人工重力は，1G以下の惑星，衛星でも可能です。少量のワインを入れたグラスを用意し，グラスを回転させるとワインがグラスに沿ってせりあがってきます。1G以下の天体で回転を上げていくと重力と遠心力の合力が1Gとなるポイントが発生します。天体の重力は一定で，目指す合力が1Gとこれも一定ならば，必要な遠心力も一定となります。このため，このポイントでのワイン面と，その天体の地表面のなす角度は必ず一定となります。つまり，天体ごとに地表面となす角度が固有のものとなります。そして合力（仮想重力）を法線とするラインを結ぶと断面は二次曲線を描き，天体固有のグラス形状が現れることとなります。上記のポイントを火星では「マーズ・ポイント」，月では「ルナ・ポイント」，そのポイントで地表面となす角度を「マーズ角」，「ルナ角」と呼ぶこととます。そして現れる二次曲線を「マーズ曲線」，「ルナ曲線」と呼ぶこととします。

グラス形状の建築という現代の人には大変奇抜な外観ですが，100 年後の子供達がみれば，どの施設が月面で，どの施設が火星の住居であるか判別できるかもしれません。

### (2) マーズグラス

火星では「マーズ角」は図 5 のように 67.8 度となります。ここでは半径 100m，火星上に建設されることを想定して設計しました。この施設（図6）においては角速度が一定なので，図 7 のように半径と傾きが同一の場所に 1G のポイントが現れ，1G を再現する多層階建築が可能となります。この施設の場合は同一床面に遠心力差が発生し，0.8G から 1.2G までを許容範囲として設計しています。

また，人間には精神衛生上，自然の木々，水の流れが必要でしょう。無味乾燥な場所にこのような施設を建設することができたなら，宇宙になんの興味もない家族が火星へ行くことになったとしても，しばらくは飽きることなく，楽しく過ごしていただけるのではないでしょうか。大量の水は資源としての水のストックであり，生態系の基盤であり，かつ重力場を可視化する装置でもあります。水面は重力に従って形を変えるため，回転軸が視覚化でき，酔い防止等のために体の動かし方に制限があった場合に，どのように動けばよいかを教えてくれます（図 8，9）。

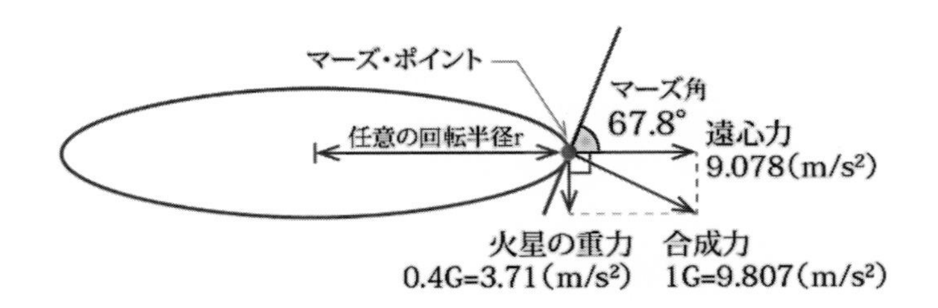


図５　マーズ角

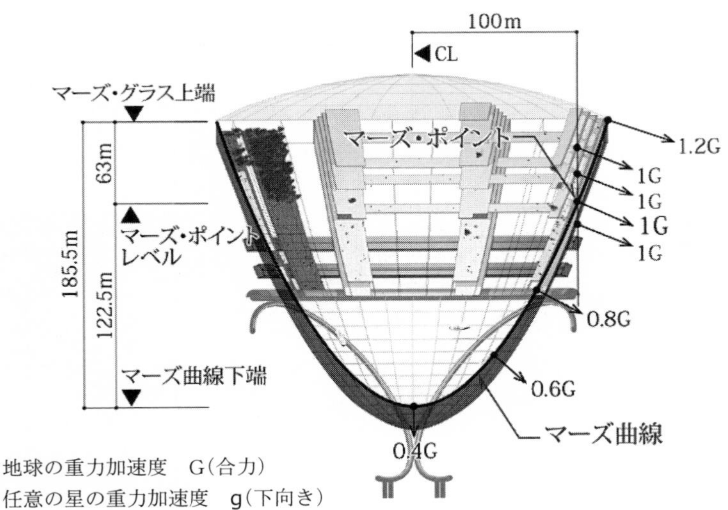


図６　火星住居施設

地球の重力加速度　G（合力）

任意の星の重力加速度　g（下向き）

遠心力　$\alpha = r\omega^2$（横向き）

とすると

$$\alpha = \sqrt{(G^2 - g^2)}$$

また，$\frac{dY}{dX} = \frac{\omega^2 X}{g}$ より

$$Y = \frac{\omega^2 X^2}{2g} = \frac{\alpha}{2gr} X^2 = \frac{\sqrt{(G^2 - g^2)}}{2gr} X^2 \quad \cdots\cdots ③$$

ここで，

合成加速度 9.807（m/s²）

火星の重力加速度 3.710（m/s²）

とすると，マーズ曲線は，下記の二次曲線で表わされる

$$y = \frac{1.223}{r} x^2$$

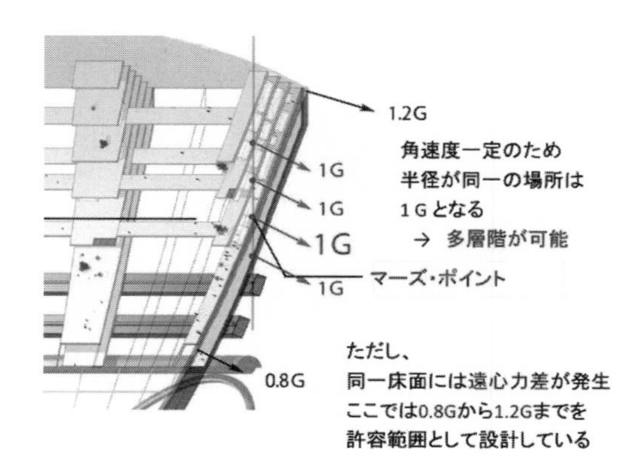


図７　火星住居施設詳細

図８　マーズグラス鳥瞰

図９　マーズグラス内観

### (3) ルナグラス

月面では，表面重力1.62 ($m/s^2$) に回転力を加え，合成力を地球上の重力9.807 ($m/s^2$) とします。直角三角形の2要素が確定されているので，必要な回転による遠心力は9.672 ($m/s^2$) と導かれます。月面で合成力1Gを得るためには，力の合成図は必ずこの直角三角形形状（図10）となり，月面と床のなす角度は80.5度（ルナ角）となります。ルナグラス全体像は図11

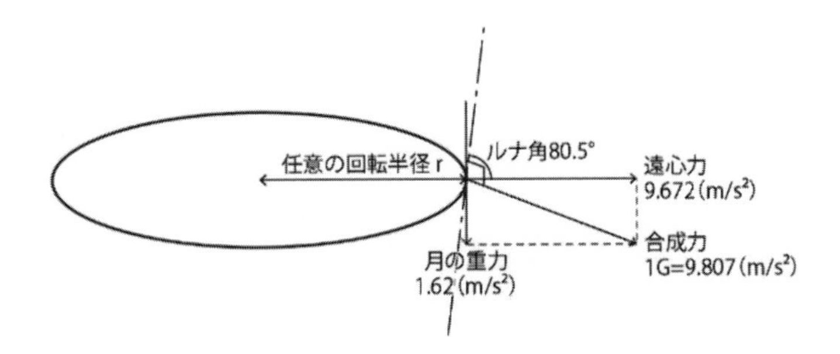


図 10　ルナ角

図 11　ルナグラス概形

の形状となります。1G を目指すと天体ごとに固有の形状となることが特徴です（図 12）。

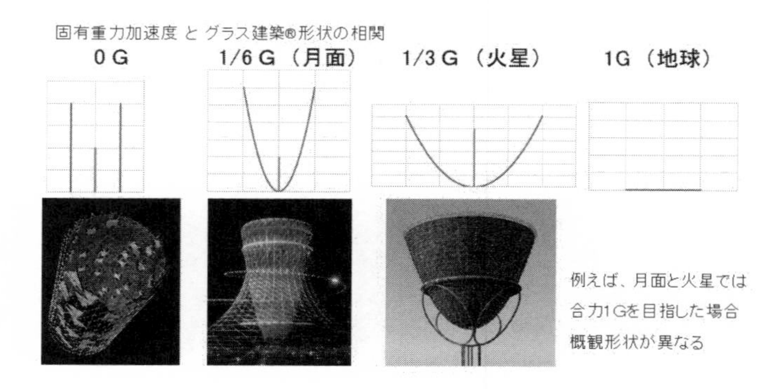


図 12　人工重力施設概形

# 5 グラス建築間の交通機関

輸送・交通には，コストと環境破壊の問題があります。人工重力施設は回転を利用しているため常に運動エネルギーを持っています。回転による運動エネルギーを利用し，また位置エネルギーとの変換によって，エネルギーロスの最小化を目指すことが必要です。また，月面や火星面を乱さないようにすることも大切でしょう。この 2 点を実現するため，有軌道による交通施設を提案します。

月面の場合，ローバーでの走行や，噴射式での移動の場合，地面を乱し，かつ，粉塵をまき散らすことになります。46 億年もそっとしてあった地表面の物理的，エネルギー的価値や史的な価値の重要さを十分に理解しないまま，むやみにかく乱することは避けるべきと考えます。さらに粉塵がひとたび舞い上がれば収まるのに大変な時間がかかることが容易に予測されます。

よってここでは，幹線の有軌道化を提案したいと思います。回転系建築の回転力を利用し，レール，ケーブル等による有軌道に沿って，回転力を直進運動に変換し，さらに位置エネルギーと運動エネルギーの交換によって，遠方あるいは上下方向へエネルギーロスを最低限とした交通機関が可能となります。軌道を介すれば，エネルギーのロスは摩擦によるものだけとなります。軌道の設計については，道路の設計等に用いられるクロソイド曲線等を応用し，人に快適な加速度，および加加速度（躍度）の検討が必要となるでしょう。結果，快適なジェットコースターのような乗り物を楽しめる時代が来ると思います。

## 6 UZUMEでのグラス建築

### (1) 宇宙放射線，隕石の遮蔽

宇宙建築の大きな課題に，有害な宇宙放射線や隕石衝突の危険性が伴うことが挙げられます。宇宙空間や大気がほとんどない月面では，生命に有害な放射線が直接地表に達し，また隕石などの物理的衝突は，容易に破壊的ダメージを与えるでしょう。幸いにも近年，日本の探査衛星カグヤによって月面に縦孔が発見され，その奥に広がると考えられる空間が天然のシェルターとして利用できるのではないかと注目されています。この空洞は溶岩孔であると考えられており，この溶岩孔の探査や活用構想はUZUME（Unprecedented Zipangu Underworld of the Moon）と呼ばれています。さらに火星でも溶岩孔と思われるものが発見されているため初期基地計画の候補地として注目されています。

天然のシェルターである月の溶岩チューブは，数億年の隕石衝突を耐えしのいだ実績から十分な強度を持つと考えられます。溶岩孔は現在，月面に10個程度見つかっており，中でも月面探査機カグヤによって発見された3つの縦孔は大型であり，月面基地建設に適していると考えられます。この中でも「静かの海」に位置するものを選定し，施設計画の可能性を検討しました。理由は地球が見える位置にあること，つまり地球からも観測可能であること。そして，その開口径，深さが最大であり，地中の空間も最大級と予想されるため建築計画がしやすいと考えられるからです。人工重力施設は快適さを確保するためには回転半径を大きくとる必要があるため，横方向に大きな空間を要します。小さい回転半径で，1Gとすると角速度が大きくなりすぎ，不快であると言われています。半径100m以上として，1分間に3回転以下に抑えると不自然無く暮らせるのではないかという研究があります。溶岩チューブ内に建設される人工重力施設は，人類の月面での活動を大きく飛躍させ，地球との往還可能な心身を維持し，人類の結束を再確認する場を提供することを目的とします。施設の要素は，エアロック，人工重力施設，それぞれをつなぐ交通機関，そしてインフラからなり，施設構成はおおよそ図13のように考えました。

### (2) 溶岩チューブ

溶岩チューブは，堅牢性があり，天井面，壁面は溶岩の熱によりガラス質化しており気密性も高いと予想されています。つまり，天然のシェルターであるばかりでなく，閉塞面はエアロックとしての機能も期待できます。また，月表面では昼夜の温度差が昼+120度～夜−150度と大きな温度変化を伴うのに比べ，地下空洞内は約+30度～約−20度程度と比較的安定しており，温度変化が少ないと予想されます。温度変化が少ないことは，金属系を主材料とする機械類にとってとても都合がよい環境となります。月面（宇宙空間）施設の課題と溶岩チューブの利点の対応を下記に示します。

- **放射線暴露**

  宇宙空間での暴露状態では，人体に危険な放射線があらゆる方向から飛来する。

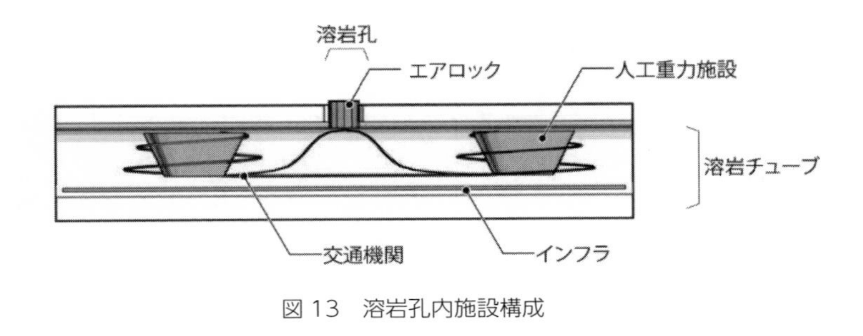


図 13　溶岩孔内施設構成

→　溶岩チューブ内では，放射線に対する遮蔽性が高いと考えられる。

- **隕石の衝突**

外部では隕石などによる物理的破壊の危険がある。

→　溶岩チューブ内では数億年の隕石飛来に耐え，強度が確保されていると考えられる。

- **気密性**

月面上は，ほぼ真空であり，空気の閉じ込めが難しい。

→　溶岩チューブの天井面，および側壁は気密性が高いと考えられる。

- **温度変化**

大気が極めて希薄なため，昼夜の温度差が激しい。

→　溶岩チューブ内では比較的温度が安定している。

設計にあたり，まず，溶岩チューブの大きさを想定しました。「静かの海」に発見された溶岩孔は直径約100m，月表面よりの深さ約107m，空洞天井部厚み約47m，空洞深さ約60m，その地下に広がる空間は孔直下よりも20m程度は最低限あり，さらに奥へと広がっている可能性があるとされます。

### (3) 月溶岩チューブ内での人工重力施設

次に，人工重力施設の月の溶岩チューブ内部での計画を検討します。主たる居住区域である人工重力施設が最重要施設となり，月面居住者は日常は，この人工重力施設で暮らすことが想定されます。月面での一般市民の生活が始まる頃には，サービス業，メンテナンス業等，宇宙特有の業務以外の業務従事者が増えるということになります。その時に一般の人が普通に暮らせる空間が必要で，かつ，地球にいつでも戻れる心身の維持が大切となり，そのための人工重力施設を構築します。

ルナグラスについて，空洞内に設置可能な大きさを検討します。先ほど想定した，溶岩チューブ内にルナグラスの相似形を重ねあわせ，可能な最大寸法を決定します。ここでは，直径 140m，高さ 45m が可能であると考えました。

月の溶岩チューブ内部における人工重力施設諸元は次の通りとなります。

ルナ・ポイント上の半径：70m
施設高さ：45m
上端合成力：1G
下端合成力：約 0.9G
周期（1 回転に要する時間）：16.9 秒
ルナ・ポイント接線方向の速度：26.01（m/s）
角速度：0.371（rad/s）

### (4) 遮蔽限界と配置計画

次に平面配置計画を検討します。大きなエレメントは溶岩チューブ内の出入口に設置するエアロックと人工重力施設となります。月面はほぼ 0 気圧ですが，空洞内は 1 気圧とし人間の生活に支障の無いように設定します。その差圧1気圧をエアロックで対応しますが，隔壁の負担を減らすために例えば2段階に分けることにすれば，それぞれ0.5気圧差に対応すれば良いこととなります。また，地球の1Gの重力下では，真空は大気圧によって10mの水を持ち上げる力がありますが，月面上1/6Gでの1気圧は60mの水盤を持ち上げる力があります。よって，エアロックは何段階にするか，重しをどのように設定するか，などが検討課題となります。移動手段や，防災についても考慮しておく必要があるでしょう。

エアロックは空洞との接点に設けることが最も効率的と考えられるため，溶岩孔開口付近に設けることとしました。ただし，この部位は遮蔽されない空間のため，長期滞在の施設は避け，通過空間としています。

次に，遮蔽限界を検討します。開口付近は宇宙空間に暴露された遮蔽されない空間のため，放射線や隕石の飛来を直接受けます。よって，重要施設である人工重力施設は溶岩チューブの天井，側壁によって外部環境から遮蔽されている遮蔽限界内に設ける必要があります。

今回の空洞の場合，孔中心から250m程度が遮蔽限界と考えられるため，人工重力施設の中心は，孔芯より400mの位置としました。

さらに空洞が2方向に広がるとして，その一方を娯楽施設エリアに，もう一方を業務エリアに設定します。そうすることで，単調になりがちな宇宙空間，月面空間での変化を明確にできると考えました。こうして設計した溶岩孔内ルナグラスは図14のようになります。

### (5) 都市化と避難計画

月面では太陽フレア活動により10年程度の再現期間で，現在の人工物では遮蔽しきれない放射線が降り注ぐ可能性があります。その場合，月面のあらゆる場所から溶岩孔内，または放射点から月面の反対側へ逃げる必要に迫られます。つまり，月面都市拡張計画は許容避難時間内に避難可能な計画を策定しつつ検討されるべきであると考えられます。つまり，動かせない重要施設は最初からUZUME内に設置。そしてUZUMEを中心に，

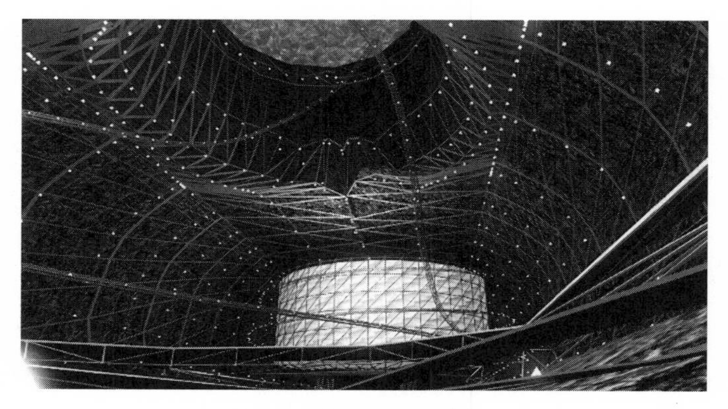

図 14　溶岩孔内ルナグラス

拠点を置きながら都市を拡張していくことが必要となります。都市拡張計画と避難計画はセットで考えなくてはならないでしょう。宇宙は人類共通の財産であるという宇宙法の趣旨からも，この溶岩孔は人類のきわめて重要な共有財産であることを確認し，人道的立場からこの地を占有することをゆるさない枠組みの構築が必要であると考えます。

## 7　都市型グラス建築

### (1) 人工重力都市（火星）

ここでは，人口増加に伴って，火星を都市化することを考えました。都市計画的には図 15 のように，人工重力施設を擁する居住区とは別に工業区を設けることを考えました。工業区は無人化することで，遮蔽は最低限とし，球形の外板に設置されたレンズによって太陽エネルギーを集積し，区域内を過テラフォーミング状態とします。蓄積された熱は，地下の氷床

図 15　火星都市

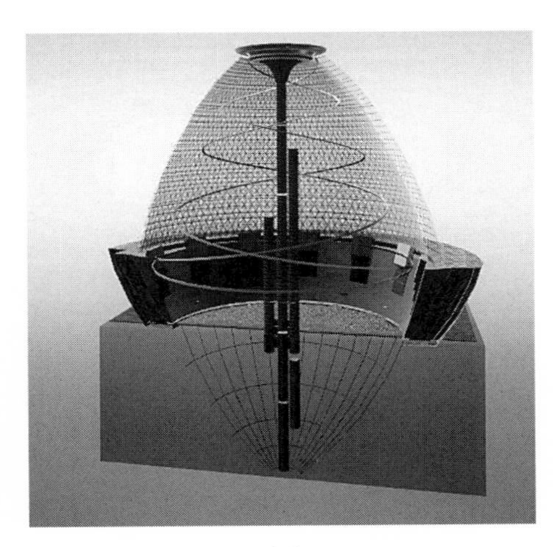

図 16　マーズグラスシティ

やドライアイスの融解に利用し，インフラ配管にて，熱や水蒸気などを居住区へ移送します。1つの火星都市については，数千人規模の大人数が住むことを想定し，かつコリオリ力等の違和感を極力軽減するため，人工重力の回転半径は大きくとることとしました。今回計画の規模は，回転半径約400m，施設高さは火星地面から800m，地下400mと設定し図16のような概観としました。

### (2) 火星都市居住区

火星都市の構成は火星地面から高さ方向200mまでの回転施設を内包する袴部分，上部天蓋部，地下部からなります。居住区は火星地面に直接設置する部分と，回転式の人工重力エリア，天蓋から懸垂された超高層部分に分かれます。人工重力を発生させるために回転させるのは，袴部分にある居住区のみです。天蓋の頂点にはヘリポートを設置し，他の施設との空の交通のハブとします。ヘリポートは，頂点の位置エネルギーを運動エネルギーに変換した場合，ちょうど人工重力施設のレベルにおいて，失われた位置エネルギーによって回転速度と同じ速度を得ることができるように設定しています。

### (3) 天蓋（遮蔽ドーム）

ドーム内環境で宇宙服なしで暮らすことを想定すると，内部気圧は1気圧としなくてはなりません。火星については大気圧が，地球の約1/100と希薄であるため，内外気圧差ほぼ1気圧。これは10t/m$^2$に当たるため，空間が大きければ大きいほど，ドームを押さえ込むだけの強大なテンションが必要となることを意味します。今回の計画では外壁をダブルスキンとすることで，それぞれの気圧差を1/2とすることを考えています。さらに膨張圧力を押さえるために，テンションワイヤーで全体を包んでいます。小さな三角形で表面を分割することで，テンションワイヤーを3方向に配置します。地面と水平方向はテンションリングとして完結させることを想定しています。地面に向かうワイヤーについては地中に深く潜らせて，施設の地下部分で連結し，地面に反力をとるようにします。

二重ドームの外部側は主として，外部からの小型の飛来物程度には耐える構造とし，内部側は放射線遮蔽のため，高吸水性ポリマーに水分を含ませたものを配置しています。二重ドームとしておけば，この吸水ポリマーのメンテナンスが，中央の空間から可能となり，火星大気の外乱の影響を受けずに作業が可能となります。また，施工の時に下から順につくる場合，内部側のドームを足掛かりとして，外部を作り，また外部を足場として，内部を作ることで，無足場での大空間ドームの施工を意図しています。

## 8 加速移動中の人工重力施設

### (1) 概要

ここでは宇宙旅行へ敷衍可能な人工重力施設を検討してみます。乗り物の場合，停止状態から加速状態，一定速度，減速，停止の変化があり，これに対応した設計が求められます。天体間飛行ともなるとその加速時間は，地上での飛行機や列車などに比べてかなりの長期となることが予測されます。その加速状態を利用して，人工重力の足しにすることを考えます。つまり，一定の加速度下にある場合，一定の重力下にあるのと同じこととなります（アインシュタインの等価原理）。つまり，グラス建築の手法が利用できることとなります。一定加速度状態では，相応の変形機構を用いることで快適さを向上することが可能です。一見SF的な話ですが，長期的に移動する空間では検討しておくべき課題であると考えます。つまり，移動時においても，地球，衛星，惑星他地球外天体，およびそれらを結ぶネットワークすべてにおいて，地球相当の人工重力施設を実現することによって，マルチハビテーションが可能となり，人類は宇宙大航海時代を安定的に迎えることができると考えます。

### (2) 一定速度時（停止状態を含む）

宇宙空間では何に対して停止か，ということはありますが，ここでは内部の居住者が進行方向への加速を感じない状況と考えます。この場合，無重力空間での人工重力施設のため，地球近似の人工重力を得るためには，回転力を利用した円筒建築と同じ状況となります。

### (3) 一定速度時から加速する場合

回転型人工重力施設を加速する場合，施設内部の人からみると，坂道にいるような感覚となり，後ろに転がる力を受けます。この力は人に対してだけでなく，当然モノに対しても働くため，非常に都合が悪いです。これに対応するためには床を傾け，法線方向に力が働くように調整する必要があります。つまり，加速とともに羽を展開してゆく構造が必要となります。合成力と床面を直交させるためには，特定の加速度状況，例えば地球以下の重力を持つ惑星上のグラス建築の考え方がそのまま応用できます。つまり，移動施設では，進行方向に加速する場合，後方が地面と想定したグラス建築と同じ状況となります。

### (4) 加速する人工重力施設の設計

この移動施設では進行方向の加速度が増すにつれて，遠心力は減じる制御を行い，合成重力が 1G 近辺となるような調整が必要となります。以上より未来の人工重力移動施設は加速度に応じた変形機構を持ったものとなります。また，減速時はこのウイング展開機構を前後逆転することとなります。こうして設計した例を図 17 に示します。

図 17　加速時の人工重力施設

# 9 超重力天体での重力調整施設

## (1) 次なる地球へ向けて

いずれは来る地球の寿命を超えて，人類が存続することが望まれますが，その時には本拠となる次なる惑星を探すことになるでしょう。すでに太陽系外惑星の探索が始まっており，5000 を超える系外惑星が見つかっています。その中でもハビタブルとされる惑星もいくつか見つかり始めています。ただし，観測技術の限界もあって，地球より大きいサイズの惑星であることがほとんどです。また，移動手段の限界から，地球からできる限り近いことも条件となるでしょう。その場合，資源確保としての惑星が地球サイズとは限らず，惑星の表面重力が地球の数倍であるかもしれず，一時的に地表に降りることができても，重力的にそこで永続的に暮らせる環境ではない可能性が高いのです。そこで，天体表面重力が 1G 以上の場合の重力調整施設を検討しておきたいと思います。今回はその一例として，木星での 1G 再現を検討しました。

### (2) 木星上空にリングを設ける場合

グラス建築は，天体重力と施設本体の回転による遠心力の合力を利用するため引き算はできません。よって天体表面重力が 1G 以上の場合，天体表面には 1G 環境の再現は不可能です。そこで，天体表面から離れるほど重力の影響が小さくなることを利用して，惑星を一周する形で上空にリングを貼ることを考えます。リング上で 1G となるリング半径があるはずです。リングは回転せず，遠心力は働かないものとしました。

例として木星の上空で 1G となるようなリング半径を求めてみます。

$$g = G\frac{M_J}{r^2}$$

g：地球上の重力加速度　9.8 (m/s$^2$)
G：万有引力定数　6.674 (m$^3$/kg s$^2$)
$M_J$：木星質量　1.8986 × 1027 (kg)

上記より

$$r = 1.137 \times 108\ (m)$$

となり，半径約 11 万 km となります。

つまり，木星半径約 7 万 km とすると，木星上空 4 万 km 付近にリングを構築すれば，1G 環境とすることができます。この場合の全長 (円周長) は 71 万 km となり，地球周長の実に 18 倍の長さにもなります。

### (3) 衛星イオから懸垂させる場合

木星の衛星イオでは，遠心力と重力が釣り合っており，イオにおいてはイオ自身の重力しか感じません。そこで，イオから木星に糸を利用して錘を垂らすと，その先端では徐々に木星の重力が支配的になります。

### 遠心力

回転半径：r（m）

速度：v（m/s）

質量：m（kg）

遠心力：Fc（N）

加速度：$\alpha$（$m/s^2$）

周期：T（s）

角速度：$\omega$（rad/s）

$$Fc = \frac{mv^2}{r}$$

$$= mr\omega$$

$$\alpha = v\omega$$

$$vT = 2\pi r$$

$$\omega = \frac{2\pi}{T}$$

$$v = r\omega$$

### 重力

2物体それぞれの質量：M，m（kg）

G：万有引力定数　6.674（$m^3/kg\ s^2$）

離隔寸法：rd（m）

$$Fg = G\frac{Mm}{{r_d}^2}$$

### 木星諸元

$M_J$：木星質量　1.8986 × 1027（kg）

$M_r$：木星半径　6.99 × 107（m）

gJ：木星表面の重力加速度　24.79 $(m/s^2)$
イオの公転半径：4.2 × 108 (m)

衛星イオでは遠心力と重力が釣り合っている　①
錘先端に受ける力　重力－遠心力＝1g　②

①，②より，重力－遠心力が1Gとなるポイントを求めると

r ＝ 1.12 × 108 (m)

前節のリング半径のやや下方（遠心力分の差），木星表面から上空4万kmまで下す必要があり，その糸の長さは31万kmにおよびます。ただし，懸垂施設に対してイオは十分大きいとして反力は考慮していません。

### (4) 人工衛星から懸垂させる場合

次に人工衛星から懸垂させる場合を考えます。人工衛星においても遠心力と重力が釣り合っており，人工衛星においては無重量環境となります。そこで，人工衛星から木星に糸を利用して錘を垂らすと，その先端では徐々に木星の重力が支配的になってゆきます。この場合は重心が，人工衛星位置に留まるように，カウンターウェイトを設ける必要があります。錘の位置に1G環境の懸垂型重力施設を設けた場合の位置関係を図18に示します。

木星表面大気の外乱を避けるため，木星表面1万kmとすると，施設自体の長さは2万kmとなります。カウンターウェイトを考慮すると，倍の4万km程度となります。この総延長は，地球の周長と同程度の規模となります。懸垂型重力施設の外観イメージを図19に示します。

＊　＊　＊

図 18　懸垂型重力施設概念図

図 19　木星上の懸垂型重力施設

今回の検討では人工重力施設の概念を示しましたが，実現に向けての検討がこれから必要となります。現地にどのような素材があり，どのような施工方法がとれるのか，地球からどうしても持っていかなくてはならない素材はなにかの選別が必要でしょう。基本的な構成要素，特に重量物は現地調達が基本で，カーボンナノチューブのような将来実現するであろう高い製造技術が必要で軽いものは地球から持っていくことになると思います。また，回転や生活に要するエネルギーはどのように賄うのか，常温超電導等新しい技術が無いと難しい課題もあり，問題は山積みです。ですが，人類の宇宙居住にとってこの施設しか方法がないとすれば，人類の英知を結集して実現するしかありません。さらに今回の検討においては，人工重力の原理を示したのみで，宇宙線暴露，気圧，気温等，重力以外の問題についての検討は十分ではありません。本来は，それぞれが絡み合う問題でもあり，総合的な検討が必要となります。また，1G にどこまでこだわるかについても議論の余地があると思っています。今後，長期的に多人数が宇宙空間での生活を始めるならば，生命体として最低限必要なことはなにか，この過渡期の現代にこそ十分な検討が必要であると考えます。

また，宇宙での建設の前に地球上で十分な検証を重ねておく必要があります。地球上での人工重力施設は 1G 以上の過重力施設となりますが，過重力がもたらす効能があるかもしれません。運動能力を高めることが可能かもしれませんし，代謝を上げ肥満解消，健康増進の効果もあるかもしれません。骨粗鬆症の防止につながれば，医療的な利用価値があります。このようにスポーツ施設，アミューズメント施設，医療施設を兼ね備えた実験的な施設により，快適性や実現性を十分に検証した上で次世代の宇宙建築を構想する必要があります。

20 世紀初頭建築家の描いた未来像は現代までの世界を牽引するものでした。技術に根差した，あるべき姿の提案が人類の未来を決定づける，そんな力を建築は持っています。私は建築設計を生業としておりますが，建築には夢があり，またそれだけに建築界に携わるものの責任は大きいと考えており，今後も建築の視点を持って宇宙建築に取り組んでいきます。未来は固定されたものではなく無限の可能性を持っています。しかしながら，より良いと思える未来を示すことなしに，理想の未来は訪れることはないでしょう。

## 参考文献


[1] Wakayama et al. revealed that in vitro culture under microgravity caused slower development and fewer trophectoderm cells than in 1G controls. 2009

[2] 大野琢也，栗原玄太，鈴木悠史，山本惇也（2018）「宇宙建築による複域居住（マルチハビテーション）と輸送」© 日本航空宇宙学会，第 62 回宇宙科学技術連合講演会講演集，JSASS-2018-43412905

[3] 春山純一（2016）『月の縦孔・地下空洞とは何か』ロビー出版.

[4] Takahashi, A. et al. (2019) Temporary loarding cancer progression and immune organ atrophy induced by tail suspension. ISTS, 2019-p-01

[5] Ono, T., Nagura, M. et al. (2019) Space architecture for multi-habitation and sky rail using centrifugal force, ISTS, 2019-p-07.

[6] Howe, A.S., and Sherwood, B. (2009) *Out of This World: The New Field of Space Architecture*, p133–138.

[7] Sogame, A. and Archit, J. (1999) Conceptual research on lunar centrifugal facilities. *Plann. Environ. Eng., AIJ*, NQ. 518, pp. 167–172 (in Japanese).

[8] ジラード・K・オニール（1977）『宇宙植民島』（1990 年完成，第二の地球，計画）

[9] 福江純（2000）『パソコン・シミュレーション　スペースコロニーの世界』（目で見る相対論Ⅲ）恒星社.

BOX

## 夢の宇宙輸送システム“宇宙エレベーター”

京都大学工学部物理工学科　青野郁也

宇宙エレベーターとは，地表と宇宙空間をケーブルで結び，人や荷物を載せた乗り物がそのケーブルの上を行き来する交通システムのアイデアです。構想自体は古くからあり，1979年刊行のアーサー・C・クラークの小説『楽園の泉』は宇宙エレベーターが登場した最初の小説と言われています。宇宙エレベーターの利点は，引かれたケーブルの上を移動するのでロケットより遥かに高効率で再利用性も高いことです。2023年現在，SpaceX社のロケット「Falcon9」で1 kgを地球静止トランスファ軌道（GTO）に上げるのに要する費用は約8000ドルですが，宇宙エレベーターを使えば1 kgを100ドル程度で上げられるのではないかと言われています。そうなると，50 kgの人間を上げるのに5000ドルと宇宙旅行も夢ではないオーダーになってきます。まだ構想段階であることをご承知おきの上，もう少し具体的に考えてみましょう。

基本的な構造としては，静止軌道上にステーションを建造し，そこから地表までケーブルを垂らしてきます。しかし，そのままでは地球の引力で落ちてしまうので，それを防ぐために遠心力を用います。カウンターウェイトをロープの先に付けて，静止軌道ステーションから反対に高度10万km程度までロープを伸ばすことでバランスをとります。地表側の基地は，外乱によるケーブルの移動に対応するために海上に浮かせるのがよいとされています。ケーブルを上下に移動する乗り物はクライマーと呼ばれることが多いです。駆動方式は電動モーターやリニアモーターなどが考えられています。もし平均時速200kmで移動できれば，地表から静止軌道まで約1週間です。ロケットに比べると遅いですが非現実的な数字ではありませんし，特別大きな加速度はかからないため人体にとっては楽です。ステーションは人工衛星や宇宙船の発着のために建造され，低軌道，静止軌道，高軌道と，目的によって高度を使い分けます。

ここで初めに思いつく重大な問題が素材です。10万kmの長さによる引っ張りに耐えるには鋼の100倍もの強度が必要になります。長年この問題が解決されず宇宙エレベーターは夢物語だと言われていましたが，1991年，日本の飯島澄男博士がカーボンナノチューブを発見したことにより突如現実味を帯びるこ

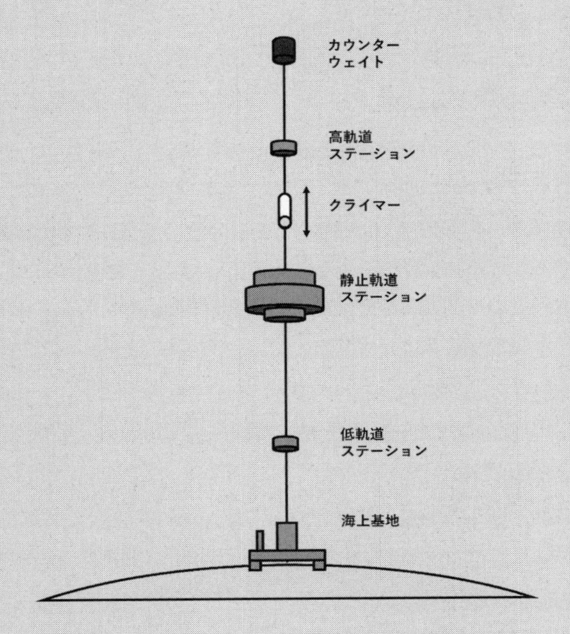


宇宙エレベーター想像図（縮尺は正確でない）

とになりました。カーボンナノチューブは鋼の約 6 分の 1 の密度でありながら，引張強度は鋼の約 100 倍であり，ケーブルに必要な特性を満たしています。10 万 km もの長さのカーボンナノチューブを作る技術は未だ開発中ですが，この歴史的発見で宇宙エレベーターの実現可能性は一気に高まりました。

では，宇宙エレベーターをつくるメリットには何があるでしょうか。まず 1 つはロケットより低コストで宇宙に行けるようになることです。ロケットは燃料を含めた自重を持ち上げるために大量の燃料が内部に必要です。しかし，クライマーの昇降はケーブルの上を外部から供給される電力で走るだけなので，ロケットより遥かに安く済みます。2 つめは輸送量です。2 基目以降は既にある宇宙エレベーターを用いて建造できるため，コストが 40% ほど削減できると言われています。そうして複数本のケーブルを用いるとその分多くのクライマーを走らせることができるため大量輸送が可能になります。

国際政治の観点からも議論が必要です。宇宙エレベーターの端の地球側をどこに設置するのかという論点です。ロケットより安価に宇宙へ輸送できるシステムというのは，軍事的にも経済的にも重要な役割を占めます。また，テロリズムの標的にもなりやすいと考えられるので保安上の対策も要します。

果たして宇宙エレベーターはいつ実現するのでしょうか。30 年後に実現しているかもしれないし，100 年経っても実現していない可能性もあります。それを決めるのは今これを読んでいるあなたかもしれません。

### 参考文献

B.C. エドワーズ（著），関根光宏（訳）（2013）『宇宙旅行はエレベーターで』オーム社.
石川憲二（2010）『宇宙エレベーター：宇宙旅行を可能にする新技術』オーム社.
佐藤実（2011）『宇宙エレベーターの物理学』オーム社.
日本宇宙エレベーター協会 https://www.jsea.jp/

BOX

# ヘキサトラック宇宙特急システムコンセプト

京都大学大学院総合生存学館　山敷庸亮

月・火星での生活が現実となり，経済活動を行うようになると，多くの人々がビジネスや観光でそれぞれのコロニー（居住集団）間を移動すると考えられます。その際に必須となるのが，長期間の移動時に低重力による健康影響を最小限とする交通システムです。ここでは，京都大学 SIC 有人宇宙学研究センターが提案している地球・月・火星惑星間軌道交通システム，ヘキサトラック宇宙特急システム（HEXATRACK Space Express System）をご紹介しましょう。これは鉄道システムを基本モジュールとした回転による人工重力交通機関であり，長距離移動においても 1G を保つことを想定しています。

月・火星・地球のゲートウェイは，それぞれの惑星を周回する無重力あるいは微小重力の衛星もしくは人工天体上に設置します。月面駅はルナステーションと称し，ゲートウェイ衛星を利用します。火星駅はマーズステーションと称し，人工天体もしくは火星の衛星フォボス上に設置します。地球駅は，テラステーションと称し，ISS の後継宇宙ステーションとします。

鉄道の車両にあたるのがスペースエクスプレス（宇宙特急）です。新幹線の車両サイズ（長さ 25m，幅 3.4m，高さ 4.5m）に収まり，かつ標準軌（1435mm のレール幅）での動力システムを持つ，3 両もしくは 6 両編成の鉄道車両です。宇宙空間への射出時には，それぞれの車両がバーで連結され，直進性を保ちます。真空中で 1 気圧を保つため，気密性は確保されます。拠点駅につくと，それぞれ 1 両ずつ切り離されます。先頭車両と最後尾の車両にはそれぞれロケット噴出装置を設置，宇宙空間で「加速」し，それぞれの惑星の重力圏を脱出します。また，大気のある惑星（地球・火星）での離陸・着陸には翼を広げ，揚力を利用します。月面上，火星上では，それぞれの拠点都市を結ぶ高速鉄道として運用されます。

月・火星から，拠点駅への列車の射出には，レールガン技術（リニアモーターカタパルト等での加速技術）を用います。最大射出速度が十分であれば，その後の加速は不要ですが，急加速による衝撃を避けるため，射出後，ロケットエンジンによる継続加速により各惑星の重力圏を脱出します。各惑星上では鉄道シ

BOX

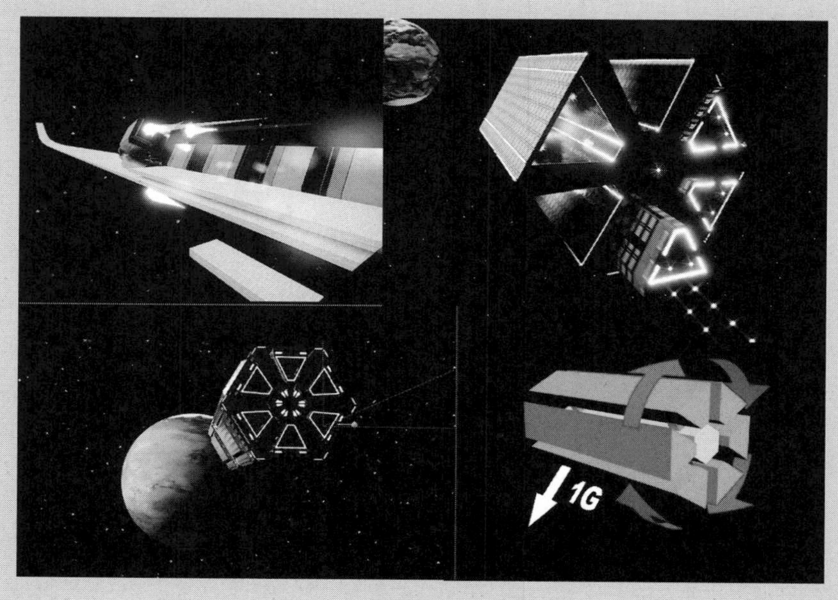


ヘキサトラック宇宙特急コンセプト

左上：スペースエクスプレスランチシステム，右上：ヘキサカプセルへの装填システム，
左下：火星に向かうヘキサカプセル，右下：ヘキサカプセルが回転して 1G を生み出すイメージ

ステムして稼働します。拠点駅でヘキサカプセルに収容され，乗客は列車内に搭乗したまま長距離移動が可能となります。

スペースエクスプレスが惑星間を移動する際には，それぞれの車両はヘキサカプセルに「装填」されます。ヘキサカプセルは，六角形の形状をもつカプセルで，中心部分に対しては移動装置が準備されており，それ自体が回転して人工重力を作ります。地球―月間の移動に利用する小型のミニカプセル（半径 15m）と，地球―火星間もしくは月―火星間の移動に利用するラージカプセル（半径 30m）があります。ラージカプセルは外枠が繋がっていない構造をしており，各車両からの人の移動には放射状の中心軸を利用します。月―火星間の移動ではヘキサカプセルが回転し，1G（半径 30m で，5.5rpm）を保ちます。

# Chapter 2

# 宇宙での循環システム構築

京都大学大学院総合生存学館　**市村周一**

## 1 宇宙開発における循環型社会の実現に向けた現状

### (1) 国際宇宙ステーションにおける物資補給の状況

昨今，SDGs（Sustainable Development Goals）（持続可能な開発目標）やESG投資（Environment（環境），Social（社会），Governance（ガバナンス））に代表されるように持続可能な社会の実現に向けた検討と取り組みに注目が集まっています。背景にあるのは，人類の活動に起因する気候変動・環境汚染・生物多様性喪失など自然環境への影響や，グローバルサプライチェーンにおける違法労働に代表される人権侵害など人間社会への影響であり，その対策を講じるためには各国や組織単位で取り組むのではなく，世界中の人々が地球を１つのエコシステムとして俯瞰し，地球人として共創していくことが求められています。

この地球の縮図とも言えるのが2000年から現在に至るまで長期にわたり人類が滞在している国際宇宙ステーションです。国際宇宙ステーションは，日米欧やロシアを含む15ヶ国が参画し，これまで数十回に分けて太

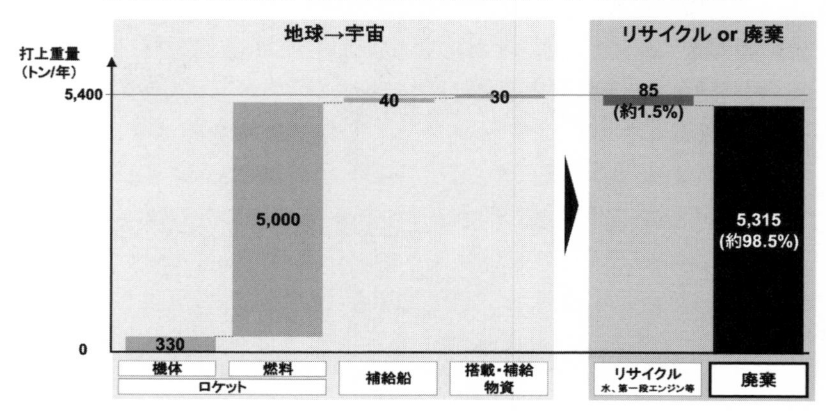


図1　有人宇宙活動で補給時に使用およびリサイクル・廃棄される重量（トン／年）

陽電池パドルや実験室などを打ち上げて組み立ててきました。大きさはサッカー場程度，総質量は約400トン，常時3～10人の宇宙飛行士が平均3～6ヶ月間滞在しています[1]。そのインパクトは凄まじく，宇宙飛行士の中には宇宙飛行の中で最も印象に残っている景色のひとつとして，地球の青さや宇宙の漆黒さよりも，人類が造り上げた国際宇宙ステーションという巨大な施設を目の当たりにした光景を挙げる人もいるほどです。

しかし，この国際宇宙ステーションを舞台とした現在の有人宇宙活動は，持続可能な世界を実現する循環型社会／経済（サーキュラーエコノミー）とはなっておらず，むしろ時代と逆行して直線型社会／経済（リニアエコノミー）を加速させている状態です。具体的には，国際宇宙ステーションにおける宇宙環境利用の最大化および宇宙飛行士の生活を維持するために年間約10回程度物資が地球から補給されていますが，その内補給物資自体は約30トンで輸送に必要となる打上ロケットや補給船も含めると合計約5400トンになります（図1）。国際宇宙ステーションで再利用されている水や米国 SpaceX 社の Falcon9 ロケットの第一段エンジン以外の 96 〜99% は打ち上げ過程や国際宇宙ステーションで使用された後，大気圏再突入で燃やされるなどして廃棄されており，滞在する宇宙飛行士の数の増加に伴ってその量も増加しているのが現状です[2]。

補給船に搭載されている物資には，科学実験機器，宇宙飛行士の飲食料・衣服などの生活用品，国際宇宙ステーションを維持するための保守部品などに加え，これらの物資がロケットの打ち上げ振動に耐えられるようにするための大量の梱包・緩衝材が含まれています。物資の輸送手段として使用されているロケット，補給船や搭載・補給物資が製造されるサプライチェーン全体を考慮すると，実際に打ち上げている量以上の自然資本が利用され，同時に廃棄・汚染を引き起こしていると想定されます。さらに宇宙機製造には希少・高価な資源を含む場合が多いことを考えると失われている経済効果は計り知れません。なお，観測衛星や通信衛星など有人宇宙活動以外も含めた宇宙開発という観点では，ロケットの輸送価格低下や人工衛星の小型化に伴い，2021 年には年間約 130 回にわたって数百機の人工衛星が打ち上げられ[3]，これが 3 〜 5 年ごとに寿命が来て入れ替わる状況で大量生産・大量消費・大量廃棄が加速しています。加えて，ロケットの燃料で有害な推進剤が使用され，宇宙機製造で使用される希少資源の採掘などで違法労働が使われているリスクも否めないことを考慮すると，SDGs やサーキュラーエコノミー型社会へのシフトが必至となっている時代と逆行していることになり，今後各国宇宙機関および宇宙産業を担う企業は ESG 投資観点でも投資家，NGO，消費者などから厳しく追及されることになるかもしれません。

国際宇宙ステーションに話を戻すと，このリニアエコノミーとなっている背景として，宇宙環境におけるリサイクル技術の確立が不十分などの問題があるものの，基本的に国際宇宙ステーションでの成果創出，つまり宇宙環境利用の最大化を目指すためには，必要な物資を地球から補給するのが短期的に費用対効果あるいは時間対効果が高い，という前提に基づいていることが想定されます。当然ながら，単位「資源」あたりにどれだけ効果を出せたかという資源対効果は非常に低いことは言うまでもなく，循環型社会を目指すということはこの根本的な考えから見直すことである，と言えるかもしれません。

なお，これは有人宇宙活動特有の話ではなく，人間社会と自然界を切り離し，必要に応じて自然界から資源を調達し，消費したら自然界へ廃棄するという都市開発の概念が踏襲された結果であるとも言えます。国際宇宙ステーションの場合，人間社会の内，有人宇宙活動に必要な要素のみを切り出して宇宙へ輸送し，自然界はほぼ完全に隔離した極端な事例とも言えます。

### (2) 循環型社会ではないことの弊害

この結果，循環型社会を実現できていない国際宇宙ステーションでは，様々な弊害が生じています。例えば，図 2 で示すように物資供給の観点では，非常に低効率な物資輸送や物資枯渇リスク，廃棄の観点ではゴミ問題やゴミを廃棄するために費やされている宇宙飛行士や地上管制チームのリソースの浪費などの問題が存在しています。自然資本がないことによる宇宙飛行士のウェルビーイング／ QOL (Quality of Life) の欠如なども挙げられます。それぞれ具体的に見てみましょう。

まず，低効率な物資輸送という観点ですが，宇宙活動で一番の壁となるのが地球の重力，正確には大気圏／空気抵抗からの脱出，つまり輸送手段です。地球上空は大気による空気抵抗の影響が無視できず，少なくとも高度 200km 以上の地球周回軌道まで宇宙機を一気に投入する必要があります。その役割を果たすのが現状の輸送手段であるロケットですが，その重量の約 6% は機体，約 93% は燃料で，運ばれる補給船や搭載・補給物資は約 1% と非常に効率が悪い状態となっています。地球上では車，電車，飛行機など，どの輸送手段も繰り返し利用することを前提に作られているのは言うまでもないですが，総重量の内，燃料が占める割合が 90% を超える

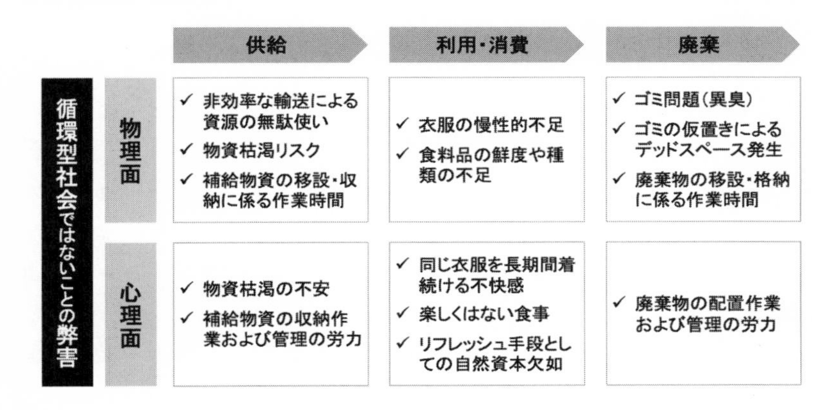


図 2　国際宇宙ステーションで循環型社会および自然資本がないことによる弊害の事例

輸送手段は無いと思われ，それを打ち上げ後数分で使い果たしてしまうのですからそれだけ地球の重力／大気圏を脱出するというのは大変なことなのです。Space X社のFalcon9ロケットのように第一段エンジンやフェアリング（ロケット先端に位置し，衛星などロケットで輸送する物資を格納するカバー）の再利用が進められているものの，それでも総重量の約2～3%しか回収できていません[4]。まさに資源，自然資本の無駄遣いの典型例です。宇宙で必要な物資は宇宙で調達および製造する，その際，既に宇宙に輸送されたものをリユース・リペア・リサイクルすることができれば循環型社会に一歩近づくことが可能となります。原材料だけを輸送して宇宙空間でAdditive Manufacturing（3Dプリンタ）などを活用した製造を目指せば，物資を打ち上げ振動から守るための梱包・緩衝材が不要となり，その分空いたロケットの搭載スペースに別の物資を搭載することで輸送効率を高めることが可能です。月や火星においては現地の自然資源とAdditive Manufacturingを活用することで，究極的には何も輸送しない世界を実現することが可能となるでしょう。もちろん，地球から一定の自然資本を輸送する必要はあり，理由は後述します。

次の弊害は，国際宇宙ステーションでの物資枯渇リスクです。この仕組みは非常にシンプルで，国際宇宙ステーションへの物資輸送を予定していたロケットあるいは補給船が打ち上げ失敗や不具合などにより輸送ができなくなるのが原因です。実際，2015年には4月に計画されていたロシアの補給船 Progress M-27M が打ち上げ後に制御不能となり物資補給ができなかった他，直後の補給ミッションとして期待された米国の SpaceX 社の補給船 CRS-7 も打ち上げ時に発生した Falcon9 ロケットの不具合によりやはり物資補給ができませんでした。当時は国際宇宙ステーションに十分な物資があったため深刻な状況にはなりませんでしたが，同年8月に打ち上げられた日本の補給機「こうのとり5号機」には NASA からの依頼で水再生システム用の機材を含む約 200kg 分の物資が追加搭載されるなど，補給を地球からの輸送に頼ることによる物資枯渇リスクが顕在化した事例となりました[5]。

循環型社会ではない現状による更なる弊害として国際宇宙ステーションでのゴミ問題があります。国際宇宙ステーションでは，空気や水以外は使用した実験機材や食品容器，排泄物などが廃棄されます。地球上のように毎週ゴミの日があるわけでもなく，年間10回ほど計画されている補給船の内，大気圏再突入時に補給船ごと燃やして廃棄を行う種類の機体にのみ廃棄物を詰めることができます（宇宙の宅配便である「補給船」がゴミ収集車ならぬ「ゴミ収集船」となります）。それまでの間は，廃棄予定の補給船にゴミを溜めておきますが，宇宙飛行士と地上の会話の中で度々異臭の話題が挙げられています。これは地球上においても同様の問題が挙げられますが，廃棄機会が極めて少ない環境であるからこそ廃棄物や汚染の無い循環型社会／経済（サーキュラーエコノミー）の実現が望まれると言えます。

廃棄に関連したもうひとつの弊害としては，年数回しか廃棄機会がないため，「ゴミ収集船」に効率的にゴミを配置するための綿密な計画策定および管理に膨大なリソースが必要となっている点が挙げられます。廃棄物が発生した際に，必ずしも「ゴミ収集船」となる補給船が国際宇宙ステーションに到着しているとは限らないため，将来廃棄する予定の物はどこかに仮保管する必要があります。仮保管の間，当該スペースは無駄なスペースとなり，よく散らかっている部屋で大切なものがなくなるように，宇宙では無重量環境によって固縛してあったものがどこかに移動してしまう弊害も相まって科学実験で使用する機材などを探すのに時間を要する光景は日常茶飯事となっています。「ゴミ収集船」となる補給船が到着し，補給物資や実験機器が取り出された後，仮保管されていた廃棄物などが「ゴミ収集船」に格納されていきますが，飛行する補給船の姿勢制御のために重心を考慮しながら詰める必要があり，地上の管制チームは綿密に練った何十ページにも及ぶ廃棄物リストを作成し，宇宙飛行士はそれに基づいて「ゴミ収集船」の指定された場所に廃棄物を配置していきます。もちろん同様の作業は廃棄する時だけではなく，補給船によって物資を届ける際にも行われ，国際宇宙ステーションに到着した物資の補給船からの取り出しや国際宇宙ステーション内の収納場所への収納も数十ページにわたる搭載品および収納場所リストに基づいて作業および管理されています。この補給船到着および「ゴミ収集船」の廃棄に伴う作業と管理は，地上の管制チームにとってはもちろん，宇宙飛行士にとっても非常に神経と労力を費やす一大イベントとなっています。宇宙飛行士の作業時間単価が約13万USD[6]と言われている中，もし自然資本を用いた食料生産や実験機材の宇宙でのリユース・リペア・リサイクルを含む循環型社会／経済に少しでも近づけることができれば，宇宙飛行士や地上管制チームの負担を軽減することができる他，同じリソースを別の価値創造に充てるなど大幅な改善に繋げることができると期待されています。

国際宇宙ステーションが循環型社会ではないことによるもうひとつの弊害，そして持続可能な社会実現に向けて非常に重要な問題として，宇宙飛行士のウェルビーイング／QOL（Quality of Life）欠如が挙げられます。

ウェルビーイング／QOL（Quality of Life）に直結するものとしては衣食住が真っ先に思い浮かびますが，国際宇宙ステーションでは，下着を含め衣服は同じものを何日も（種類によっては何週間も）着続け，食事もストレスを感じる宇宙飛行士がいるほど必ずしも嬉しい時間ではないのが実態です。リフレッシュ方法も一日2時間の運動や地球を眺めること，家族や仲間と会話したりすることなど気分転換の方法は様々であるものの，例えば宇宙飛行士の向井千秋さんは柑橘の皮，山崎直子さんは桜茶の香りを嗅いでいた[7]と言われており，いかに自然界が人間にとって大切で国際宇宙ステーションという人間社会から自然界を隔離した代償が大きいかが理解できます。詳細を述べるまでもなく，自然資本を含む循環型社会が確立されていればウェルビーイングに一歩近づくことができる他，これらの事例から，有人宇宙活動では不要と考えられてきたものが実は必要不可欠であることが示唆されていると言っても過言ではないかもしれません。

ここまで，地球外での長期滞在を実現してきた国際宇宙ステーションの現状を紹介し，いかにサーキュラーとは程遠くリニアな世界となっているか，そしてその弊害の一部を具体的に述べてきました。今後，有人の世界に限らず人工衛星の利活用増加など宇宙利用が拡大し，それに伴ってロケットおよび人工衛星の打ち上げ増加が見込まれていることや，各国が推進する国際月・火星探査であるアルテミス計画は国際宇宙ステーションよりも物理的に距離が遠く，簡単に物資の補給ができないことを鑑みると，宇宙環境でこそ循環型社会の実現が必要であり，地球に先んじてその構築に取り組むべきであると言えます。

## 2　循環型社会実現に向けた取り組み

それでは，循環型社会実現に向けて今後どのように取り組むべきでしょうか。理想的には，自然界で確立されている循環型システムの内，生命体が地球外で持続的に生存するために必要となる最低限の構成要素の種類や量を明らかにし，移住先でそれを再現することです。もちろん現地で初期的に調達できない自然資本については地球から輸送しなければいけません。本書籍で紹介されている「選定コアバイオーム」がこれに該当します。

一方，国際宇宙ステーションなどで取り組まれているのは，空気や水の循環のように工学的に循環させるシステムの構築です。では，工学的にどこまで循環型社会を実現できるでしょうか？　循環させる対象としては，最低限の要素として生命維持のための資本，つまり生存基盤となる空気，水，食料，電力（エネルギー）が挙げられます。それぞれについて現状を見てみましょう。

### (1) 空気のリサイクル状況

まず空気については比較的循環ができている方だと言えます。国際宇宙ステーションの各モジュール（実験室や居住棟など）は地上同様窒素約80%，酸素約20% の割合で 1 気圧に与圧された状態で宇宙に打ち上げられています。その後宇宙飛行士が滞在することにより，酸素が消費されて二酸化炭素が排出されるようになりますが，酸素生成装置（米国の Oxygen Generating Assembly：OGA，ロシアの Elektron など），二酸化炭素除去装置（米国の Carbon Dioxide Removal Assembly：CDRA やロシアの Vozdukh など），メタンやアンモニアなどの有害物質を除去する微量汚染物質管理システム（米国の Trace Contaminant Control System：TCCS など）によって酸素および二酸化炭素濃度などが維持されています（二酸化炭素の濃度上昇は度々問題になっています）。一方，国際宇宙ステーションは 100% 室内の空気を保持できているわけではなく，微量ながら宇宙空間に漏れてしまっています。その量は約 210L/ 日であり，国際宇宙ステーションの与圧部容量は約915568.6L であることから年間約 8.4% の空気が漏れていることになります。見方を変えれば年間約91.6%はリサイクルできているとも言えます。なお，2020年8月にはロシア側のモジュール／施設の亀裂が原因と思われる空気漏れが発生し，一時通常の5～6倍となる約1082.3L/日まで上昇したことがあります[8]。このような空気漏れを補うため，そして前述した生命維持装置が機能しなくなった時などのために，水を電気分解することで酸素を生成する装置や高圧酸素タンクが用意されています。このタンクは海や湖でダイビング（潜水）する際の予備タンクのようなもので定期的に地上から補給されています。

酸素に着目すると，宇宙飛行士が宇宙で滞在するために必要な酸素の質量，宇宙飛行士が呼吸をすることで排出される二酸化炭素からのリサイクル率，船外へ漏れてしまっている量，不足分を補給している量の関係式は，次の式で示すことができます。

$$M_{O2} = (M_{CO2} \times RR_{CO2 \rightarrow O2}) - (LR_{air} \times PPO2) + (M_{O2\ Gen\ Sys} + RM_{O2\ Tank})$$

$M_{O2}$：　1日および宇宙飛行士1人あたりに必要な酸素の質量 [kg/(day × crew)]

$M_{CO2}$：　1日および宇宙飛行士1人あたりに発生する二酸化炭素の質量 [kg/(day × crew)]

$RR_{CO2 \rightarrow O2}$：　空気リサイクルシステムによる二酸化炭素から酸素へのリサイクル率 [%]

$LR_{air}$：　1日および宇宙飛行士1人あたりの国際宇宙ステーションから船外への空気漏れ量 [kg/day]

$PPO2$：　酸素分圧 [%]

$M_{O2\ Gen\ Sys}$：　1日および宇宙飛行士1人あたりの酸素生成装置による酸素供給量 [kg/(day × crew)]

$RM_{O2\ Tank}$：　1日および宇宙飛行士1人あたりの酸素タンクからの供給量 [kg/(day × crew)]

1日および宇宙飛行士1人あたりに必要な酸素の質量$M_{O2}$は，1日および宇宙飛行士1人あたりが排出している二酸化炭素の質量$M_{CO2}$の内，現在の国際宇宙ステーションに設置されている空気再生システムにおける二酸化炭素のリサイクル率$RR_{CO2 \rightarrow O2}$（約50%）を掛け，ISSから宇宙空間への空気の漏れ量$LR_{air}$ 0.272［kg/day］に酸素分圧20%を掛けた数値を国際宇宙ステーションに滞在する宇宙飛行士平均人数で割って差し引き，不足する分を酸素生成装置（Oxygen Generation Assembly：OGA）と酸素タンクから供給することで収支バランスが取れていることになります。1日および宇宙飛行士1人あたりに必要な酸素の質量$M_{O2}$は，NASAのHUMAN INTEGRATION DESIGN HANDBOOK（HIDH）[9]やLife Support Baseline Values and Assumptions Document（BVAD）[10]などに明記され，0.82［kg/(day × crew)］と言われています。1日および宇宙飛行士1人あたりに発生する二酸化炭素の質量$M_{CO2}$もNASA BVADなどで1.04［kg/(day × crew)］となっています。この内約50%にあたる0.52［kg/(day × crew)］が再生されます。国際宇宙ステーションの船外に漏れてしまう酸素の質量は0.272［kg/day］に酸素分圧20%をかけた0.0544［kg/day］ですが，これを他の項目に合わせるために宇宙飛行士1人あたりに換算します。国際宇宙ステーションに滞在する宇宙飛行士の数は時期によって変動しますが，ここでは，地球から補給している物資の項目および割合について分析している文献[11]に合わせて2017年10月から2020年2月までとし，その間に滞在した宇宙飛行士の平均人数を計算すると約5.713人となります。従って，0.0544［kg/day］を約5.713人で割ると約0.009［kg/(day × crew)］となります。1日および宇宙飛行士1人あたりに必要な酸素の質量$M_{O2}$の内，二酸化炭素から酸素へ再生できなかった分や船外に漏れてしまう分を差し引くと約0.299［kg/(day × crew)］を補給する必要があることがわかります。酸素生成装置（OGA）は，約5.4kg/日の酸素を発生するように設計されており，2.3～9.2kg/日，つまり0.403～1.610［kg/(day × crew)］に変更することが可能[12]です。窒素ガスや酸素ガスなどの補給用ガスタンクも頻繁に供給されており，2017年10

月から2020年2月の間に滞在した宇宙飛行士の平均人数，補給された物資全体の質量，当該期間に供給された物資の総量に対するガスタンクの割合[11]から宇宙飛行士1人あたり1日0.269kgが補給されていると推定されます。上述より宇宙飛行士によって消費あるいは船外に漏れてしまう量に対しては酸素生成装置あるいはガスタンクを用いることで，補うことができることがわかります。

一方，リサイクルシステムを運用・維持するための物品も無視することはできません。例えば，空気フィルターなど空気の品質を維持するために必要な消耗品などは，1日および宇宙飛行士1人あたり約0.09kg供給されていると推定されます。その他，リサイクルシステムを維持するためのスペア品あるいは保用品は1日および宇宙飛行士1人あたり0.897kgと推定され，その中には空気再生や大気のモニタリング装置，関連する熱制御システム，電源サブシステム，音響モニタ，大腸菌群検出キットなどが含まれる他，NORS（Nitrous/Oxygen Recharge System）と呼ばれる装置のメンテナンスキットなども含まれます。質量の観点で言えば，予備タンクであるガスタンクよりもリサイクルシステムを維持するためのスペア品や消耗品の方が多いことがわかり，スペア品や消耗品の地球からの供給量をどのように減らすのかについても検討が必要であると言えます。

### (2) 水のリサイクル状況

水については，2021年時点で約93%がリサイクルできていると言われています。こちらも水回収システムが米国とロシアのモジュールに設置されており，米国側では尿処理装置アセンブリ（Urine Processor Assembly：UPA）と水処理装置アセンブリ（Water Processor Assembly：WPA）で構成されています。UPAは，文字通り宇宙飛行士の尿を飲料水としても利用できるように設計され，2021年時点で約87%がリサイクルされており，「今日の尿は，明日のコーヒー」という冗談も聞かれるくらい日常的に利用されています。WPAは国際宇宙ステーション内で発生した水蒸気や宇宙飛行士の汗などを集めた凝縮水の再生であり，100% がリサイクルされています。NASA は将来的に 98% の水をリサイクルすると目標を掲げている一方，現時点では供給した水の 7% は回収できず廃棄している他，将来的にも 2% は補給に頼らざるをえない状況です[13]。酸素同様，水についても必要量に対してリサイクルされている量およびリサイクルできなかった分を補給する量に係る関係式を記します。

$$M_{H2O} = (M_{Out} \times RR_{Out} + M_{Urine} \times RR_{Urine}) - (M_{O2Gen}) + (M_{H2O\ Sab} + RM_{H2O\ Tank})$$

$M_{H2O}$：　1 日および宇宙飛行士 1 人あたりに必要な $H_2O$ の質量［kg/(day × crew)］

$M_{Out}$：　1 日および宇宙飛行士 1 人あたりの代謝・衛生・ヘルスケア関連で排出する $H_2O$ の質量［kg/(day × crew)］

$RR_{Out}$：　宇宙飛行士の代謝・衛生・ヘルスケア関連用水のリサイクル率［%］

$M_{Urine}$：　1 日および宇宙飛行士 1 人あたりが排出する尿に含まれる $H_2O$ の質量［kg/(day × crew)］

$RR_{Urine}$：　尿から水リサイクルシステムによる $H_2O$ へのリサイクル率［%］

$M_{O2Gen}$：　1 日および宇宙飛行士 1 人あたりの酸素生成に使用される $H_2O$ 質量［kg/(day × crew)］

$M_{H2O\ Sab}$：　1 日および宇宙飛行士 1 人あたりのサバティエシステムにより供給される $H_2O$ 質量［kg/(day × crew)］

$RM_{H2O\ Tank}$：1 日および宇宙飛行士 1 人あたりの $H_2O$ タンク供給質量［kg/(day × crew)］

1 日および宇宙飛行士 1 人あたりに必要な水の量 $M_{H2O}$ は，前述した NASA HIDH および BVAD で明記されており，3.20［kg/(day × crew)］となります。宇宙飛行士の代謝・衛生・ヘルスケア関連で排出される $H_2O$ の量

$M_{Out}$ に宇宙飛行士の代謝・衛生・ヘルスケア関連の $H_2O$ リサイクル率 $RR_{Out}$ 100% を掛けると約 2.30［kg/(day × crew)］，宇宙飛行士 1 人あたりが排出する尿の量 $M_{Urine}$ を $H_2O$ に再生するリサイクル率 $RR_{Urine}$ 約85% を掛けると約 1.52［kg/(day × crew)］となります。次に酸素生成装置により使われる $H_2O$ の量 $M_{O2Gen}$ 約 0.430 〜 1.717［kg/(day × crew)］を減算します。この時点で再生できない $H_2O$ の量は 0 〜 1.10［kg/(day × crew)］で，不足する水はサバティエシステムから回収される分や貨物宇宙船で輸送される水タンクなどから補給します。2017 年 10 月から 2020 年 2 月の間に滞在した宇宙飛行士の平均人数や補給された物資全体の質量および当該期間に供給された物資の総量に対する水タンクの割合[11] から宇宙飛行士 1 人あたりにつき 1 日で 1.121kg を補給していると推定され，十分な量を補えていることがわかります。一方，当該量を供給し続けないとサステナブルな滞在は実現できないとも言えます。次に，水リサイクルシステムを運用・維持するための物品に着目します。例えばトイレに関連するスペア品や消耗品としては，固形廃棄物容器などの消耗品が挙げられ，1 日および宇宙飛行士 1 人あたりで 0.179kg 分が地球上から補給されていると推定されています。国際宇宙ステーションに補給される水関連の物品のうち，再補給用の水タンクは 75.8% を占めますが，残りの 24.2% は，トイレをはじめとするリサイクルシステムのスペア品や消耗品であり，これらの物品もリサイクルあるいは削減していく必要があることを意味しています。

### (3) 食料のリサイクル状況

食料については，残念ながらリサイクルできておらず，実験的にレタスなど葉物の栽培が行われているものの，基本的に補給船によって地球から供給されているのが現状です。今後植物工場や 3D フードプリンタ技術の向上と宇宙への適用が進むことによって食品を地球から補給しなくても済む可能性はあるものの，食品の食べ残しや宇宙飛行士の排泄物はゴミとして廃棄され，100% リサイクルできる見通しは立っていません。循環型社会を目指すには，いかに廃棄物や汚染をゼロに近づけるかが重要ですが，排泄物については地球上であれば土や海で分解者によって分解されたものが生産者のエネルギー源になり，生産者が消費者によって消費されることで人類にとっての食料となっていきます。このように，自然界では廃棄物というものは存在せず，常に誰かが誰かの生産者あるいは消費者になっています。これは，多様な役割と価値観を持つ生物が存在しているからこそ成立する概念であり，廃棄や汚染を起こさないためには生物多様性が鍵を握っていると言えます。

### (4) 電力のリサイクル状況

電力は，100% 自給自足できていると言えます。ISS は地球を一周している間に昼と夜，つまり太陽光が当たる時と当たらない時を交互に繰り返しています。太陽光が当たっている時間は巨大な太陽電池パドルによる太陽光発電で宇宙飛行士の活動や実験などを行うためのエネルギーを賄い，余った電力を蓄電池に蓄えます。太陽光が当たらない時間は蓄電池から給電しています。ISS は約 90 分で一周しますので 1 日で約 16 回発電と放電を繰り返していますが，昼の長さと夜の長さは均等ではなく，ISS が地球を周回する軌道や季節的な要因によって変わります。ISS で消費される電力は各国の管制官の間で事前に調整されている他，有人宇宙船や物資補給船の往来の時には ISS の姿勢や太陽電池パドルの動き・角度などに制約が発生するため十分な発電を行えず，計画的に節電をする時もあるものの，大幅な電力制限を強いられることはなく，全体的に見れば十分な電力が供給されていると言えるでしょう。一方，月や火星で定常的に人類が活動することを見据えた場合は状況が変わってきます。例えば，月面では昼と夜がそれぞれ約 2 週間続きますが，夜間にどのように電力を確保するかは大きな課題となっています。ISS 同様太陽光発電と蓄電池の組み合わせ以外にも，小型の原子炉（核分裂），月面表土（レゴリス）に含まれているとされているヘリウム 3 を活用した核融合，レゴリスに含まれている氷から水素を取り出して行う水素発電，月周回衛星で発電した電力の月面への伝送など，様々な方式が検討されていますが，いずれも実用化に向けては多くの研究開発課題があると言われています。

ここまで生命維持に必要な生存基盤である空気，水，食料，電力における循環状況の概要を見てきましたが，電力を除いてはいずれも100%リサイクルができないこと，生命維持装置が機能しなくなった時のリザーブは一定用意されているものの地球から都度補給していることを考えると，現時点の見通しとしては工学的な循環では限界があることが示唆されていると言えます。

### (5) QOL関連用品のリサイクル状況

持続可能な社会実現のためには，前述の生存基盤に加え，移住者のウェルビーイング／QOL向上に繋がる衣食住の「衣」や「衛生用品」，「ヘルスケア用品」も循環型にすることが大事です。いずれも生存基盤のように枯渇や喪失によって宇宙飛行士の生命が直ちに脅かされることはありませんが，「衣」は社会生活を営んだり，体温調整や怪我予防の観点で必要ですし，「衛生用品」は清潔な状態を保つため，「ヘルスケア用品」(例：運動器具や用品，医療キットなど）は健康を維持するために必要であり，サステナブルな宇宙滞在を実現するためにとても大事な要素と言えるでしょう。

「衣」については，前述した通り下着を含め，同じものを何日も（種類によっては何週間も）着続けているのが実態であり，「乾燥した運動着や下着には部活臭みたいなものを感じた」「下着は3日を超えると臭いが気になる」「清潔感・爽快感がなくなっている」という宇宙飛行士の声もあります[14]。こうした問題に対して抗菌消臭機能のある製品が開発・使用されていますが，最終的には全て廃棄されています。今後，使用した衣類を分解し，Additive Manufacturing（3Dプリンタ）などによってリサイクル率を高めることができる可能性がありますが，実現可否および時期は未定です。

「衛生用品」とは，タオル，ウェットティッシュ，デンタルフロス，歯ブラシ，シェービングクリーム，カミソリ，マウスウォッシュ，シャンプー，スキンローション，化粧品等を指します。これらのアイテムは当然ながら全て地球から補給しており，衛生用品の質量比では，タオルおよびウェットティッシュが約60%を占めています。このことから衣類同様，洗濯あるいはAdditive Manufacturing（3Dプリンタ）などの技術導入によって国際宇宙ステーション上で生産およびリサイクルを行い，ウェルビーイング／QOL向上に貢献していく必要があると言えます。

「ヘルスケア用品」とは，トレッドミルなどの運動器具のスペア部品，医療キットなどが含まれます。これらもすべて地球から供給され，国際宇宙ステーションに保管されています。滞在期間が数ヶ月にもおよぶ国際宇宙ステーションでは，宇宙飛行士は約2時間の運動を週6日実施しています。運動の種類はトレッドミルやサイクルエルゴメーターを活用した有酸素運動と様々な筋力トレーニングが可能なAdvanced Resistive Exercise Device（ARED）と呼ばれる装置を活用した負荷抵抗運動があり，当該運動器具のスペア部品や消耗品も国際宇宙ステーション上で生産およびリサイクルを行うことができれば地球上から補給する必要がなくなると期待されます。

「衣」「衛生用品」「ヘルスケア用品」以外では「住環境（自然由来のアイテムによるリフレッシュなど）」もサステナブルな宇宙滞在，特に精神心理の観点で大変重要な要素と言えます。こちらも前述したように運動や地球を眺めること，家族や仲間と会話したりすることでリラクゼーションがある程度得られていると言われている一方，100%人工的な環境である国際宇宙ステーションでは自然との触れあいを求める声も非常に多いのが実情です。一部を紹介すると，「雨の音や川が流れる音を流していた」「小鳥のさえずりや水の音が恋しくなった」「実験で栽培していた植物（小麦）がすごく和みになった」「地球に帰還して，強さと方向が一定でない風や草木の匂いが気持ちよくて感動した。地球での食事や水の美味しさも感動した」という声がよく聞かれており，宇宙飛行士のメンタルヘルスの観点で自然がないことで大きなペインとなっていると想定されています[14]。都市に住んでいる方は「自然なんて時々山や海に行くくらいで十分」と思われるかもしれません。しかし，都市も人間社会と自然界が一見切り離されているように見える一方，実は家の外に一歩出るだけで自然が作り出す風や小鳥のさえずり，土・木・花の香りなどの要素で溢れています。宇宙から地球を見ると一目瞭然で，そもそも人類の営みは肉眼では確認できないほど小さく，「人間社会の中の自然」ではなく，「大きな自然界の中で小さな人間社会を形成している」だけなのです。2020年にCOVID-19の影響でSTAY HOMEを余儀なくされた期間に，ちょっと窓を開けて外の空気に触れるだけでどれだけリフレッシュになったかを思い出してください。人工的な産物である国際宇宙ステーションにはこの要素が全くないのです。宇宙飛行士の向井千秋さんは柑橘の皮，山崎直子さんは桜茶の香りを嗅いでいた理由が少しは理解できるのではないでしょうか。この「住環境（自然由来のアイテムによるリフレッシュなど）」が整っていないことによるメンタルヘルスおよび肉体への影響や最低限必要な自然資本の量と種類を見出していくことも今後の大きな課題と言えます。

このように，工学的なリサイクルでは100%循環できないことや工学的循環システムが機能しなくなった場合の備えとして「リザーブ自然資本」が必要となります。月や火星では，地球から輸送する自然資本を現地で根付かせることで，利用可能な自然資本の拡大を目指すことになります（図3)。また，前述の通り，食品廃棄物や排泄物などの有機物を分解するため，つまり生物学的に循環させるための自然資本も必要となります。このような工学的および生物学的リサイクルシステムを検討する時には廃棄物や汚染などが発生しない設計を目指すことが重要であり，そのためのルール形成も併せて検討・整備する必要があります（図4)。

### (6) 月・火星への補給物資輸送コストと期間

工学的な循環型システムでは限界があり，リザーブ用と循環用の自然資

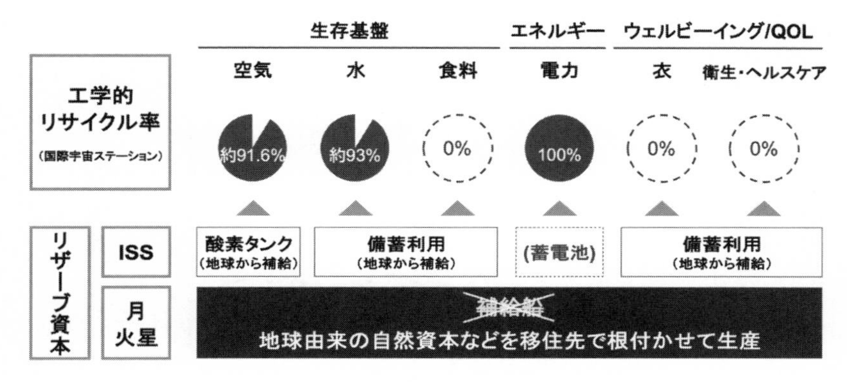


図３　工学的リサイクルの限界と自然資本による供給の必要性

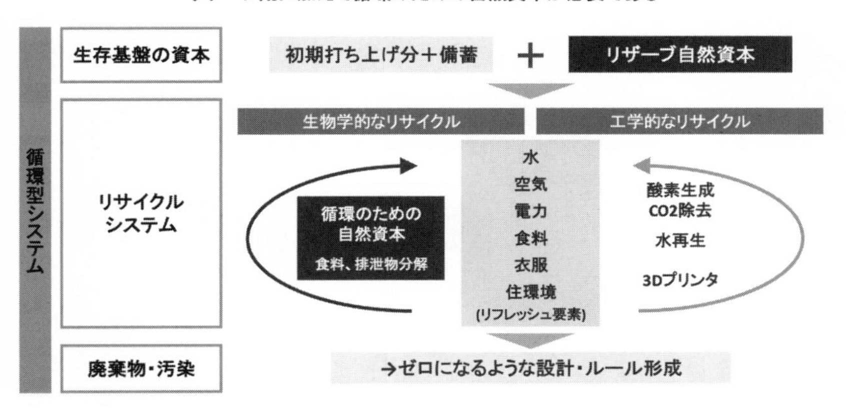


図４　循環型社会実現に必要な自然資本

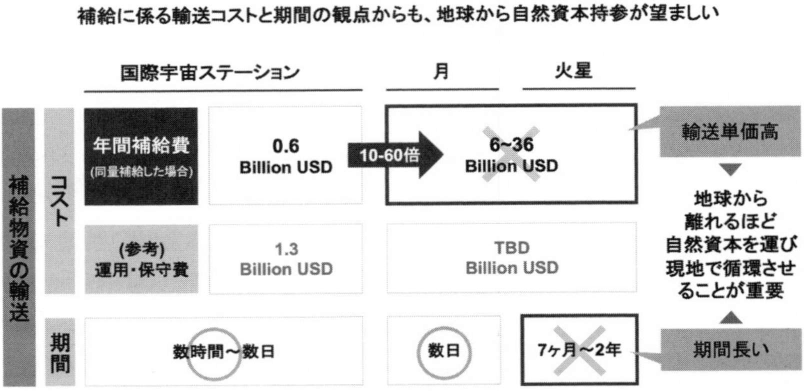

図 5　地球近傍と月・火星への補給物資輸送コストと期間

本が一定必要であることは見えてきましたが，システムの成立性以外の観点，例えば地球から物資を補給するのに要する輸送費および期間についてはどうでしょうか。輸送費は「①輸送単価（USD/kg）×②輸送量（kg）」に分けられ，②輸送量はさらに「② A. 1 輸送機会あたりの輸送量（kg/ 回）×② B. 輸送回数（回）」に分けることができます。国際宇宙ステーションの場合，①輸送単価は 20（k USD/kg）[15]，② A. 1 輸送機会あたりの輸送量は約 3000（kg/ 回），② B. 輸送回数は年間約 10（回）[2] で年間約 600（Million USD）費やしています。これに対して月面や火星表面までの①輸送単価は，国際宇宙ステーションの 10 〜 60 倍の 200 〜 1200（k USD/kg）[16][17] になると考えられており，中長期的なコスト視点では地球からの補給機会が少ない方が好ましいと言えます。現在国際宇宙ステーションの OPEX（運用・保守費用）は年間約 3.4（Billion USD）[18] ですが，約 0.6（Billion USD）の補給費が，月・火星の場合その 10 〜 60 倍かかることを考えると補給費だけで 6

～36（Billion USD）となり，OPEX全体が2～10倍に跳ね上がることになります。輸送にかかる期間も月までは急げば数日で輸送できるものの，火星の場合7ヶ月～2年かかり，その間不具合による輸送不可リスクがあることを考えると地球からの補給は良い選択肢とは言えません。以上より，補給に要するコストおよび期間の観点においても，地球から遠ざかれば遠ざかるほど循環型社会とその実現に向けた自然資本が必要になると言えます。

## 参考文献

[1] International Space Station Facts and Figures, NASA, https://www.nasa.gov/feature/facts-and-figures（閲覧日 2021.12.18）

[2] Uncrewed spaceflights to the International Space Station, Wikipedia, https://en.wikipedia.org/wiki/Uncrewed_spaceflights_to_the_International_Space_Station（閲覧日 2021.12.18）

[3] 2021 in spaceflight, Wikipedia, https://en.wikipedia.org/wiki/2021_in_spaceflight（閲覧日 2021.12.18）

[4] FALCON 9, SPACEFLIGHT INSIDER, https://www.spaceflightinsider.com/hangar/falcon-9/（閲覧日 2021.12.18）

[5] Kounotori 5, Wikipedia, https://en.wikipedia.org/wiki/Kounotori_5（閲覧日 2022.1.3）

[6] NASA hikes prices for commercial ISS users, SPACENEWS, https://spacenews.com/nasa-hikes-prices-for-commercial-iss-users/（閲覧日 2022.1.3）

[7] "宇宙暮らし"はそう遠くない!?　宇宙と地上の暮らしを考える「THINK SPACE LIFE」ワークショップに潜入，Hanako.tokyo, https://hanako.tokyo/news/lifestyle/160762/（閲覧日 2022.1.3）

[8] Astronauts Plug Leak On The International Space Station With The Help Of Floating Tea Leaves, Forbes, https://www.forbes.com/sites/jonathanocallaghan/2020/10/20/astronauts-plug-leak-on-the-international-space-station-with-the-help-of-floating-tea-leaves/?sh=3dc8d4564409（閲覧日 2022.1.3）

[9] National Aeronautics and Space Administration, June 5, 2014, HUMAN INTEGRATION DESIGN HANDBOOK (HIDH), NASA/SP-2010-3407/REV1

[10] Anderson, M.S, et al, January 2018, Life Support Baseline Values and Assumptions Document, NASA/TP-2015–218570/REV1

[11] Leach, H., Ewert, M. et al. (2021) Analysis of Historical International Space Station Logistical Mass Delivery

[12] Bagdigian, R.M., Cloud, Dale, Status of the International Space Station Regenerative ECLSS Water Recovery and Oxygen Generation Systems
[13] New Brine Processor Increases Water Recycling on International Space Station, NASA, https://www.nasa.gov/feature/new-brine-processor-increases-water-recycling-on-international-space-station（閲覧日 2022.1.3）
[14] Space Life Story Book, JAXA，https://iss.jaxa.jp/med/images/71532_story.pdf（閲覧日 2022.1.3）
[15] Commercial and Marketing Pricing Policy, NASA, https://www.nasa.gov/leo-economy/commercial-use/pricing-policy（閲覧日 2022.1.3）
[16] Cost of Perseverance, Planetary Society, https://www.planetary.org/space-policy/cost-of-perseverance（閲覧日 2022.1.8）
[17] ASTROBOTIC Lunar Lander, ASTROBOTIC, https://www.astrobotic.com/wp-content/uploads/2021/01/Peregrine-Payload-Users-Guide.pdf（閲覧日 2022.1.9）
[18] NASA'S MANAGEMENT AND UTILIZATION OF THE INTERNATIONAL SPACE STATION, NASA，https://oig.nasa.gov/docs/IG-18-021.pdf（閲覧日 2022.1.8）

# Chapter 3

# 資源・エネルギーその場利用

同志社大学理工学部　**後藤琢也**

月で人類が持続的な社会を構築するためには，シリコン太陽電池や種々の構造物等に必要な物資を月面で調達する必要があります。本章では，特に酸素，シリコン，アルミニウム，鉄等の材料を月の資源から得る方法について概説します。

## 1　資源その場利用の必要性

月惑星の縦孔探査により発見された，温度の変動が小さく，宇宙放射線の防護が可能な竪穴および横穴が，居住地の候補のひとつとして考えられています。人類を月面等で持続可能な状態で居住させるためには，常に地球から物資を供給するシナリオには無理があり，最終的には，月に存在する物質からすべてを作成する必要があります。持続的に居住するミッションの前段階として，サンプルリターンと深宇宙探査による惑星地質調査を目的とした有人月面基地の建設が，NASA，ESA，JAXA などのいくつかの組織によって提案されています[1–4]。これらの計画で必要となる建設資材や人間の酸素を地球から運ぶには莫大なコストがかかり，資材を地球から持ち込み月面で建設を行うことは現実的ではありません。そこで，低コストの宇宙探査を実現するために，地球から物資を運ばずに月の資源で生活するという概念—— in situ Resource Utilization (ISRU)[5–12] ——に基づくその場の資源（例えば月であれば月の資源，火星であれば火星の資源）の利活用が提案されています。

資源エネルギーその場利用の主な目標は，月面の資源を用いて，生命維持および深宇宙探査推進用燃料としても使用できる酸素ガス，太陽光発電および月面基地建設材料のための Si，Ti，Al，Mg，Fe，Ni などの各種の材料，燃料電池やロケットの燃料としての水素，さらには核融合炉燃料としてヘリウム 3 や原子力発電用燃料であるウラン等の生産を行うことです。ここまでで述べた元素については，既に，その存在が報告されています。これら資源の源になるのは，月面の表層を約 10m 程度の厚さで覆っている月面の砂礫，いわゆる月レゴリスです[13]。月の表面には大気がないため，宇宙から高速で落下する微粒子は，地球のように大気中で燃え尽きることがなく，月面に衝突し，岩を削り取り，レゴリスを形成したと考えられています。月レゴリスの利用については様々な研究がなされています[14–17]。例えば，月レゴリスからのセメントコンクリートの製造は，月面基地の建築材料として不可欠です。月レゴリス自体の利用に加えて，レゴリスを構成している元素の分離・回収は，月資源利用を実現するうえで最も重要な技術です。

# 2　月レゴリスに含まれる元素

月の構成成分の組成は地球の組成に似ており，表 1 に示すように，アル

表1　月および火星のレゴリスに含まれている主要酸化物組成[18]

| 酸化物 | $SiO_2$ | FeO | $Al_2O_3$ | CaO | MgO | $TiO_2$ | $Na_2O$ |
|---|---|---|---|---|---|---|---|
| 月 | 43−47% | 5−16% | 13−27% | 10−15% | 6−11% | 1−4% | <1% |
| 火星 | 39−45% | 17−21% | 9−10% | 6−7% | 7−8% | ～1% | 2−3% |

ミナ（$Al_2O_3$）は代表的な鉱物の2番目を占めています[18]。すなわち，月レゴリスからアルミナを還元することで，大量のアルミニウムと酸素を容易に得ることができます。さらに得られたアルミニウムの燃焼熱は837kJ $mol^{-1}$とエネルギー密度は非常に高く，リチウムイオン電池や液体水素の約100倍であることから，月で用いる新規バッテリーや新規エネルギー貯蔵システムの材料として期待できます。ルナ ハイランド レゴリスのアルミナは，鉄アノーサイトと斜長石[12]中にアルミノケイ酸塩 $Al_2O_3{\cdot}nSiO_2$ の複合酸化物の状態で存在します。一方で地球と同様にシリカ（$SiO_2$）の存在量が月，火星いずれにおいても卓越しています。このシリカを還元させることで，シリコンを回収することができれば，シリコン太陽電池の資源も，ISRUにより入手できます。月や火星の表面の場所によって鉱物組成は異なりますが，主要な成分はサンプル調査やリモートセンシングによって推定されています。月レゴリスの酸化物成分の重量分率の範囲は，表1に示すとおりです[18]。火星のレゴリスの成分は，火星の塵のアルファ粒子X線スペクトルを使用して分析され[19]（表1），いずれの場合も，$SiO_2$が最も多い酸化物です。月レゴリス成分1000kgあたり得られる主な有用成分の一例[20]は，概算で酸素454kg，シリコン208kg，マグネシウム197kg，鉄84.7kg，アルミニウム32.5kg，カルシウム16.5kg，クロム4.17kg，マンガン1.16kg，チタン1.86kg，ナトリウム0.68kg，カリウム0.083kgであることから，構造材料としての鉄，アルミニウム，チタン等が実際に利用可能な程度含まれること，また，生命維持およびロケット推進剤として不可欠な酸素については，低く見積もってもレゴリス成分の重量比で40%以上

あることから，人工的なハビタブルゾーンに供給可能な酸素源として月レゴリスの活用ができる可能性があります。その他，フッ素アパタイト（$Ca_5(PO_4)_3F$）が月のレゴリス上に3～3.8wt%の濃度で存在することが報告されていることから，酸素以外の非金属元素として，フッ素の抽出も可能です[21]。以上の通り，基本的には，地球上に存在する元素はほぼ同様に存在すると考えることができます。

## 3 分離回収方法

地球上では，鉱物からの有用物質抽出は，水溶液を用いた溶出法，コークス等の炭素を用いる炭素還元法，水溶液あるいは溶融塩を用いた電気分解法に大別できます。月面では，水と炭素はともに希少であるため，溶出法や炭素還元法は不向きです。酸化物自身を溶解させ，電解もしくは，熱エネルギーで直接的に，分離・回収する方法が比較的利用しやすいことが考えられます。熱による分解回収では，熱出力を細やかに制御することが困難であるため，原理的にレゴリスに含まれるすべての元素を細やかに分離・回収するには不向きです。一方で，次節で述べる通り，電解によれば，電解電位の制御により，原理的にはレゴリスに含まれるすべての元素の分離回収が可能です。

### (1) 電解による分離回収方法の原理

高温電解液の電気化学的手法は，レゴリス中の鉱物資源から有用な金属材料と酸素ガスを回収する有望な方法です。実際に溶融電気分解によって月レゴリスから金属を抽出するための多くの研究が報告されています[22-25]。多くの調査研究は，電解質として高温溶融酸化物を使用しており，この溶融酸化物電解は酸化物から金属を回収するための魅力的な方法ですが，電解温度が高く，溶融酸化物は粘度が高いため，電流効率が稼げない等の問題があります。そこで，粘度が低く伝導性の良い電解質，発生した酸素と反応しない不活性な電極材料，および耐熱性に優れた構造材料の開発が必要です。まず，電解質として，溶融酸化物より低温で粘性の小さいアルカリイオンとハロゲンイオンのみで構成されている溶融アルカリハロゲン化物（溶融塩と呼ばれています）を用います。溶融塩は，工学的に，リチウム金属その他アルカリ金属の回収，さらには，水溶液中で不溶である酸化アルミニウムをよく溶かすため，アルミニウム精錬等で使用されています。つまり，溶融塩は，酸化物であるレゴリスを溶解でき，良好な熱安定性と，低い蒸気圧であるため，宇宙空間で使用しても，基本的には安定であり，金属を回収するための電解質として使用可能です[26]。電解回収は，溶融塩と月レゴリスを混合し，陰極と陽極の間に電位を外部回路によって印加し，電圧や電流を制御することで，電解条件に応じて，月レゴリスに含まれる各種の金属を陰極から，そして酸素を陽極からそれぞれ回収できます。分離回収の原理は，各種酸化物がそれぞれ，固有の生成ギブズ自由エネルギーを持っており[27]，この生成ギブズ自由エネルギーと理論分解電圧が一対一で対応しているため，原理的には，一旦，溶融塩中でレゴリスが溶解し，酸化物イオンと金属イオンに解離すれば，電解電位を回収したい金属の回収電位に調整することで，回収が可能です。このように電解槽に必要な構成要素は，電解浴（溶融塩）と陰極と陽極であり，特に金属回収に直接関係する溶融塩 / 陰極の界面における還元反応と，酸素発生が進行する溶融塩 / 陽極の界面における酸化反応についてシリコン回収を例に解説します。

図 1 に金属酸化物から有用金属を回収する溶融塩電解の模式図を示します。このプロセスでは $MO_x \rightarrow M^{2x+} + O^{2x-}$ に示すように，まず金属酸化物が溶解し，金属陽イオンと酸化物陰イオンが形成されます。次に，金属イオン（$M^{2x+}$）は陰極または基板表面で電気化学的に活性金属に還元され（$M^{2x+} + 2xe^- \rightarrow M$），金属として回収できます。酸化物イオンは，グラファ

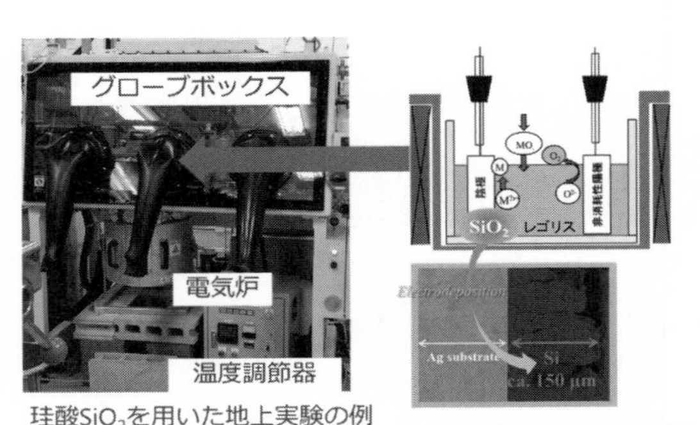


珪酸 $SiO_2$ を用いた地上実験の例

シリコン析出の地上実験例

電解電位で選択回収が可能

| Oxide | -E (V) vs. oxygen evolution |
|---|---|
| $SiO_2$ | **1.757** |
| $Al_2O_3$ | 2.173 |
| FeO | 0.987 |
| CaO | 2.592 |
| $Na_2O$ | 1.117 |
| MgO | 2.379 |
| BaO | 2.202 |

各種酸化物の分解電位

図 1　各種地上におけるシリカからのシリコンおよび酸素回収実験の一例[28]

イト陽極上で電気化学的に酸化されれば，一酸化炭素または二酸化炭素ガスが発生します。しかし，グラファイト陽極を非消耗陽極に置き換えることにより，二酸化炭素ガス発生反応の代わりに酸素ガスのみを生成させることが可能です（$2O^{2x-} \rightarrow x/2\ O_2 + 4xe^-$）。

金属酸化物（$MO_x$）が $SiO_2$ であれば，図 1 に示すように，電解により，陰極にシリコンが析出し，陽極が非消耗性電極であれば，酸素のみを発生することを電解中に発生したガスをサンプリングすることで確認しています。月レゴリスは主に金属酸化物で構成されているため，表に示す通り，各種酸化物で固有の理論電解分圧を持ちます。このため，原理的には電極電位を制御することで各元素を選択的に回収することができます。例えば，太陽電池に用いるソーラーグレードシリコンを製造する従来のシーメンスプロセスでは，アーク炉での $SiO_2$ の炭素熱還元反応により，粗製 Si（いわゆる MG-Si）が生成され，その後の塩素化工程，さらに，結晶成長工程などの複雑なプロセスを経て太陽電池級 Si が得られます。このように，プロセスが複雑である従来プロセスを月面に適用することはほとんど不可能です。一方で，溶融塩での電気化学的材料プロセッシングによれば比較的単純に太陽電池級 Si が合成できる可能性があります。

### (2) 液体金属陰極

レゴリスから金属を回収するための陰極として，固体および液体金属電極の両方を使用できます。固体金属電極は，液体電極よりも使用がはるかに容易ですが，液体金属陰極は，連続的な大規模な製錬プロセスを考慮すると，将来的にはより実現可能な電極材料です。液体陰極上で液体 Al 金属を生成させる工業製錬プロセスの分野では，1 A $cm^{-2}$ を超える高電流密度での生産が可能になっています[29]。図 2 に示すように，地上での液体アルミニウム精錬技術に倣い，液体シリコンとして月および火星のレゴリスから回収するプロセスのコンセプトを示します[30]。

1/6 または 3/8G（G は重力加速度）下で，溶融塩をシリコンの融点より高く設定し，陰極を電解槽下部に，酸素発生陽極を上部に設置することで，液体シリコンは図 2 に示すように電解槽下部に液体として沈殿生成し，液体シリコンを液体の清浄な状態で取り出すことが可能です。

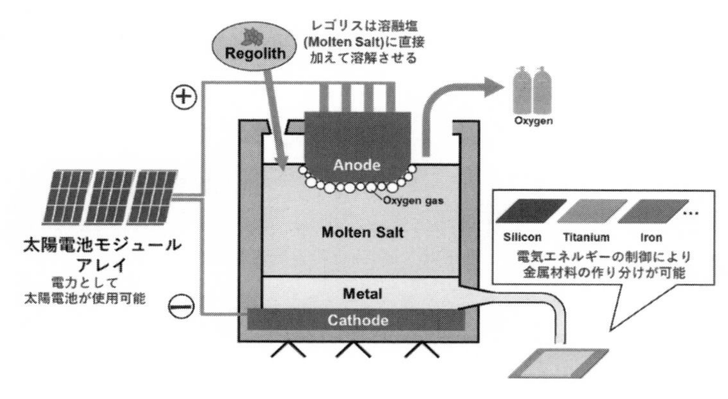


図 2　液体陰極を用いた液体シリコン連続回収電解槽の模式図

# 4 今後の展望

月に存在する水を電解することにより，水素が得られれば，前述のレゴリス由来の電解生産プロセスと組み合わせることで，図 3 のような生産システムの構築が可能となります。

さらに，ここでは詳しくは触れませんが，火星探査を視野に入れたとき火星大気がほぼ $CO_2$ で満たされていることから，$CO_2$ の利用も重要な資源その場利用の一環として取り組む必要があります。ここでも，水素と $CO_2$ を組み合わせ反応させることで，アルコールやポリカーボネート等の化学品のその場合成を検討する必要があります。これらについては，現在，2050 年カーボンニュートラルに向け行われています。ここで培われた技術を宇宙で展開することも必要になると考えられています。さらに，月に存在するヘリウム 3 を利用した核融合設備の開発等が必要になりますが，これについても地上での開発後に宇宙で展開することが，技術開発としての正しい道筋です。長期的に見れば，月のレゴリスに豊富に存在するヘリ

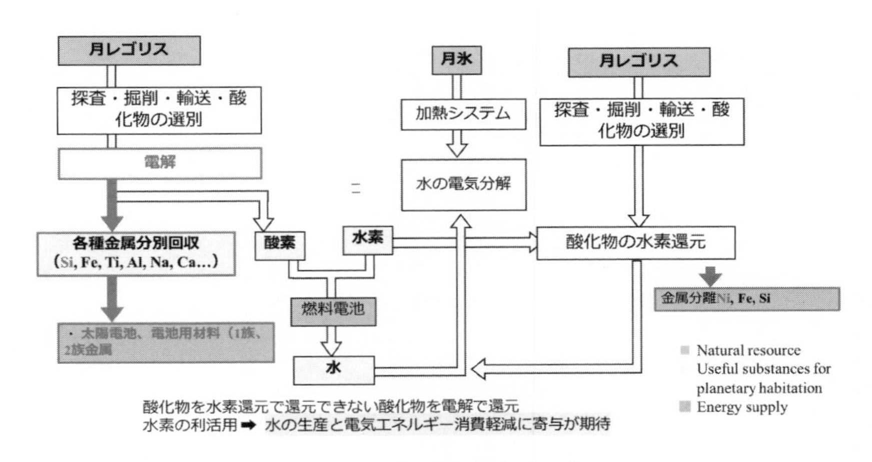


図 3　月でのその場資源分離回収法およびそのサイクル

ウム3を利用した核融合反応により，月でのエネルギー生成が期待できます。

レゴリスを利用するためには，レゴリス掘削に始まり，微細なレゴリス粉末を粉砕，分類，分離，静電浮上輸送するシステムを構築する必要があり，本稿では触れていませんがこれらのレゴリス精錬に必要な前段の工程についても開発が必要です。

## 参考文献


[1] Hoshino, T., Wakabayashi, S., Ohtake, M., Karouji, Y., Hayashi, T., Morimoto, H., Shiraishi, H., Shimada, T., Hashimoto, T., Inoue, H., Hirasawa, R., Shirasawa, Y., Mizuno, H., Kanamori, H. (2020) Lunar polar exploration mission for water prospection: JAXA's current status of joint study with ISRO. *Acta Astronautica*, 176: 52–58.

[2] Strogonova, L.B. (1991) Manned Expedition to Mars: Concepts & Problems. A*cta Astronautica*, 23: 279–287.

[3] Detsis, E., Doule, O., Ebrahimi, A. (2013) Location selection and layout for LB10, a lunar base at the Lunar North Pole with a liquid mirror observatory. *Acta Astronautica,* 85: 61–72.

[4] Kaczmarzyk, M., Musial, M. (2021) Parametric Study of a Lunar Base Power Systems. *Energies*, 14(4): 1141.

[5] Anand, M., Crawford, I.A., Balat-Pichelin, M., Abanades, S., van Westrenen, W., Peraudeau, G., Jaumann, R., Seboldt, W. (2012) A brief review of chemical and mineralogical resources on the Moon and likely initial in situ resource utilization (ISRU) applications. *Planetary and Space Science,* 74: 42–48.

[6] Spudis, P.D., Lavoie, A.R. (2011) Using the resources of the Moon to create a permanent, cislunar space-faring system. AIAA SPACE 2011 Conference & Exposition, September 2011, California, USA, 27–29.

[7] Ulamec, S., Biele, J., Trollope, E. (2010) How to survive a Lunar night. *Planetary and Space Science*, 58: 1985–1995.

[8] Benaroya, H., Mottaghi, S., Porter, Z. (2013) Magnesium as an ISRU-derived resource for lunar structures. *Journal of Aerospace Engineering,* 26(1): 152–159.

[9] Schwandt, C., Hamilton, J.A., Fray, D.J., Crawford, I.A. (2012) The production of oxygen and metal from lunar regolith. *Planetary and Space Science*, 74: 49–56.

[10] Corrias, G., Licheri, R., Orru, R., Cao, G. (2012) Optimization of the self-propagating high-temperature process for the fabrication in situ of Lunar construction materials.

*Chemical Engineering Journal* 193–194, 410–421.
[11] Palos, M.F., Serra, P., Fereres, S., Stephenson, K.,González-Cinca, R. (2020) Lunar ISRU energy storage and electricity generation. *Acta Astronautica*, 170, 412–420.
[12] Hecht, M., Hoffman, J., Rapp, D. et al. (2021) Mars Oxygen ISRU Experiment (MOXIE). *Space Science Review*, 217(9).
[13] Heiken, G.H., Vaniman, D.T., French, B.M. (1991) *Lunar Sourcebook*. Cambridge University Press.
[14] Indyk, S.J., Benaroya, H. (2017) A structural assessment of unrefined sintered lunar regolith simulant. *Acta Astronautica*, 140: 517–536.
[15] Corrias, G., Licheri, R., Orrù, R., Cao, G. (2012) Optimization of the self-propagating high-temperature process for the fabrication in situ of Lunar construction materials. *Chemical Engineering Journal*, 193–194: 410–421.
[16] Raju, P.M. (2014) Advances in manufacture of Mooncrete: a Review. *International Journal of Engineering Science & Advanced Technology*, 4 (5): 501–510.
[17] Wang, K., Lemougna, P.N., Tang, Q., Li, W., Cui, X. (2017) Lunar regolith can allow the synthesis of cement materials with near-zero water consumption. *Gondwana Research*, 44: 1–6.
[18] Heiken, G.H., Vaniman, D.T., French, B.M. (1991) *Lunar Source Book*. Cambridge University Press.
[19] Berger, J.A., Schmidt, M.E., Gellert, R., Campbell, J.L., King, P.L., Flemming, R.L., Ming, D.W., Clark, B.C., Pradler, I., VanBommel, S.J.V., Minitti, M.E., Fairén, A.G., Boyd, N.I., Thompson, L.M., Perrett, G.M., Elliott, B.E., Desouza, E. (2015) A global Mars dust composition refined by the Alpha-Particle X-ray Spectrometer in Gale Crater. *Geophysical Research Letters*, 43: 67–75 .
[20] Taylor, S.R. (1992) *Solar System Evolution*. Cambridge University Press. 307 pp.
[21] Fuchs, L.H. (1970) Fluorapatite and other accessory minerals in Apollo 11 rocks. Proceedings of the Apollo11 Lunar Science Conference, 1, 475.
[22] Jackson, G.S., Elangovan, S., Hintze, P.E. (2020) Electrochemical Approaches to "Living off the Land" in Space.*The Electrochemical Society Interface*, 29: 65.
[23] Liu, A., Shi, Z., Hu, X., Gao, B., Wang, Z. (2017) Lunar soil simulant electrolysis using inert anode for Al-Si alloy and Oxygen production. *Journal of The Electrochemical Society*, 164, H126.
[24] Schreiner, S. S., Sibille, L., Dominguez, J.A., Hoffman, J.A. (2016) A parametric sizing model for Molten Regolith Electrolysis reactors to produce oxygen on the Moon. *Advances in Space Research*, 57: 1585.
[25] Schwandt, C., Hamilton, J.A., Fray, D.J., Crawford, I.A. (2012) The production of oxygen and metal from lunar regolith. *Planetary and Space Science*, 74: 49.
[26] Lantelme, F., Inman, D., Lovering, D.G. (1984) *Molten Salt Techniques*, Vol. 2, R. J. Gale and D. G. Lovering, Ed., Plenum Press, New York.
[27] Atkins, P., De Paula, J., Keeler, J. (2018) *Atkins' Physical Chemistry*.11th edition, Oxford University Press.
[28] Sakanaka, Y., Goto, T. (2015) Electrodeposition of Si film on Ag substrate in molten LiF–

NaF–KF directly dissolving $SiO_2$. *Electrochimica Acta*, 164: 139.
[29] Cowley, W.E. (1982) *Molten Salt Technology.* D. G. Lovering, Ed., Plenum Press, New York.
[30] Suzuki, Y. (2022) Electrochemical Processing in Molten Salt for In-Situ Resource Utilization. Doctor Thesis.

# Chapter 4

# 宇宙食

徳島大学大学院医歯薬学研究部
徳島大学宇宙栄養研究センター　**二川　健**

21 世紀は宇宙大航海時代と言われています。人類が月に到達して 50 年が経ちいよいよ月面での居住を目指すプロジェクト（アルテミス計画）が動き始めました。ヒトが月面で生活するとなるとどうしても必要なものは，食事です。本章ではその宇宙食について現状と課題を述べます。

## 1　各国の宇宙食の現状

現在の宇宙食はとてもバラエティ豊かで，地上の食事に近いものとなっています。半乾燥食品，加水食品，レトルト食品，缶詰食品，自然形態食品，フリーズドライ食品，そして新鮮食品などの様式があります。国際宇宙ステーションで食べられている宇宙食は主にアメリカとロシアにより提供されています。アメリカ（NASA）の宇宙食は，スペースシャトル内での短期ミッション用と国際宇宙ステーション（ISS）内での長期ミッション用にそれぞれ 180 種類以上のメニューがあります。ロシアの宇宙食はボルシチなどの郷土料理も含めて100種類以上のメニューがあります。面白いことに，アメリカの宇宙食はレトルト食品のものが多いのに対し，ロシアの宇宙食は缶詰が多いのが特徴です。ヨーロッパ（ESA）の宇宙食は，ロシアとの結びつきが強い影響か，缶詰食品が多いようです。過去には，フランス料理の有名シェフ，アラン・デュカス氏のプロデュースにより本格的なフランス料理の宇宙食を国際宇宙ステーションに供給しました。高い食文化を誇るフランス料理だけにメインディッシュ，サイドディッシュの他に，デザート類にもこだわりをみせています。成長著しい中国の宇宙食は，すでに120種類以上考案されており，中国料理以外に西洋料理も多く取り入れられているとのことです。驚くべきは，国際宇宙ステーションでは使用が認められていない電子レンジが既に中国の国際宇宙ステーションには設置され使用されていることです。日本（JAXA）の宇宙食は，宇宙に長期滞在する日本人宇宙飛行士の精神的なストレスの緩和のために，宇宙日本食という基準を作り，日本の普通食をベースとした食事を提供しています。現在認定されている宇宙日本食は約50種類にのぼります。

## 2　宇宙食の条件[1]

宇宙食ならではの特殊性および条件を以下に述べます。

### (1) 衛生基準

現在では一般的な食品の衛生管理基準であるHazard Analysis and Critical Control Point（HACCP）は，そもそも1970年代にNASAの宇宙食製造から生まれた概念です。その目的は，宇宙で食中毒等が発生するのを防ぐことでした。宇宙でクルーが集団食中毒になるとクルーの命に係わる一大事件となるわけなので，宇宙食にはとても厳しい衛生基準が要求されています。食品の製造施設についても衛生管理体制の基準を満たす必要があります。

### (2) 保存性

現在の ISS には食品用の冷蔵庫や冷凍庫は存在しないので，常温で長期保存できることが現時点での宇宙食の条件となっています。食品の輸送などにかかる期間も含め，ISS では最低 1 年の賞味期間が必要です。したがって，JAXA では，宇宙日本食の認証のために，1 年間の食品保存試験を要求しています。

### (3) 形状とにおい

宇宙ステーション内で食べ物が散乱し，機器に悪影響を及ぼしたり，飛行士の眼に入ったりしないように，“食べかす”が出ないようにすることが重要です。同様に，水分が散乱するのも問題なので，水分を含む食品（煮汁やソースなど）には若干の粘度（とろみ）が必要です。さらに，においの強烈な食品は避けられなければなりません。また，においの感受性は個人によって様々であり，ある人にとっては問題なくても他の人にとっては苦痛となって食欲に悪影響を及ぼしかねないので，自分だけでなく他のクルーが食べる食品も事前に確認することにしています。

### (4) パッケージ

食品の中身だけでなく，パッケージも宇宙食の大きな特徴です。食品の包装材やそれについているラベル，インク，染料，のり等，宇宙船に持ち込まれるものについてはすべて有毒ガスを発生しないことを確認する必要があります。したがって，食品ごとに異なるパッケージを使うより，すでにこれらの試験に合格した包装材で食品をパックするほうが効率的です。

### (5) 地産地消

月面で生活するとなると，食事の原材料（食材）の生産（宇宙農業），加工や調理といったことも考慮しなければなりません。つまり，宇宙環境で生産しやすく，加工や調理が簡単な食材を見つけることが重要です。

### (6) 宇宙日本食の認定基準

食品製造業者がJAXAから宇宙日本食として認証を受けるために遵守する必要がある基準やプロセスが「宇宙日本食の認定基準」として明確化されています[2]。なお，認定を受けた食品には，特別なロゴを提示することができます。

## 3 宇宙レトルト食品と宇宙缶詰食品の特徴

先述のように，宇宙食としてNASAはレトルト（パウチ）食品を，ロシアは缶詰食品を用いることが多いです。その直接の理由は不明ですが，下記に示すメリットとデメリットのどちらを重視するかによりそのようになったのでしょう。レトルト食品も缶詰食品も，気密性および遮光性を有する容器で密封し，加圧加熱殺菌を施した食品です。そのため常温で長期間の保存が可能です。レトルト食品のメリットとしては，軽い素材なので携帯性に優れ，簡単に潰すことができるので使用後の廃棄物としての量を減らすことができることが挙げられます。デメリットは，外圧により料理の形状が崩れやすいので，練り状のものが多くなる上，見た目を楽しむためには他の容器に移さなければならないことです。また，現在の国際宇宙ステーションでは電子レンジが使えないため，温めるには温水を注ぐか温風にさらすしかなく少し不便です。電子レンジが使用可能になれば，地上に多くのレトルト食品があるので宇宙食の種類もより豊富になるかもしれません。一方，缶詰食品のメリットとしては，料理したままの形で密封できるので，おいしさも形も料理した直後の状態で食べることができます。缶がそのまま食器となるため食べやすいのも特徴です。実際，宇宙飛行士にはこの缶詰食品の方がおいしく感じるのか，ロシアのいわしの缶詰や日本の鯖の缶詰はとても人気があります。デメリットは，缶の容積が大きいことです。特に使用済みの缶は結構かさばるため，国際宇宙ステーションで保管するのは大変だと聞いています。

## 4 代替肉

昨今，SDGs（Sustainable Development Goals: 持続可能な開発目標）という言葉が盛んに使用されています。宇宙環境で大量の水や飼料が必要な牛や豚を飼育するのは事実上不可能なので，宇宙食の分野でも SDGs に沿った新しい蛋白質源（代替肉）が求められています。また，栄養学的にも高品質の蛋白質の摂取は筋萎縮や骨粗鬆症のような宇宙環境で起こりうる病気の予防にも有用です。そこで宇宙食の食材として欠かせない代用肉について紹介しておきましょう。

代替肉とは，家畜を屠殺して得る食肉の代替として，植物性原料や昆虫，細胞などから得られる蛋白質を使い，肉の食感に近づけた食品です。植物性原料を用いたものとしては，主なものは大豆で，その他にも小麦，エンドウマメ，ソラマメなどを使ったものがあります。ビヨンドミート（定義自体がまだ曖昧ですが，代替肉を生産する米国のベンチャー企業名から有名となった言葉）として，培養肉や昆虫食なども代替肉のひとつとしてある程度の地位を占めています。

代替肉が世界の市場に広がり，支持される背景には，環境問題に対する意識が高まったことがあります。動物性の肉を生産する畜産は，環境へ多

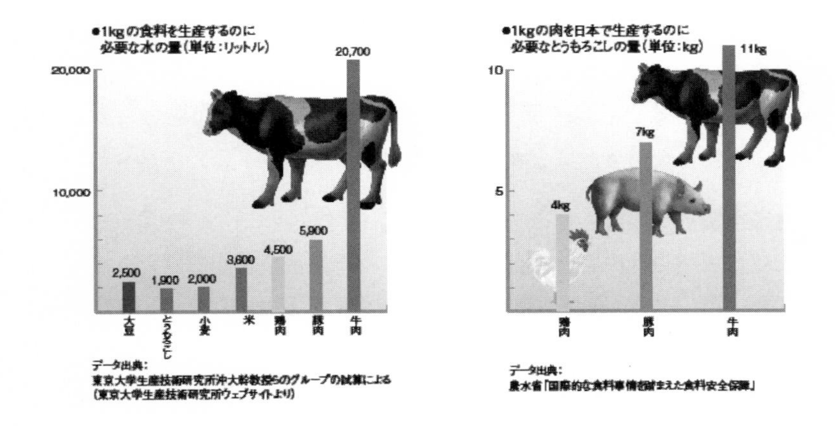


図1　1kgの食料を生産するのに必要な水・とうもろこしの量

大なる負荷をかけています。動物性の肉を1kg生産するのに必要な水や飼料の量は大豆など植物性蛋白質に比べ桁違いに多いことが知られています（図1）。もし世界中の人々が高級な牛肉を沢山食したらどうなるでしょうか。飢餓にひんする人口はさらに増大し，世界はたちまち食糧危機に陥るでしょう。また，動物愛護の高まりも畜産業の抑制圧力になっています。さらに，健康学上の問題もあります。動物性蛋白質は，味もおいしく栄養価が高い（必須アミノ酸が豊富な）良質の蛋白質源ですが，必ずしも栄養学的に良いことばかりではありません。牛肉も豚肉も脂肪分が多く，蛋白質だけでなく脂質も過剰にとってしまい肥満の原因となりやすいのです。そこで，脂肪分が少ない植物性蛋白質が，健康学の観点から注目されてきました。味や見た目も肉の形成技術の進歩により，高級肉とまではいかないものの，とても肉に近いものになってきています。ここでは畜産肉に代わる肉（代用肉）として，大豆肉（ソイミート），培養肉と昆虫食を取り上げます。

### (1) 大豆肉（ソイミート）

大豆肉は言葉通り牛や豚，鶏などの肉を一切使用しない，大豆蛋白質から作った肉です。ベジタリアンやヴィーガン（ビーガン）といった菜食主義者の人々に愛用されてきました。大豆肉のメリットは以下の6つです。

- **高蛋白質で低脂質**

大豆は「畑のお肉」と呼ばれるほど，植物性蛋白質が豊富な食材で，加工段階で大豆の油分が取り除かれるため低脂肪です。100g あたり牛肩ロースと大豆肉の脂質はそれぞれおおよそ 38g と 1g です。

- **低コレステロール食**

原料の大豆は植物性のため，ほとんどコレステロールを含んでいない上，大豆蛋白質（コングリシニン）が血中コレステロール値を下げる効果があります。

- **豊富な食物繊維**

食物繊維は便秘の予防をはじめとする整腸効果や，血糖値上昇の抑制，血液中のコレステロール濃度の低下など，多くの生理機能が明らかになっています。

- **豊富な大豆イソフラボン（ポリフェノールの一種）**

大豆イソフラボンは女性ホルモンのエストロゲン作用を有し，更年期障害に伴う症状の予防と改善，コレステロール上昇抑制，骨粗鬆症の予防と改善，抗酸化作用などの効果があります。

- **豊富なミネラル・ビタミン群**

大豆にはカルシウム，カリウム，鉄分，銅などのミネラルが豊富に含まれます。また，糖質の代謝を助けるビタミン B1 が多く含まれます。

- **抗筋萎縮効果**[3]

これは我々が発見した大豆蛋白質の機能性のひとつです。大豆蛋白質（グリシニン）はユビキチン化酵素阻害効果を有する特殊なペプチド配列を有しています。

もちろん，アレルギー反応を起こすことがあったり，エストロゲンが癌細胞（特に乳癌細胞）の増殖を促進したりするデメリットもあります。採り過ぎには注意も必要です。

日本人が米を，欧米人が小麦やジャガイモを主食としているように，宇宙環境で長期間生活するヒト（あえて宇宙人という）にとって，大豆は主食になりうる力を有していると考えています。

### (2) 培養肉

培養肉とは，ウシなどの動物から取り出した少量の細胞を，動物の体外で増やしてつくる「本物の肉の代用品」のことです。2013年にオランダ・マーストリヒト大学のマーク・ポスト教授が，世界で初めて培養肉でハンバーガーをつくり，試食会を開催しました[4]。以来，世界中で培養肉への投資や研究が盛んに行われています。

図2に培養肉の生産工程を示します。このように培養肉も，大豆肉と同じく，環境負荷が少なく，安全かつ動物愛護の観点からもとても有益な蛋白質源となりえます。培養肉も宇宙食の重要な蛋白質源となりうるでしょう。今後の宇宙食として開発していくには，まだまだ高価な培養液と大量に必要な水を宇宙環境でどのように確保するかが重要なポイントとなるでしょう。また，ステーキにできるような大きな培養肉の塊の実現には形成技術の進歩も必要と思われます。

### (3) 昆虫食

昆虫食とは，ハチの幼虫，コオロギなど，昆虫を食べることです。食材としては幼虫や蛹（さなぎ）が比較的多く用いられますが，成虫や卵も対象とされます。アジア29ヶ国，アメリカ大陸23ヶ国で食べられ，アフリカの36ヶ国では少なくとも527種の昆虫が食べられており，世界で食用にされる昆虫の種類を細かく集計すると1400～2000種にものぼると言われています[5], [6]。著者は，ムーンショット型開発研究「地球規模の食料問

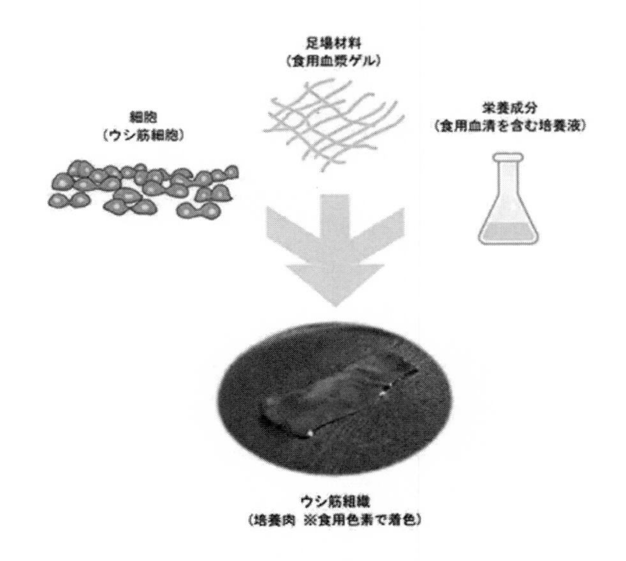


図 2　「食べられる培養肉」の作製イメージ
https://www.bcnretail.com/market/detail/20220402_272969.html より引用

題の解決と人類の宇宙進出に向けた昆虫が支える循環型食料生産システムの開発」（代表研究者 由良 敬）[7] に参画する機会を得，現在コオロギ蛋白質の栄養学的価値について研究しています。

昆虫も飼育のための環境負荷が小さく，SDGs に沿った食材であることは間違いありません。さらに，昆虫から得られる蛋白質のアミノ酸組成は哺乳動物の肉の蛋白質のアミノ酸構成に似ています。つまり動物性蛋白質であるので，栄養価（アミノ酸価）が植物性蛋白質よりも高いと考えられるのです。動物性蛋白質には筋蛋白質合成に有利なアミノ酸が多く含まれています。一方，植物性蛋白質には筋蛋白質分解を阻害するペプチドが多い特徴があります。昆虫食と大豆肉の良い点を混ぜ合わせると，宇宙環境においてもより高機能な蛋白質食材が得られると期待しています。昆虫食の欠点は，人によっては医学的なアレルギーと生理的なアレルギーがある点です。カニやエビに対するアレルギーに似たアレルギー症状を示すことが知られていますし，食経験に乏しいために生理的に受け付けない人もしばしば見られます。

＊　　＊　　＊

本章では宇宙食の現状について述べました。このような宇宙食を実用化するにはまだまだ解決しなければならない問題も多いことがおわかりいただけたのではないでしょうか。今後，宇宙食の開発分野に参入される若手研究者が増えてくれることを望んでいます。

## 参考文献


[1]　松本暁子（2008）「宇宙食」『宇宙航空環境医学』Vol. 45, No. 2, 37–49.

[2]　https://www.jaxa.jp/press/2006/12/20061205_spacefood_j.html#at01

[3]　Abe, T., Kohno, S., Yama, T., Ochi, A., Suto, T., Hirasaka, K., Ohno, A., Teshima-Kondo, S., Okumura, Y., Oarada, M., Choi, I., Mukai, R., Terao, J., Nikawa, T. (2013) *International Journal of Endocrinology*.907565.

[4]　https://www.afpbb.com/articles/-/2960201

[5]　FAO (2008) Beastly bugs or edible delicacies Workshop considers contribution of forest insects to the human diet.（閲覧 2022. 5.22）

[6]　落合優（2022）「食用昆虫の油脂と期待される栄養生理機能」『オレオサイエンス』第 22 巻第 4 号，日本油化学会，155–164 頁.

[7]　https://if3-moonshot.org/

PROJECT REPORT

# 3 無重力体験

IHIエアロスペース宇宙開発利用技術部　小原輝久

「無重力」――なんとも好奇心をくすぐる，響きの良い言葉です。

当コラムでは，被験体兼研究員として筆者が体験した無重力（0G）・過重力（2G）実験について記します。プロジェクト名は「Kyoto-university Parabolic Challenge（KPC）」。京都大学宇宙ユニットと霊長類研究所による微小重力下での認知的基礎実験でした。

このプロジェクトは2017年から2018年にかけて行われ，計20人ほどの京大生が被験体兼研究員として参加しました。学内の貼り紙や宇宙ユニットのHPで告知があり，大学内でも無重力が体験できると話題になっていました。研究目的は，「ヒトが宇宙で継続的に移住・活動する際に必要な支援手法の示唆を得るために，異なる重力環境下におけるヒトの空間認知・時間認知・内観の変化を測定する実験を行う」こと，簡単に言うと，「微小重力下で生活するときに時間の感じ方やモノの見え方がどう変わるのか？」というようなテーマです。結構な倍率だったようで，筆者も二度目の応募で採用され，幸運にもプロジェクトに携わることができました。

さて，無重力下の実験といっても，もちろん宇宙に行くわけではありません。どうやって宇宙に行かずに無重力空間を作り出すのでしょうか？

今回用いた方法は，パラボリックフライトと呼ばれる実験手法です。字義通り，「航空機の放物線飛行」が航空機内部に無重力空間を生み出すことを利用します。エレベータに乗って自由落下するイメージで直感的に理解できるでしょう。

パラボリックフライトでは，1回の放物線飛行で20秒ほどの微小重力空間を作り出せます。また，その前後の急加速，急減速の時に約2Gの過重力状態にな

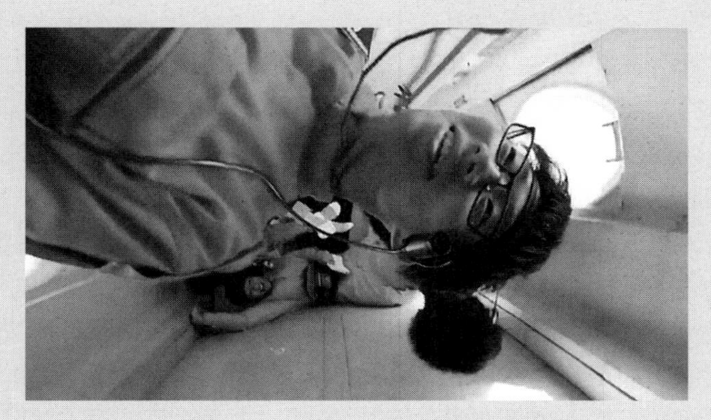

パラボリックフライト中の機内にて

ります。0Gの時は完全に体が浮きあがり不安定な感覚があり，2Gの時は体重が倍になったような感覚でなかなか大きな負荷になります。この放物線飛行を約10サイクルほど行い各重力状態で実験課題を行うのです。

1つ目の課題は，「閉眼時間計測」です。課題名の通り0G・1G・2G下で閉眼で10秒計測し，記録を比較することで，重力環境と時間認知の関係を調べます。結果として，0G下では時間認知が早くなる傾向（体感10秒がタイマーでは9.5秒というような傾向）が確認されました。

2つ目の課題は「閉眼筆記」と「閉眼ポインティング」です。これらは空間認知における変化を測るためのもので，「閉眼筆記」は0G・1G・2G下で閉眼で「どいたかお」の縦書きと横書きでの筆記を行い文字サイズの変化を比較する課題，「閉眼ポインティング」は0G・1G・2G下で閉眼で目標点に対し点描し，点の分布を比較する課題でした。結果としては，0G環境下では「閉眼筆記」で文字が斜めに筆記される傾向，および垂直方向の字間が狭小化する傾向がみられるとともに，「閉眼ポインティング」では1G環境下に比べて点の分布が目標点に近づく傾向がみられました。2G環境下では「閉眼ポインティング」で1G環境下に比べて点の分布が上方（重力方向の逆方向）に移動するという傾向がみられました。詳細な研究内容については宇宙ユニットのホームページ http://www.usss.kyoto-u.ac.jp/events/symp2019poster/ で確認できます。

課題の合間の待機時間では，各々自由に無重力を楽しめる時間がありました。せっかくの無重力ですから，この機会を生かさない手はありません。筆者は，かつて人類が無重力空間で使用していないであろう画材を選定し「人類初の微小重力下での岩絵具アート作品」を創作しました。ほかの学生も，物理実験を行ったり，縄跳びをしたり，うどんを踏んだりしていました。

なお，この実験の遂行にあたっては，1つの大きな困難がありました。1G → 2G → 0G → 2G → 1G のサイクルを 10 回ほどやると何が起きるか。「宇宙酔い」です。筆者が参加したときのメンバーは，7人中6人が突発的な吐き気をもよおし，嘔吐しました。筆者自身もふと気を抜いた瞬間に，ビニール袋に頭を突っ込んでいました。吐き気を訴えた人の中には，乗り物酔いをほとんどしないという人もいました。今後パラボリックフライトに挑戦される方は，搭乗前に食べ過ぎないように注意してください。

「無重力」は少年少女が一度は夢見，宇宙に興味を持つきっかけにもなる現象です。今回ご紹介したパラボリックフライトは，国内では数百万円で実施可能ですので，興味のある方は調べてみてください！

人類初の微小重力下での岩絵具アート作品

# Part 4

海のある火星の想像図と人工重力都市 ― Mars Glass ― の VR 画像

# コアソサエティ

CORE SOCIETY

VR 画像：岩戸菜摘，疋田真珠子，浅野真治，山敷庸亮
火星画像：山敷庸亮，高木風香
Mars Glass concept：大野琢也（鹿島建設株式会社）

# Chapter 1

# 宇宙法

慶應義塾大学大学院法務研究科　**青木節子**

本章では，人間が月や火星などの天体に移住した場合，どのような法規則が適用されることになるのかを考えます。もちろん活動が進むに従い，新たに法制度は構築されていくでしょう。現に国際連合（「国連」）内外で新たな規則作成に向けての努力は始まっています。

しかし，現時点の国際法をもとに，将来月や火星で適用される法規則を推測することはある程度可能です。それは，科学技術の進歩の速度に比べ，世界の政治経済状況や社会構造の変化を反映した国際法規則の形成は多くの場合緩やかだからです。相当数の国家の合意が醸成されないと新しい法を生み出すことができず，しかし，国益を追求する個別国家の意思が合致することはそれほど容易ではありません。

これが，現在の国際宇宙法を学ぶ意義です。10年後，20年後，あるいは50年後の天体活動を規律する国際法枠組は，今日のものと全く同じではないでしょうが，その基礎が大きく変わることもまた想像しにくいものです。そこで，以下，月・火星などの天体における活動を規律する現行国際宇宙法について説明し，各節ごとに今後の方向性を若干推測します。第1節では，国際宇宙法がどのように形成されてきたかを概観し，第2節，

第3節で天体の土地取得，宇宙資源開発・採掘についてみていきます。その後，第4節で，誰のものでもない宇宙で，国家はどのような理由に基づいて自国法を適用していくのかを，宇宙法特有の制度に言及しつつ説明します。第5節では天体に滞在する人間の保護や天体の環境保護の問題を考え，最後に今後の宇宙法についての希望を述べたいと思います。

## 1　国際宇宙法形成の中心としての国連

### (1) 国際法とはどのような法か

国際法は，簡単にいうと条約（国家間の正式の合意）と慣習国際法（多くの国家が長期間，均一の行為を繰り返し行い，やがてその行為が法であると信じられるようになることにより成立する不文法）からできています。

条約は，国家間の交渉によって生まれ，採択，署名，批准または加入（条約に法的に拘束されることを受け入れる旨の文書を条約の事務局に提出すること）などの手続を経た後，正式に国際社会で適用可能なものとして生まれます。これを条約の「効力発生」または「発効」といいます。法的な意味での（広義の）条約は，条約，協定，規程，憲章，規約などさまざまな名称で呼ばれます。条約の中で最も重要なのは，国際連合を設立した国連憲章（1945年発効）で，現在193ヶ国が加盟しています。国連憲章上の義務とそれ以外の条約の義務が矛盾するときには，国連憲章に基づく義務が優先する（第103条）と定められており，国連憲章はすべての条約の中で最上位にあります。当然，月や火星での有人・無人の活動も，国連憲章の枠組の中で行わなければなりません。国連憲章では，すべての加盟国に「武力による威嚇又は武力の行使」を禁止しています（第2条4項）。同時に，外国から武力攻撃を受けた場合には，本来は禁止されている武力の行使が自衛権の行使という形で認められます（第51条）。これらの法規則は，天体上の活動にも基本的に適用されることになります。

条約や慣習法は，法的な拘束力を備えた正式な国際法であり，その違反により国家の国際責任が生じますが，国連総会やその他の国際組織の採択する決議，勧告，宣言，行動規範，ガイドラインなどは国家に対する勧告的な機能しかもたず，守らない場合でも法的な国際責任は生じません。しかし，国連をはじめとする国際組織での議論の成果として採択された文書にはそれなりの重みがあり，国家の行動基準として尊重されることが少なくありません。そもそも，国家に上位する機関のない国際社会では，軍事経済大国が国際法に違反した行動を取る場合に，違法状態が是正されないままであるという残念な事態も生じます。国内と異なり，違反者を逮捕する警察官は存在せず，機能する裁判所もありません。国際司法裁判所という国連の裁判所は，原告，被告双方が裁判をすることに合意した場合のみ裁判を行うことができるに過ぎません。しかも判決が守られないときにそれを強制する手段はありません。

法の本質を強制力と考えるならば，国内法と比較して国際法は未成熟な法ということになります。主権国家の法的平等という前提にたつ以上，世界政府がない状態では，正式な国際法規則が破られたときにそれを是正する確実なメカニズムを設定することは原理的に不可能だからです。（また，そもそも世界政府が存在し，単一の原理や主義で多様な歴史背景をもつ世界の国々を統治することが望ましいのかという点については，大きな疑問符がつきます。）そこで，国際法の特色として，正式な法と法ではないけれど行動基準となる規範との相違が曖昧になりかねない点が指摘できます。

もっとも，勧告的な意味にとどまる国連総会決議なども，その行動準則に多くの国が従い，均一の行動が長年続けば，慣習国際法という正式の法に成長する可能性もあります。また，総会決議をもとにして条約が作成されることもあります。事実，宇宙活動を規律する国際法として最も重要な宇宙条約は，実質的には1963年に採択された2つの総会決議を合体させたものといえます（次項参照）。国際法は法と非法がフィードバックしあい，法規則を豊かに形成していく分野，ということができます。

### (2) 国際宇宙法を形成するCOPUOSと国連総会第1委員会

1957年10月4日，ソ連（現在のロシア）が世界で初めての人工衛星であるスプートニク1号の打上げに成功しました。翌年には，国連総会の補助機関として宇宙空間平和利用委員会（Committee on the Peaceful Uses of Outer Space: COPUOS）がアドホック委員会（常設ではなく特別，暫定のものとしての委員会）として設置され，宇宙の平和利用について，科学技術面，法律面からの議論を行うことになりました。衛星の打上げや惑星探査などの宇宙活動は人類のフロンティア拡大に欠かせないものであり，今後継続的に国際的な議論とルールづくりを行わなければならない，という各国の意思の合致があり，COPUOSは1959年に常設委員会となり，現在に到ります。

COPUOSは，本委員会の下に科学技術小委員会（「科技小委」）と法律小委員会（「法小委」）が設置され，法小委では宇宙活動についての正式の国際法である条約や原則・宣言など法的拘束力をもたない勧告文書の作成を行ってきました。COPUOSでの議論の結果は，国連総会に報告され，そこで最終的に総会決議や条約として採択されます。その後，条約の場合は，各国が署名をし，批准をするという手続に進みます。これまでに国連総会では5つの宇宙関係の条約を採択し，7つの法規範を定めた決議と3つの技術的ガイドラインを作り上げました（表1，表2参照）。

宇宙開発の初期，国連内外でロケットとミサイルは類似のものととらえられていました。わずかに先端部分に搭載する物体が，衛星や探査機であるのか，それとも兵器であるのかという点が異なるに過ぎず，目的により，同一原理（弾道ミサイル技術）に基づく運搬手段がロケットになったりミサイルになったりする，と考えられていました。そこで，このような運搬手段の搭載物が核兵器とならないように規制をかけようとする軍縮の気運が高まることとなりました。

国連総会の第1委員会（軍縮・安全保障を議論する委員会）では，スプートニク1号の打上げから1ヶ月半程度ですぐに「国連総会決議1148」を採択します。これは，宇宙空間に向けて発射する物体はもっぱら平和的かつ科学目的のものでなければならない，という内容の決議ですが，宇宙の平和利用を勧告したものではなく，米ソが核軍縮条約の交渉を始めることを勧め，その前段階として，ミサイル/ロケットの打上げ前に搭載物が兵器ではないことを検証する仕組み作りを勧めるものでした。核兵器を搭載した大陸間弾道ミサイル（ICBM）が，宇宙空間を通過して地上の目標地点に到達する事態をなんとか防ごうという目的での決議です。人類の活動の場としての宇宙は平和目的で利用しなければならない，という理想主義からの決議ではありませんでした。

同じく国連総会第1委員会の議論を経て，1963年には「国連総会決議1884」が採択されます。これは今日の宇宙条約第4条1項と同じ内容で，核兵器および他の種類の大量破壊兵器を運ぶ物体を①地球を回る周回軌道に乗せないこと，②天体に設置しないこと，③他のいかなる方法によっても宇宙空間に配置しないこと，を勧告するものでした。1963年には，もう1つ重要な決議が採択されます。COPUOSの法小委，本委員会を経て採択された「国連総会決議1962」です。こちらは宇宙条約の4条以外の部分についての勧告で，宇宙の領有禁止や，独特の国家責任制度などが規定されていました。宇宙の憲法，と称されることもある宇宙条約は，軍縮・安全保障を議論する第1委員会，宇宙の平和利用を議論するCOPUOSという2つの委員会での議論の成果を合わせたものとして1966年12月に国連総会で採択されました。そして，宇宙条約は1967年1月に署名のために開放され，同年10月には発効します。

その後，COPUOS法小委での議論に基づき，国連総会で4つの条約を採択することができました。宇宙条約も含めて5つの条約の正式名称と通称は以下のとおりです。これらの条約の天体の活動に関係する部分を第2節以下で解説します。

1. 1967年署名および発効　「月その他の天体を含む宇宙空間の探査及び利用における国家活動を律する原則に関する条約」(宇宙条約)
2. 1968年署名および発効　「宇宙飛行士の救助及び送還並びに宇宙空間に打ち上げられた物体の返還に関する協定」(救助返還協定)
3. 1972年署名および発効　「宇宙物体により引き起こされる損害についての国際的責任に関する条約」(宇宙損害責任条約)
4. 1975年署名，1976年発効　「宇宙空間に打ち上げられた物体の登録に関する条約」(宇宙物体登録条約)
5. 1979年署名，1984年発効　「月その他の天体における国家活動を律する協定」(月協定)

2023年1月時点での国連宇宙5条約の加盟状況は表1のとおりです。

COPUOSでは，1962年以降，委員会での議論の決定は，全加盟国のコンセンサスに基づくというやりかた，「コンセンサス方式」を取ることに決まりました。投票をして全会一致をめざす，というほど明確に白黒をつけるやり方ではありませんが，議論を尽くし，反対意見がでないところま

表1　国連宇宙5条約

| 署名年<br>発効年 | 条約名 | 日本の加盟 | 加盟国 / 機関数 |
|---|---|---|---|
| 1967 | 宇宙条約 | 1967 | 112/0 |
| 1968 | 救助返還協定 | 1983 加入 | 99/3 |
| 1972 | 宇宙損害責任条約 | 1983 加入 | 98/4 |
| 1975<br>1976 | 宇宙物体登録条約 | 1983 加入 | 75/4 |
| 1979<br>1984 | 月協定 | 未署名 | 18/0 |

出典：A/AC.105/C.2/2023/CRP.3 (20 March 2023), p.12.

表２　国連総会決議および国連総会がエンドースした技術的ガイドライン

| 1　法小委で作成 → 国連総会決議 | 2　科技小委で作成→ 国連がエンドース |
| --- | --- |
| 1982 年　直接放送衛星原則 | |
| 1986 年　リモート・センシング原則 | |
| 1992 年　原子力電源使用制限原則 | |
| 1996 年　スペース・ベネフィット宣言 | |
| 2004 年　「打上げ国」概念適用 | |
| 2007 年　宇宙物体登録向上勧告 | 2007 年　スペースデブリ低減ガイドライン |
| 2013 年　国内法制定勧告 | 2009 年　科技小委 /IAEA 原子力電源安全枠組 |
| | 2019 年　長期持続可能性ガイドライン |

で合意が醸成されたときにのみ物事を決定する，という方法です。「コンセンサス方式」とは，すべての加盟国に拒否権を付与する決定方式ともいえます。そのため，加盟国が増えるにしたがい，条約案の採択のような重要事項の採択が困難になりました。

COPUOS は，1958 年のアドホック委員会時代には 18 ヶ国で出発しましたが，その後，加盟国の数は次第に増加し，最後の条約，月協定案を採択した時点では 47 ヶ国でした。その後は条約採択に向けてのコンセンサスに到ることは二度とありませんでした。しかし，違反しても国家の国際責任を問われることのない勧告的なルールならばコンセンサスを醸成することは可能でした。そこで，1980 年代以降は，国連総会決議や独立した決議には到らないものの国連がエンドース（支持）する技術的ガイドラインが作成されるようになりました。

2023 年 1 月現在の COPUOS 加盟国は 102 ヶ国です。新しい条約の採択はますます難しくなっている，といえそうです。

# 2 宇宙は誰のものか

## (1) 宇宙条約と月協定

宇宙条約第2条は,「月その他の天体を含む宇宙空間は,主権の主張,使用若しくは占拠又はその他のいかなる手段によっても国家による取得の対象とはならない。」と規定されています。宇宙においては,天体も天体間の真空部分も同じ法的地位をもち,宇宙条約では両者を合わせて「宇宙空間」と呼んでいます。そして,宇宙空間をどのようなやり方で使おうとも,仮に占拠しようとも,その事実によって国家が宇宙を取得＝所有することはできない,と定められています。国家主権には,領域(領土,領海,領空)の所有という側面と領域の統治という側面がありますが,統治すべき場所の所有を否定しているのが宇宙条約第2条です。技術の優れた国が,月に頻繁にロケットを打上げ,資材や人間を送り,人間が長期滞在できる基地を作り,鉱工業活動を展開させ,一定区画を占拠し,自国の領域となったと主権の主張をしたとしてもそれは認められない,ということを規定しています。国家がどのような活動実績を積もうとも宇宙のいかなる部分も領有することはできないのです。そこで,国ではなく,民間企業や個人は,活動実績に応じて宇宙を取得することはできるのだろうか,という疑問が湧いてくるかもしれません。その点はもうすこし先で説明します。

月協定は,国家だけではなく,国際組織も国内組織も企業も個人も「月」を所有できない,と明記しています(第11条3項)。ところで,月協定では,「月」に特別の意味を与えています。「月」とは,地球の衛星としての「月」だけではなく,太陽系の地球以外のすべての天体とその周回軌道やそこに到る飛行経路も含むものと定義づけられているのです(第1条1-2項)。無数の天体と天体間の空間部分を含む概念としての「月」となります。

### (2) 私人は天体を所有することが可能か？

宇宙条約では，国以外の主体の宇宙の取得については何も規定されていませんが，非国家主体（私人）の取得も禁止，と解釈されます。その理由は以下のものです。

例えば，A 国の国民は，A 国内で土地を所有しようと考える場合，A 国の国内法上の手続に従い，例えば元の持ち主から購入して所有権移転の登記などを行って，正式に所有することになります。A 国の国民が B 国内の土地を所有しようとするときには B 国の国内法に基づく手続を取った後に正式に所有します。もっとも B 国法では外国人に土地を売らないかもしれませんが，その点も含めて B 国の法律に従います。では，A 国民の X さんがどこの国の領土にもなっていない場所に出かけ，大農園を作り広大な土地を占拠し使用する場合はどうなるでしょうか。X さんは，そのとき，「法的に」土地を所有しているとはいえません。単に「事実として」実力で広大な土地を占有（管理していること）しているに過ぎません。B 国の Y さんがやってきて，暴力で X さんの大農園を奪った場合には，今度は Y さんが「事実として」土地を占有していることになりますが，これは，単に無法状態で占有の移転があった，という事実にとどまります。しかし仮に A 国が X さんの大農園を含む一角をいずれの国の領土でもないから，という理由で自国領域に編入した場合には話が変わります。X さんは占有している土地を，A 国法にしたがって所有することができます。

国家の制定する法律だけが「事実としての占有」を「法的な所有権」に転化することができるのです。宇宙条約は，国家が宇宙を所有することを禁止していますから，仮に将来，私企業が月や火星の一区画に広大な基地を建設し，その場所を占有管理してもそれを自国領域に編入することはできません。したがって，私人（企業などの法人と自然人）は，天体の一部を占有する可能性はありますが，所有することは宇宙条約に従う限りではあり得ません。もっとも，占有が長期間継続すれば，法的な概念はともかく，実質的には所有となにが異なるのか不明瞭であり，長期的占有を防ぐ手段を早急に講じなければならない，という声も宇宙コミュニティでは存在します。その点は今後の課題となります。

現在宇宙条約には 112 ヶ国が加盟しています。国連加盟国が 193 ヶ国であることを考えるとそれほど数は多くない，といえるかもしれません。例えば，核兵器不拡散条約や国連気候変動枠組条約等の重要な条約には 190 ヶ国以上が加盟しています。宇宙活動は地球上からロケットを打上げるところから始まりますが，いまだに自国領域内から国産ロケットで衛星を打ち上げることができる国は 10 ヶ国にとどまっています。実現した順にソ連，米国，フランス，日本，中国，インド，イスラエル，イラン，北朝鮮，韓国となります。衛星を保有する国こそ 70 ～ 80 ヶ国まで増加しましたが，打上げを含む自立した宇宙活動は現在でも比較的少数国にのみ可能な活動です。国家は自国に直接の害が及ばないかぎりは，自国が実施しない活動には無関心になりがちです。そのため，宇宙条約の加盟国は，他の重要な条約に比べて少ないのです。しかし，宇宙条約の多くの部分はいまや慣習国際法となっており，宇宙条約に入っていない国であってもそれを理由に宇宙の領有禁止を否定することはできない，と言われています。

結論として，宇宙条約に加盟し月協定には加盟していない国，月協定に加盟している国，いずれの場合であっても，国家だけではなく，私人も天体であれ，空間部分であれ，宇宙を所有することはできません。この点は明確です。

## 3　宇宙資源は誰のものか

### (1) 禁止されていない活動は自由か？

COPUOS 法小委で宇宙条約を議論していた 1966 年，フランスやベルギーは，宇宙空間という場所の領有禁止だけではなく，天体に賦存するとされる稀少金属も国家の取得＝所有の対象ではない，と規定することを求めていました。しかし，結果的にその提案はコンセンサスに到らず取り入れられませんでした。宇宙条約第２条は「月その他の天体を含む宇宙空間は,……国家による取得の対象とはならない」という表現に留まりました。しかし，国家は宇宙資源を取得することができない，という文言が含まれなかったという事実は，必ずしもそのようなルールの存在自体が否定された，ということを意味するものではありません。当たり前のことなので規定しなかった，という場合もあれば，あえて条約文言に入れずに暗黙の了解にとどめておく場合もあります。正確には，宇宙資源の所有についてはなにも決まらなかった，ということを意味するに過ぎないといえるでしょう。

そこから宇宙条約第２条については主として２つの解釈が生まれてきました。１つは，禁止されていないことは自由に行ってよい，というものです。明文で禁止されているのは，不動産としての宇宙の所有に過ぎません。地球上では，公海はいかなる国も領有を主張することができない場所ですが，特別条約で別途制限がない限りは，公海での漁業は自由です。宇宙も公海と同様，領有はできないが，利用は自由で基本的には早い者勝ちで資源を獲得することができる，という考え方です。

もう１つは，禁止規定がないからといって，自由に行動してよい，ということにはならない，という考え方です。この解釈を取る研究者は，宇宙条約のほかの条文が間接的に宇宙資源問題を規定していないかを調べ，宇宙条約に規定がなければ，それ以外の国連で作成した宇宙諸条約や国連総会決議を調査し，さらに，そこにも規定がなければ，資源，開発，環境，など国際法の他の分野で類似の問題にどのような制限がかけられているのかを丁寧に検討しなければならない，と主張します。それでも解答が出ない場合には，国際社会が新たにすべての国が納得できるルールを作らなければならない，と主張されることもあります。

### (2) 宇宙資源開発の条件を定める月協定

月協定に加盟している国にとっては，この問題もすでに解決済みです。月協定では，月とその資源を「人類の共同の財産」と位置付け，自由競争に基づく開発・採掘を禁止しています（第11条1項，3項）。注意しなければならないのは，あくまでも自由競争，早い者勝ちというやりかたでの資源開発・採掘の禁止であり，宇宙資源の所有自体を絶対的に禁止したものではありません。月協定では，月の資源の開発が実行可能になったときに，「国際制度」を作り，その規則にしたがって開発を進める，と規定されています（同5項)。「国際制度」とは，必ずしも国際組織を作ることを意味しません。月協定の加盟国が納得するのであれば，条約でも，法的拘束力をもたない規範（「ソフトロー」）である国際枠組でも，かまいません。国際制度は，月協定に加盟するすべての国に対して宇宙資源採掘から生じる利益を公平に分配することを保障しなければならず，「公平」を実現するために，途上国の利益や必要に特別の考慮を払うことが要求されます。同時に宇宙先進国は宇宙資源探査・開発に資する研究や実証実験を先行して行うことが予想されますから，そこに費やした投資に見合う分配を考慮することも「公平」実現のために必要と解されます（同7項)。

月協定に加盟する国は2023年現在18ヶ国にとどまります。そして，その中で先進国は，オーストラリア，オーストリア，ベルギー，オランダにとどまり，主要な宇宙活動国は1ヶ国も含まれていません。フランスとインドは月協定に署名はしましたが，批准をしていないので，条約に加盟していることにはなりません。条約に法的に拘束されるためには，通常は，国は署名をし，かつ批准をします。（重要ではない条約の場合は，署名だけで正式に条約に拘束されることもあります。）条約に署名していなかった国が，条約が発効した後，やはり自国も条約に加盟したいと考える場合は，「加入」という手続を踏んで条約に参加します。具体的には，条約の事務局に加入書を提出するというやり方を取ります。月協定では，署名，批准という手続を経たのは，オーストリア，オランダ，チリ，モロッコ，ペルー，フィリピン，ウルグアイの7ヶ国で，オーストラリア，アルメニア，ベルギー，カザフスタン，クウェート，レバノン，メキシコ，パキスタン，サウジアラビア，トルコ，ベネズエラの11ヶ国が加入による加盟国となっています。加入手続を取った国の方が多いことは，条約が発効するまでの間に署名をためらう国が多かったことを示しています。その理由はやはり，月という場所とそこにある資源に「人類の共同の財産」という特別な地位が付与されており，国家の自由な活動が制限されていたことにあるといえるでしょう。

なお，2023年1月5日，サウジアラビアは月協定を脱退する手続を取りました。2024年1月5日に脱退の効力が生じることになります（第20条）。宇宙諸条約で脱退手続が取られたのは初めてです。

### (3)「人類の共同の財産」である深海底の資源開発制度

公海や公海上空はどこの国も領有することはできませんが，すべての国が平等に自由に使用できる場所です。このような場所はしばしば「国際公域」と呼ばれます。（南極も国際公域ではないか，という疑問が湧くかもしれません。南極は少し特殊です。現在でも7ヶ国が領有権を主張している場所でもあり，南極条約（1959年）に基づく独自の制度を構築しています。）それに対して「人類の共同の財産」と定められた領域は，国家の領有も国家による自由な利用も認められません。「人類の共同の財産」は月協定により，初めて思想から法制度へとその性質を変えたもので，条約が作りあげた新たな領域制度といえます。

月協定の採択から3年後，1982年に国連海洋法条約が採択されましたが，この条約も深海底（大陸棚を超える海底とその下）を「人類の共同の財産」と位置づけ（第136条），深海底の資源（マンガン，ニッケル，コバルト等）に対する権利は全人類に対して付与されていると規定されます（第137条2項）。深海底資源の開発のために，国際海底機構という政府間国際組織が設立され，同機構が国家の事業体や企業に対して採掘許可を与え，活動を監督することとなりました。許可を受けた者が遵守しなければならない途上国に対する特別の義務，全人類に対する義務がかなり厳しいものであることが主要な理由と推測されますが，深海底の資源開発はほとんど進んでいないのが実状です。国連海洋法条約の課した条件があまりに厳しいものであったため，1994年には深海底の開発条件を緩和する「第11部実施協定」という別の条約を作成し，同協定の条件に従って資源開発を行うこととなりました。（国連海洋法条約の第11部（第133条から第191条）が深海底制度についての一連の規則を置いているため，「第11部実施協定」という名称となっています。）それでも，新たな開発活動に挑む国や企業にとっての十分な動機づけとはなりませんでした。この事実は，天体の資源活動について，人類全体への利益配分と大きなリスクを取って行動する冒険的事業者への動機付けを考慮した配分のバランスを取る制度を作ろうとするときには，参考となるのではないでしょうか。

### (4) 米国の宇宙資源探査利用法

宇宙資源の探査・開発・採掘について，現在，具体的な法制度を規定しているのは月協定だけです。しかし，少数に留まる月協定の加盟国の中には，実際に天体の資源探査・開発の技術を保有する国は存在しません。したがって，宇宙条約を基本に，自由競争で開発を行うか，今後新たな制度構築をしていくか，ということにならざるをえないだろうと予想されます。

2015年に米国が「宇宙資源探査利用法」という3条からなる短い法律を制定し，米国市民が商業目的で宇宙資源（水や鉱物などの非生物資源を指します。）の採掘活動を行い，それに成功した場合，米国は，国際法上の義務に従いつつ，米国市民の宇宙資源に対する所有権を認める，と規定しました。米国が国連憲章，月協定以外の国連宇宙諸条約，その他宇宙関係で米国が義務を受諾した条約そして国際慣習法などに従うという条件はついていますが，その制限の中で，米国市民が宇宙資源を「占有し，所有し，輸送し，使用し，売却する（possess, own, transport, use, and sell）」権利が保障されています。宇宙条約第2条が，宇宙資源の採掘を禁止していないことに基づいて，禁止されていない行為を実行することは合法と解釈し，自国企業に安心感を与えるための法です。地球上では稀少で採掘できれば大きな利益となる金属が賦存していそうな小惑星や惑星がどこにあるかを探査するだけでも莫大なコストがかかります。採掘に加えて，加工や輸送の技術の開発や実証実験も必要ですから，多大な資本を投下して得た資源を市場で売却することが可能であるという国家の保障は，私企業であれば絶対に欲しいところです。

米国の宇宙資源探査利用法は，このような産業界の要請に応えたもので，具体的な資源の探査・開発のための許可を付与するための手続法ではありません。事実3条のみの短い法律中に，許認可・監督制度を含む宇宙資源法を策定するのは議会の責任である旨が規定されています。しかし，その後，議会はなんらの行動もとっていませんから，そこからも宇宙資源開発産業を法的に支援するための産業政策法であったことがわかります。米国法を補完するともいえるのが2017年のルクセンブルク法で，こちらも約20条の短い法ですが，資源開発を行おうとする企業（国籍要件はなく，自国企業も外国企業も含まれます）に対する許可条件，監督の内容，違反した場合の罰則などを定めています。

### (5) COPUOS法小委での議論

米国市民に宇宙資源の所有権を認めた，という部分が刺激的であったため，2015年の米国法に対する批判はかなり強く，2016年4月に開催されたCOPUOS法小委では，途上国，ロシア，ベルギーなどが特に強く米国の一方的措置を批判しました。その結果，同会期では，翌2017年から「宇宙資源の探査，開発，利用活動の潜在的な法的モデルについての一般的意見交換」という議題の下，宇宙資源問題についての議論を開始することが決定されました。

2017年から2019年までの法小委での3年間の議論を経て，国であれ私人であれ，宇宙資源を所有すること自体は国際法違反ではないこと，しかし，所有に到るプロセスを一国が国内法で定めるのは，国際協力の精神に沿ったものではなく望ましくないこと，COPUOSがそのようなプロセスを定めるのにふさわしい場であることなどが有力な見解となりました。純粋な現行法の法解釈の力によって，国の一方的措置としての国内法に基づく宇宙資源の開発・採掘の合法性を否定したというものではなく，多くの国の感情的な反発が多国間制度の構築を要求する原動力となったという側面は否定できないと思われます。しかし，新たな国際法を作りあげるのは，このような多くの国の見解であるということもまた事実です。2020年は新型コロナウイルス感染症蔓延のため法小委は開催されませんでしたが，2021年の法小委では，宇宙資源問題を今後少なくとも5年間深く議論するための作業部会が設置され，2022年には，今後5年間の作業内容についての合意も成立しました。2027年には宇宙資源の探査・開発・利用の制度構築のための国連総会決議を採択することを目標としています。

国連外では2016年1月から2019年11月にかけて，オランダ外務省が事務局として主導する形で「ハーグ国際宇宙資源ガバナンス作業部会」という枠組が設置され，有志国（ルクセンブルク，チェコ），日本，米国，中国，フランス，ドイツなどの宇宙機関，宇宙法研究者や法曹，宇宙産業関係者などがそれぞれ非公式の立場で参加して，将来の宇宙資源開発制度を議論しました。同作業部会は，多国間での宇宙資源活動の枠組を作成するときに議論すべき20の論点をまとめた枠組要素文書を公表して解散しましたが，宇宙資源開発の優先権問題，損害賠償制度，紛争解決，天体の環境保護問題など，ここでの3年半以上の議論の成果は，国連COPUOSでの宇宙資源作業部会での議論においても，参考とされる予定です。

月，火星での天体の有人活動のためには，天体に賦存する水や鉱物を用いて燃料を作り出し，農林業や工業活動を行い，生活に必要なものづくりをすることが必須です。そのための国際法規則はいまだ不十分ではありますが，国連COPUOSを中心に将来の資源探査・開発・採掘制度が創設されていく方向性は固まったといえそうです。今後，月や火星への有人活動が加速化するならば，法制度構築もより早く進むことでしょう。

## 4 天体活動に対する国家管轄権の行使

### (1) 宇宙物体の登録に基づく国内法の適用

宇宙はいずれの国も領有できない場所です。となると，宇宙空間（真空部分と天体の双方を含む）で衛星や探査機，有人無人の宇宙基地を利用するときには，どこの国の法が適用されるのでしょうか。月，火星での人間活動を考えるときに真っ先に頭に浮かぶことかもしれません。宇宙と似た空間としての公海を航行する船舶については，その船舶を登録して国籍を付与した国――「旗国」といいます――の国内法が適用されます。宇宙の場合は，原則として，衛星や探査機，宇宙基地を登録した国が，登録国として国内法を適用します。

宇宙空間で運用する人工物体に対して国内法をどのように適用していくのか，という制度は宇宙条約，宇宙損害責任条約，宇宙物体登録条約という3つの条約により発展し，以降40年以上にわたって適用されています。衛星をはじめとし，地上で製造し宇宙空間に導入した人工物全般は「宇宙物体」と呼ばれます。宇宙物体の明確な定義はなく，宇宙損害責任条約と宇宙物体登録条約のそれぞれ第1条（d）と第1条（b）が同じ文言で，「『宇宙物体』には，宇宙物体の構成部分並びに宇宙物体の打上げ機及びその部品を含む。」と説明しています。宇宙に導入された人工物全般を指す用語であることから，ロケットの上段や破砕した衛星の破片などのスペースデブリ（宇宙ゴミ）も宇宙物体に含まれると理解されています。

宇宙物体は通常，ロケットで地球軌道またはそれ以遠に投入されます。

宇宙物体を宇宙空間に向けて発射する国を「打上げ国」といい，打上げ国が宇宙物体を登録し，その物体に対して国内法を適用する——これを宇宙条約では「管轄権・管理を行使する」という用語で規定しています——という仕組みが条約で整備されました。（管轄権は主権に似た概念ですが，主権と異なり，立法管轄権，司法管轄権，執行管轄権などと分類することができます。）打上げ国以外の国は，宇宙物体を登録することはできません。宇宙物体に管轄権・管理を行使するための登録という行為は，あくまでもその物体を宇宙に導入した，という実績がないと行うことができないという発想です。

登録には国内登録と国連登録があり，宇宙物体登録条約に加盟する国は，国内登録だけではなく，国連登録も行う義務があります。登録により，管轄権・管理の権限が生じるという場合の登録は国内登録を指します。国内法適用，すなわち管轄権・管理の行使の源泉は国内登録であり，国連登録ではありません。国連登録の意義は，宇宙物体の登録内容——どのような衛星がどのような軌道を飛行しており，衛星の機能はどういうものか等——が公開される点です。

### (2) 宇宙物体落下損害に対する「打上げ国」の連帯責任

ところで，厄介な点は，「打上げ国」が通常複数存在する，ということです。宇宙物体登録条約では，打上げ国が複数ある場合，協議によりそのうち1ヶ国が宇宙物体の登録を行い，当該宇宙物体に管轄権・管理を行使する，というルールを定めています（第2条2項）。2ヶ国以上が同一の宇宙物体を登録することはできません。

打上げ国は次の4類型の国である，と宇宙損害責任条約第1条（c）と宇宙物体登録条約第1条（a）に同一の文言で規定されています。

①打上げを行う国
②打上げを行わせる国（procures the launching）

③自国の領域から宇宙物体が打ち上げられる国
④自国の施設から宇宙物体が打ち上げられる国

「打上げを行う国」とは，例えば，内閣府の運用する準天頂衛星「みちびき」を種子島宇宙センターから打上げた場合の日本に該当する国です。また，この場合日本は，③，④の類型の打上げ国でもありますが，打上げ自体が日本国内で完結しており，他に打上げ国があるわけではないので，調整問題は存在しません。③，④は通常は同一の国となりますが，カザフスタン領域内に所在するロシアのバイコヌール打上げ基地のように領域打上げ国と施設打上げ国が異なる場合もあります。①，③，④の打上げ国は比較的わかりやすいのですが，問題は「打上げを行わせる国」としての打上げ国です。条約交渉時には，射場とロケットをもたない国が，それらを保有する外国と政府間協定を結び，自国の政府衛星打上げを委託する場合を想定していました。そこでは，委託国が「打上げを行わせる国」，受託国が③，④類型の打上げとなり，委託側も受託側も双方共に打上げ国です。

ところが，1980年代後半以降，私企業が，自社の衛星を外国領域から打上げ，運用するという事例が増えてきました。そうなるとその企業の国籍国が「打上げを行わせる国」に当たるのか，という点が問題となります。国内宇宙法をもたない国の場合など，自国企業が外国から衛星を打上げたかどうか自体，国が了知していない場合もあります。また，国は，自国企業が外国ロケットから衛星打上げサービスを調達したことを認識していたとしても，それは国家としての打上げ委託とは無関係であり，打上げ国とはならない，と考える場合もあります。実は，国家には，なるべく打上げ国とはなりたくない事情があります。それは，ロケットや衛星が地上に落下して損害が生じた場合，打上げ国が連帯して無過失無限の賠償責任を負うからです。

打上げ事業者など行為者が他人の権利や利益を侵害する結果を回避する

**「打上げ国」**
①打上げを行う国
②打上げを行わせる国(procures the launching)
③自国の領域から宇宙物体が打ち上げられる国
④自国の施設から宇宙物体が打ち上げられる国

**打上げ国と登録の関係**
ルール1　打上げ国が宇宙物体を登録する。
ルール2　複数の打上げ国があるとき、そのうち1ヶ国が国連登録を行う。
ルール3　登録国は、打上げ国である。(宇宙物体登録条約第1条(c))私企業が打上げを調達した衛星を登録することにより、国は打上げ国と自認することになる。

図１　打上げ国と登録国の関係

ように十分な注意義務を果たして行動した場合であっても，宇宙物体と損害の間に強い関係――相当因果関係――があれば，賠償責任を負わなければならないとするのが無過失責任制度で，航空機の地上落下，原子力事故などの危険な活動に適用されます。そして，宇宙物体による地上損害については，生じた損害額全額を上限なしで賠償する無限責任が打上げ国に課されます。（もっとも宇宙損害責任条約が定義する「損害」は物理的損害に限定されるため（第１条（a）），条約に基づく損害賠償額はそれほど高額にはならないと思われます。）

ところで，宇宙物体登録条約は，宇宙物体の登録国は打上げ国である（第１条（c））と規定しています。つまり，自国の企業が外国からの衛星打上げを調達した場合，企業の国籍国が打上げ国であるのかどうかは，登録をしたかどうかにより確定するのです。登録をすれば打上げ国です。登録をしない場合，打上げ国であるかどうかは不明瞭です。宇宙物体落下事故による損害があり，打上げ国の範囲を明確にしなければならない場合などには，国家間交渉や各種紛争解決手続の利用により衛星打上げを調達した企業の国籍国が条約上の打上げ国かどうかの政治的判断，法的判断が下される場合もあるでしょう。しかし，事故などがない限り，打上げ国か否かが曖昧なままとなるケースも決して少なくありません。

### (3) 天体での活動に伴う管轄権・管理問題

宇宙物体を月や火星に打上げる場合には，打上げ国が物体を登録し，管轄権・管理を行使します。それが有人物体である場合，登録国は，宇宙物体自身とその中にいる人に対しても管轄権を行使することになります。そしてそれは自国民に限定されません。外国人に対しても同様です。例えばA国が打上げ，月面に着陸した小型月基地にA国人とB国人が搭乗していたとします。このときB国人には宇宙物体の登録国であるA国の管轄権・管理と国籍に基づくB国からの管轄権の双方が行使されます。B国人には，A国法とB国法の双方の義務がかかってくるわけですが，優先適用されるのはB国人が所在する宇宙基地に対して管轄権を行使するA国の法です。では，B国人が基地から30キロメートル離れた場所で調査活動をしているときにはどうなるのでしょうか。公海上の無人島に漂流してきた人に対してはその人の本国法のみが適用されます。それと同じようにB国法のみが適用されるのでしょうか。それとも，結局はA国基地に戻るからA国の管轄権・管理の下にあり，A国法がB国法に優先適用されると考えるべきなのでしょうか。

宇宙条約第8条は「宇宙空間に発射された物体が登録されている条約の当事国は，その物体及びその乗員に対し，それらが宇宙空間又は天体上にある間，管轄権及び管理の権限を保持する。」と規定していますから，登録国であるA国法の優越が続きそうに読めます。では，B国人である乗員がC国の登録した月基地を訪問し，そこに3ヶ月留まって調査研究を行った場合はどうなるのでしょう。A国法とC国法はどちらが優先適用されるのでしょうか。このような場合についての明確な解答を国連宇宙諸条約は提供していません。人間が長期間天体で活動することを視野に入れて作成した条約ではないので当然のことです。月や火星での人間活動については今後，新たなルールを考慮していくことも必要となるでしょう。

また，月や火星での活動が活発になると，例えば，月に賦存する資源で作った住居や工場が出現すると予想されます。これらは，地球で作り宇宙に向けて発射された宇宙物体ではありません。これらの物体の打上げ国はなく，したがって登録できる国もありません。登録国が管轄権・管理を行使する，という仕組みが原理上成り立たないことになります。このような物体にはどこの国がどのような理由で管轄権を行使することになるのでしょうか。国が主体となって月の資源のみで，または月の資源と地球から持ち込んだ資材を双方用いて工場を作った場合にはその工場を所有する国が，私企業が工場を所有する場合にはその企業の国籍国が管轄権を行使する，という仕組みを新たに作り上げることになるのかもしれません。または，天体の資源で製造した人工物であっても「宇宙物体」とみなすというルールを定め，登録国管轄権を維持することになるのかもしれません。いずれにせよ，新たなルール形成が必要です。

## 5　新たなルールが必要とされる事項

### (1) 月，火星に滞在する「ヒト」に対する保護

現在までに宇宙に滞在した人間はほぼすべて，「人類の使節」として，事故，遭難，地上への緊急着陸などの場合にあらゆる可能な援助を付与される「宇宙飛行士」(宇宙条約第5条) に限られていました。宇宙飛行士に対する特別の保護制度は宇宙条約第5条とその細則である救助返還協定に規定されていますが，飛行士が宇宙で犯罪行為を行った場合の処罰などについての規定はありません。米ロ，欧州宇宙機関 (ESA) 加盟国，日本，カナダの国際協力で建造・運用する国際宇宙ステーション協定 (1998年)(「ISS協定」) においては，国連宇宙諸条約による保護は踏襲しつつも，宇宙飛行

士である被疑者の国籍国の刑法で処罰するという規則を置くなど（第22条）の現実的な可能性への対応がみられます。しかし，これはあくまでもISS協定に限定した取組であり，天体活動に広く適用できるわけではありません。

今後，地球周回軌道やISS内での数日から2週間程度の滞在を超えて，月に滞在する観光客も出現するでしょう。また，月や火星には国の宇宙飛行士だけでなく，さまざまな産業展開をめざして多種多様な人々が訪問することになるでしょう。一律に宇宙飛行士イコール人類の使節として特別の援助・保護を付与することは実態に合わなくなっていくはずです。すでに米国の商業宇宙打上げ法（1984年。2010年以降51USCに編入）では宇宙に進出する人を「米国政府の宇宙飛行士」「国際パートナーの宇宙飛行士」「乗員」「飛行参加者」（定義は51USC 50902条）に分け，異なる権利を付与し義務を課しています。サービス提供側ではあるが宇宙飛行士の類型には入らない「乗員」と，乗客である「飛行参加者」という分類などは今後の国際ルール作成において参考となりそうです。

月や火星の有人活動について，どのレベルの人権保護を想定するのかは難しい問題です。月や火星の厳しい自然環境下では，地上で民主主義国が保障する個人の自由をどこまで認めつつ，住民全体の安全な生存を守ることができるのか，科学的な調査を踏まえつつ，基準設定をしていくことが必要でしょう。

### (2) 天体の環境保護

宇宙条約第9条は無人・有人の宇宙活動による宇宙空間の有害な汚染，および，地球外物質の持ち帰りによる地球環境悪化の双方を回避するために必要な措置を取る義務を課していますが，詳細は，宇宙空間研究委員会（COSPAR）内に設置された惑星検疫パネル（PPP）が作成する惑星検疫指針（最新版は2021年）に従います。この惑星検疫指針は国連COPUOSをはじめとする国際的な宇宙コミュニティに広く周知され，各国の宇宙機関はこれを基礎として惑星探査における自国の基準を策定しています。現在，惑星探査は，i）有人か無人か，ii）惑星周回のみか着陸・現地探査を行うか，iii）探査機は宇宙で放置されるのか，地球帰還するのかなどのミッション形態，iv）火星，木星，小惑星等の調査対象の環境脆弱性等の基準により異なる環境保護基準が設定されています。月，火星の有人探査段階までは，COSPAR/PPP の指針を基準とすることで十分かもしれませんが，開発，利用が進むにつれて，人間活動が天体にもたらす負荷と，開発を安定的に進めるためのバランスへの考慮も必要となってくると思われます。そうなると研究者団体の指針ではなく，国連 COPUOS での議論も必要とされるようになるかもしれません。

*　　*　　*

現行の国際宇宙法は，月や火星で人間が長期間滞在し，生産活動を行うことを前提に作成されたものではありません。そのため，現行法規では解決できないさまざまな問題が出てくることが予想されます。宇宙資源の開発・採掘制度のように，天体活動には不可欠なルールを形成する努力が始まった分野もあります。天体での人権保護などまだ手つかずの分野もあります。月，火星での人間活動を調整するための新たな国際宇宙法は，探査・開発の進展に歩調を合わせ，過度に規制的なものとなり人類の活動を大きく制限することがないように，また，極端な早い者勝ちで強国とその国民だけが天体活動を享受する，ということがないように，各国が協力して作りあげていくことが望ましいでしょう。そのためには，今から，どのような法が適切なのかを議論することが大切だろうと考えます。

## 参考文献

Cheng, B. (1997) *Studies in International Space Law.* Clarendon Press.
Jakhu, R.S. and Dempsey, P.S. (eds.) (2017) *Routledge Handbook of Space Law*.Routledge.
Lyall, F. and Larsen, P. (2018) *Space Law: A Treatise,* 2nd ed.Routledge.
池田文雄（1971）『宇宙法論』成文堂.
小塚荘一郎，佐藤雅彦（編著）(2018)『宇宙ビジネスのための宇宙法入門（第２版）』有斐閣.

# Chapter 2

# 宇宙医療

京都大学宇宙総合学研究ユニット　**寺田昌弘**

これまでにアポロ計画やスペースシャトル計画，国際宇宙ステーション（ISS）計画を通じて，1000名以上の宇宙飛行士が宇宙ミッションを行っており，今後は有人月面探査を見据えたアルテミス計画なども予定されています。また，民間宇宙旅行などを掲げる宇宙ビジネスも実現しつつあります。そのような中，人類にとって健康的な生活を送ることは基本的な人権であり，宇宙環境においても同様です。様々な背景を持った人々が安全・安心に宇宙に滞在し，地上に帰還するには，多くの技術や人的支援が必須であり，医学面においてもチーム医療の下，医師以外にも看護師，理学療法士，検査技師といった幅広い分野のサポートが必要になります。人類の宇宙滞在のヘルスケアのためには，宇宙環境の特殊性を理解し，かつ医学的知識・技術を実践できる人材の育成も急務です。そのため，本章での記述が宇宙での人体影響を学ぶことの一助になれば幸いです。それではここからは，宇宙医学が地球の医学とどう違うのかをみていきましょう。

# 1　宇宙医学とは?

宇宙医学とは読んで字のごとく，宇宙における医学のことです。この宇宙医学は，地上と異なる宇宙環境に滞在した際に，ヒトがどのような影響を受けるかを研究する分野です。宇宙飛行士が宇宙ミッション遂行のため宇宙滞在している間，その身体は様々な生理的変化を受けます。宇宙滞在が長期に及ぶと，宇宙環境に我々の体が適応してしまうこともあります。宇宙環境に適応したまま，地球上の1G環境に戻ってくると様々な身体的問題が生じます。そのため，宇宙環境によってどのような身体への影響があるのか，そのメカニズムはどのようなものかを知り，そのためにどう対策していくのかを考える必要があります。これが宇宙医学の主要な目的です。つまり，宇宙飛行士を安全に地上に帰還させ，健康を維持することが宇宙医学の重要な役割と言えます。

宇宙環境がヒトの各器官や組織にどのような順番でどれくらいの影響があるか検討した結果をまとめた図があります[1]（図1）。この図では，横軸は宇宙に滞在した期間（月数）を示しており，縦軸は人体への影響の度合いを示しています。縦軸の0点部分が，地球環境（1G）適応点，言い換えれば通常地球上で生活している状態です。その上方に，宇宙環境（0G）適応点があり，このレベルが宇宙環境に我々の体が慣れてしまった状態を示します。さらに上に進むと，臨床症状が出るポイントを示しており，この状態は病的症状が出現する状態です。

宇宙滞在初期には，神経前庭系などへの影響が深刻であり平衡感覚に問題が生じます。その後，体液シフトや心循環系への影響が生じます。これらの複合的な影響により，宇宙飛行士は宇宙滞在初期には宇宙酔いと呼ばれる症状に悩まされます。宇宙飛行士が初めて宇宙滞在をする場合，60～70%の宇宙飛行士が宇宙酔いを経験するという報告もあります。しかし，滞在日数が進むにつれて神経前庭系や体液シフト，心循環系への影響

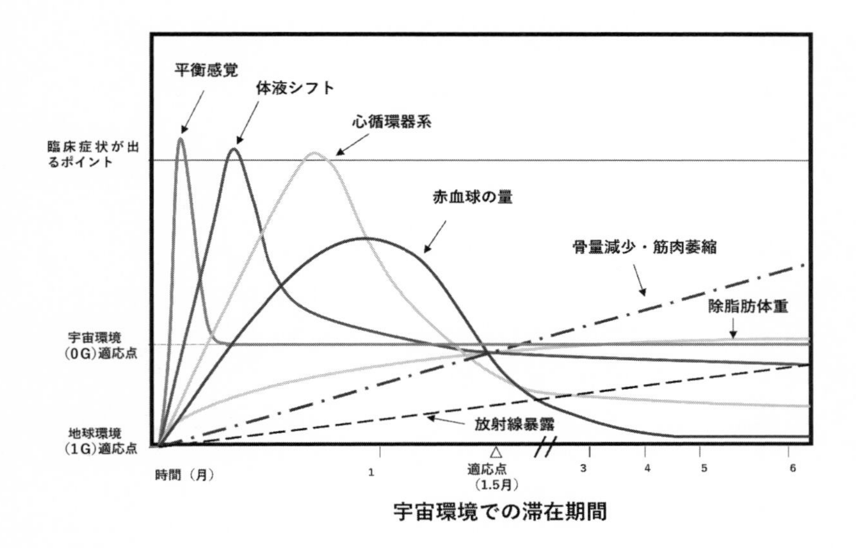


図１　宇宙環境が人体に与える影響

Nicogossian らの論文[1] に掲載されている図を改変。横軸が宇宙滞在期間，縦軸が生体への影響度合いを表している。

は徐々に減少していきます。一方，骨粗鬆や筋萎縮といった骨格への影響は滞在日数が進むにつれて増加していきます。さらに宇宙放射線の影響も蓄積していくと考えられます。この図の横軸が６ヶ月までしかないのは，現在の ISS ミッションが６ヶ月程度であり，これ以上の長期間の有人宇宙ミッションはまだあまり例がないため十分な検証がなされていないからです。

# 2 宇宙環境で生じる体への影響

宇宙環境，特に微小重力環境によって生じる影響について見ていきましょう。微小重力環境では，体重（自重）を支える必要がないため，主に下肢の組織において顕著な変化が見られます。よく知られた現象として，宇宙における筋肉の萎縮があげられます。筋肉の内，骨格筋とは骨の接合部分である関節を動作させる筋肉で，言うなれば我々の体の動きを担っている組織です。骨格筋は，多核の筋線維が集まった束になって構成されます。筋線維にはその性質の違いにより，大きく分けて2種類のタイプが存在します。1つは速筋タイプ（白筋）と言われる筋線維です。これは瞬間的に大きな力を発揮し，瞬発力に優れている筋線維です。もう1つのタイプは，遅筋タイプ（赤筋）です。常に泳いでいるマグロの赤身を思い浮かべていただければよいのですが，このタイプの筋線維は持久性に富んだ性質を持っています。地球上では1Gの重力下において，自らの自重を支えながら我々は姿勢を維持しています。特に下肢には抗重力筋と言われる姿勢維持の際に持続的に活動している筋肉があります。代表的なものとして，ふくらはぎにあるヒラメ筋が抗重力筋です。ヒラメ筋は主に遅筋線維で構成されており，宇宙滞在中の微小重力環境下では，抗重力筋の持続的な活動が消失することとなります。それに伴って廃用性筋萎縮と呼ばれる現象となり，筋肉が萎縮します。スペースシャトルの短期フライト（2週間程度）でも，ラットのヒラメ筋が38％ほど萎縮したと報告されています[2]。骨格筋のサイズは，構成蛋白質の合成と分解のバランスによって維持されます。宇宙滞在中には，微小重力により抗重力筋への持続的な機械的負荷が減少し，筋収縮が十分行われないため，蛋白質分解の方へシフトすることにより，筋萎縮が生じることとなります。

次に骨への影響について見ていきましょう。宇宙滞在中は，骨量減少が生じます。地球上では，骨芽細胞による骨形成と破骨細胞による骨吸収の均衡によって骨量は維持されており，カルシウム代謝調節ホルモンの作用も関係しています。宇宙実験において，マウス胎児の長骨の培養実験の報告では，軌道上の1G群（軌道上での遠心装置による1G群）と比較すると微小重力群では，カルシウムの吸収が減少し，流出量が増加していました[3]。この結果は，骨芽細胞と破骨細胞に影響がおよび，宇宙滞在中では骨芽細胞の骨形成が減少し，破骨細胞による骨吸収が亢進することにより，骨量減少が生じることを示しています。スペースシャトルでのラット実験でも，骨形成が低下しました[4]。地上においても高齢者などは，年間1%程度の速度で骨量減少が生じていますが，宇宙ではそれより10倍ほど早く骨量減少が進んでいます。別の要因として，宇宙放射線の骨量減少への影響も実験されています。模擬宇宙放射線を照射したマウスの脛骨では骨量減少が生じていました[5]。放射線照射によって酸化ストレスが上昇し，骨芽細胞の活動が抑制され，骨量減少が生じたと考えられます。微小重力による影響のみでなく，宇宙放射線も骨量減少のリスク要因となっている可能性があります。

宇宙滞在中には我々の体液も移動します。人の体は，およそ60%が水分で構成されています。地上では重力によって血液が引っ張られて，脚の方の血圧が高くなります。宇宙環境では微小重力により，全身が均一の血液分布となります。地上と比べると宇宙では，上肢の方に血液分布がシフトします。その結果，ムーンフェイスと呼ばれる顔が丸くなる現象と，バードレッグと呼ばれる鳥のように足が細くなる現象が生じます。人の頸動脈近辺には圧受容器があり，体内の血管圧を感知しています。宇宙滞在時には，頭部の血液量が増えるため，この圧受容器が体内の体液が多くなったと認識します。その結果，抗利尿ホルモン分泌抑制，利尿ホルモン分泌促進が起き，体内の水分を積極的に外に出すようになります。そのため宇宙滞在初期には尿の量が増え，汗もかきやすくなります。このように宇宙滞在中は体液が少なくなりますが，その状態で地上に帰還すると，重力によって下肢に血液が引っ張られ，頭部の血圧が低下し，起立性低血圧になる可能性もあります。この予防のために，宇宙飛行士は帰還直前には，2L ほどの水を飲み，水分補給をするのです。

宇宙酔いについても詳しく説明しておきましょう。宇宙酔いによって，宇宙滞在初期に宇宙飛行士は気分の不調を訴えます。宇宙酔いは，乗り物酔いと同様の症状が起き，初めて宇宙に行った宇宙飛行士の 60％程に宇宙酔いが起きているという報告もあります。地球上では体の位置や動きは，視覚情報，平衡感覚，筋・神経活動動作のフィードバックなどによって，感知されます。微小重力環境下では，耳石器情報ならびに筋・神経活動からのフィードバックが減少するため，視覚情報に依存する割合が大きくなります。しかし，宇宙では体が浮遊しており，上下左右の認識と実際の空間位置の認識が一致しない可能性があります。このような感覚の乱れが，宇宙酔いを引き起こす原因なのです。

宇宙滞在中に懸念する必要がある影響として，精神心理への影響もあります。ISS での生活は，閉鎖空間における共同生活です。出身国も異なる宇宙飛行士が集まり，対人関係上のストレスが生じます。宇宙飛行士選抜では，ストレス耐性が高いということも重要な要素です。宇宙滞在 1 ヶ月を過ぎたあたりから，クルー同士の人間関係が悪化し，口論となり，軌道上クルーと地上管制官との間にコミュニケーショントラブルが生じた事例も報告されています。隔絶した環境下での精神心理影響を調べるために，閉鎖環境実験が行われています[6]。アメリカのアリゾナ州にある Biosphere 2 では，1991 年 9 月から 1993 年 9 月までの 2 年間，8 名のクルーが完全閉鎖環境で共同生活を行いました。またロシアでは，火星ミッションを想定した Mars500 実験が行われ，6 名のクルーが 520 日間閉鎖環境で過ごしました。日本でも，ミニ地球という閉鎖環境実験が行われたことがあります。宇宙飛行士の軌道上滞在中の精神心理対策としては，週 1 回程度，フライトサージャン（宇宙飛行士の専門医）がテレビ電話などで面談し，宇宙飛行士の様子を確認します。さらに，2 週間に 1 度の頻度で，精神科医や心理学の専門家のカウンセリングを行い，心理的サポートをしています。

# 3 宇宙で生じる人体影響に対する対応策

宇宙飛行士が宇宙環境によって受けた身体的変化を保ったまま，地球に帰還して1Gの重力下で活動する場合には，微小重力から1Gに再適応しなければならないため，その間に身体的問題が生じます。そのため，宇宙で生じる身体変化を少しでも抑制する，または早期に回復させるような方策（カウンターメジャー）を行う必要があります。

宇宙での筋肉の萎縮，骨密度の低下などを予防し，有酸素運動能力（持久力）を上げるために，宇宙滞在中に宇宙飛行士は1日2時間半ほど運動を行う必要があります。ISSには，トレッドミル（TVIS），自転車エルゴメータ（CEVIS），筋力トレーニング装置（ARED）などの運動器具があります[7]。トレッドミルを用いたランニング運動では，神経・筋活動，骨への機械的負荷，および有酸素能力の維持ができます。ハーネスと呼ばれる肩バンドと腰バンドを付け，バネを用いて体重に相当する荷重を装置に向かって垂直に加えながらランニングします。自転車エルゴメータでは，持久力の維持が行えます。筋力トレーニング装置による抵抗運動では，筋萎縮を予防する効果があります。この装置では，組み合わせによりスクワット運動，ベンチプレス運動など数種類の筋抵抗運動を行うことが可能です。

宇宙滞在中に生じる骨密度の低下に対しては，骨粗鬆患者の治療のために用いられているビスフォスフォネートという薬剤を投与して，宇宙での骨密度低下を抑える研究も行われていました[8]。筋肉や骨量減少が起きる主な原因は，宇宙環境下での微小重力による機械的負荷の喪失であるため，人工的に遠心させ，機械的負荷を増加させるような人工重力装置などもかつては計画されていました。しかし，ISSへの振動問題などにより，軌道上でヒトが搭乗できる大型の人工遠心機設置の計画は実現しませんでした。

代謝を向上させるような方法も研究されています。我々は代謝という反応によって体を維持し，エネルギーを産生しています。代謝が低下すると，肥満や高血圧，糖尿病などの生活習慣病のリスクが高まります。運動により代謝維持することも重要ですが，軽度高気圧酸素に暴露することによって人の代謝を向上させることも可能です[9]。カプセルのような閉鎖環境で 1.25 ～ 1.3 気圧，30 ～ 40％酸素中に滞在することによって，副反応（頭痛，歯痛，胸痛，鼓膜の損傷，酸素中毒）を生じることなく溶存酸素（体に溶け込む酸素）や末梢血流を増加させ，代謝の維持・向上を行えます。血液中の赤血球によって，体全体の細胞に酸素が運搬されます。赤血球によって運ばれる酸素量と比較するとわずかではありますが，溶存酸素は血液に直接溶け込んでいるため，赤血球が凝集して流れにくくなったとしても，血管が細く硬くなった状態でも，溶存酸素は体の端まで到達できます。宇宙滞在中に軽度高気圧酸素に暴露できる装置があれば，溶存酸素を増加させることによって，体力の維持や増進，抗加齢作用，病気の予防などもできる可能性があるのです。

## 4　新たな取り組み

宇宙環境で生じる様々な生理的影響に対するカウンターメジャーを開発する研究は，これまで数多く行われています。宇宙飛行士が軌道上滞在中にどのような健康状態かを把握することは，効率的な対策を開発する上で必要です。宇宙では血液や尿といった液体成分を扱うことは簡単ではないため，それらを使わず宇宙飛行士の健康状態を評価する簡便な方法を開発することも大切です。

これまで我々は非侵襲的に検体を採取できるということで，毛髪や体毛を用いた健康評価手法に着目してきました。ヒトの毛髪の毛幹部は，体内のミネラル成分の排泄器官となっており，過去のミネラル代謝の結果が記録されます。頭髪は，1ヶ月で1cm程成長するため，1cmの毛幹中の含有ミネラル成分を調べれば，過去1ヶ月分の体内での代謝に関する情報が得られます。また，毛根部では遺伝子が抽出でき，遺伝子発現解析によって体内の遺伝子発現の変化がわかります。このように毛髪は非常に有望な診断方法開発のための検体であると考えられます。ラットを用いた実験では，ラットの尻尾を吊り下げた後肢懸垂モデル（後肢を地面から浮かせて骨格筋の萎縮を誘発させるモデル）を用いて実験を行いました。14日間後肢懸垂したラットと対照群のラットの体毛を採取して，後肢懸垂における不活動が体毛中のミネラル成分にどのように影響するかを観察しました[10]。ICP-MSによって22種類のミネラル成分を定量した結果，3種類（I, K, Mg）は後肢懸垂群において有意に変化していました（図2）。Iは後肢懸垂後に増加しており，KとMgは減少していました。血中のIは甲状腺によって吸収されていることが知られています。後肢懸垂によって甲状腺が萎縮したため，甲状腺によるI吸収量が減少し，体毛に排泄された可能性が考えられます。KやMgの変化については，後肢懸垂中に摂食量が減少したことが起因している可能性もあります。この研究では，生活環境の変化によってラット体毛中のミネラル成分が有意に変化したことを示しています。

ヒトを対象とした研究では，6ヶ月間ISSに滞在した宇宙飛行士10名を対象に，毛髪サンプルを採取して研究を行いました。宇宙飛行前1回，ISS滞在中2回，地上帰還後2回の計5回宇宙飛行士の毛髪サンプルを採取し，毛根から遺伝子を抽出し解析を行いました[11]。DNAマイクロアレイ解析法によって網羅的に遺伝子発現を観察したところ，男性飛行士に比べ女性飛行士の方が，ISS滞在中の宇宙環境での毛根遺伝子発現変化が少ないという結果が得られました。また，男性飛行士のISS滞在中には，FGF18，ANGPTL7，CDK1，COMPといった遺伝子発現が上昇していることが定量できました。特にFGF18はマウスにおいて体毛成長の抑制を調節している遺伝子であることが知られており[12]，これらの研究結果は，

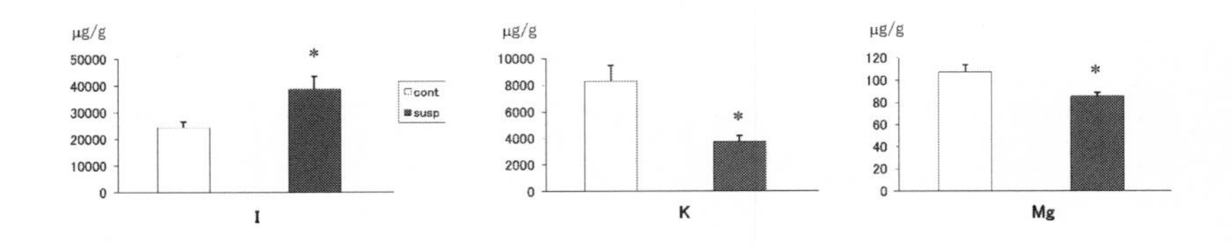


図２　ラットにおける体毛中のミネラル成分分析結果

I：ヨウ素，K：カリウム，Mg：マグネシウム。Cont は対照群，Susp は後肢懸垂群を表している。
*：$p < 0.05$ vs 対照群。

宇宙環境によって毛髪成長が抑制されていることを示唆しています。しかし，特定の体内の生理的影響と毛髪や皮膚への影響の関連については，十分に検討できていないのが現状です。そこで筆者は，2014 年より 3 年間 NASA Postdoctoral Program の支援を受け，NASA Ames Research Center で擬似宇宙放射線によるマウス後肢の骨量減少を皮膚組織で評価できないかを目的に研究を行いました。模擬宇宙放射線照射による酸化ストレスの上昇により，脛骨・大腿骨の骨量減少が生じることが知られています[5]。そこで，Brookhaven National Laboratory 内の NASA Space Radiation Laboratory 施設において模擬宇宙放射線を照射したマウスの皮膚と脛骨・大腿骨を比較して，皮膚中に発現している遺伝子変化を調べることによって骨量減少についての情報を検出できないか検討しました（図 3）。結果として，擬似宇宙放射線照射によって骨量減少が生じる際に，皮膚中の FGF18 遺伝子が骨中 MCP-1 遺伝子と非常に高い相関があることがわかりました（unpublished data）。FGF18 は様々な組織で重要な作用を持っています。骨形成時に FGF18 は細胞増殖や分化を促進していますが，軟骨では逆の作用をしています[13][14]。FGF18 は骨量減少を検出するバイオマーカーとなりうるかもしれません。このような研究を続けていけば，将来的には毛髪を調べることによって，宇宙滞在中の宇宙飛行士の健康状態を把握できるか

図 3　Brookhaven National Laboratory の NASA Space Radiation Laboratory 施設前での筆者

もしれないのです。

宇宙環境，特に微小重力が生体に及ぼす影響として，これまでは骨の劣化・骨格筋の萎縮などが主影響であることを述べてきました。これに加えて，宇宙飛行士は，帰還直後には歩行がスムーズにできないことも知られています。特に宇宙飛行士の健康や体力の維持という観点からは，骨密度低下や筋萎縮に対する研究が数多くなされ，軌道上で使用する運動器具や軌道上で行う運動方法の改良が行われてきましたが，長期宇宙滞在からの帰還後に地上への再適応を目的に，宇宙飛行士はリハビリテーションを受けているにも関わらず，歩行動作がどのような回復過程をたどるかについては，詳細な研究はなされていませんでした。そこで著者らは 2012 年より，長期宇宙滞在によって，自重がない環境に適応した重心動揺の変化が帰還後も維持され，歩行動作に支障をきたし，その重心動揺の回復過程が歩行動作の回復過程に大きく影響しているのではないかと仮説を立て，宇宙飛行士を対象とした歩行動作を調べる研究を実行しました[15]。我々の特

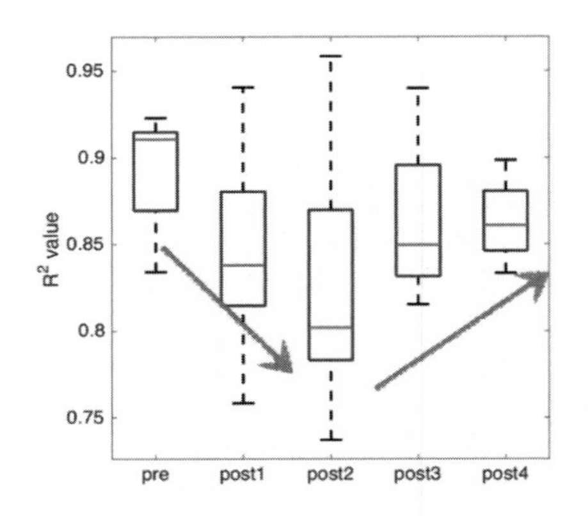


図４　立位時の筋シナジーの変化

帰還後１週間（post2）まで変化し，その後回復傾向にあるが，帰還後３ヶ月（post4）では完全に戻りきっていない。

定の動作は様々な自由度（関節数，筋数，神経系など）の共同で行われており，中枢から抹消の間にはこの自由度を統合するシナジーという運動制御パターンが存在します。そこで，立位姿勢制御時や歩行動作時の両下肢の筋電図（片足8ch，合計16ch）を取得し，筋活動パターンの類似性を計算し，筋シナジーパターンとして算出しました。そして，算出された筋シナジーパターンが，軌道上滞在前後でどのように変化・回復していくかを観察しました。その結果，宇宙飛行士の筋シナジーパターンは，軌道上帰還直後（1週間以内）は特に顕著に変化しており，その変化は帰還３ヶ月後でも完全に軌道上滞在前のパターンには戻らず，変化が維持されていることが明らかになりました（図4）。このことは，長期間微小重力という自重を感じない環境で過ごすと，特定の動作において協調して働いていた筋の組み合わせパターンが変化し，その変化は地上帰還後（再度1Gに暴露された後）でも，しばらくは維持されることを示唆しています。つまり我々の地上での動作には重力という要因が大きく影響していることを意味します。そのため，将来人類が月面（約 1/6G）や火星（約 1/3G）といった重力環境が異なる地で長期間滞在した場合，姿勢制御や歩行行動に関与している骨格筋の活動パターンが変化する可能性もあります。今後は，筋活動のコーディネーションという観点からも研究を続けていく必要性を強く感じています。

冬眠という現象に着目している研究者もいます。冬眠によって代謝を低下させ，体の形態や機能を維持することができます。冬眠動物であるニホンヤマネは，冬の間は長期間眠り続けます。冬眠直前には，栄養を体内に蓄えるため多くの餌を食べ，体重は 2 倍になります。冬眠中は代謝が低下し，1 分間の心拍数は数拍程度となり，体温も 2℃前後に低下します。ニホンヤマネは冬眠から目覚めると，すぐに動き回ることができます。つまり冬眠によって長期に体を動かさなくても，筋萎縮や骨量低下が生じていないということです。山で遭難した人が，数週間後に救助された際に，低体温によって代謝が低下していたが生命を維持できたという報告もあります。疑似冬眠（人工冬眠）のように，適切に低体温を維持すれば，代謝を低下させ体に生じる変化を予防できる可能性があります。コウモリの中には冬眠するものもおり，冬眠中に体を保護するために heat shock protein を産生するという報告もあります。冬眠しない動物でも cold shock protein を過剰発現することも報告されています。これらの蛋白質は筋萎縮予防や筋肥大誘因と関わっているという研究もあります。宇宙滞在中に，heat shock protein の発現量が低下することが知られています[16]。冬眠動物を用いた研究によって，heat shock protein や cold shock protein の発現メカニズムを解明することができれば，宇宙滞在中の筋萎縮を抑制できる可能性もあります。

遺伝子発現を調節することによって，宇宙環境での筋量や筋力，持久力を向上させるという方法も考えられます。筋力や筋量の維持には，TGF-$\beta$ や FOXO1，筋持久力には PGC-1 $\alpha$ といった遺伝子が関与しているという報告があります。また，Myostatin は筋分化抑制因子ですが，Myostatin

が発現していない牛や犬では筋骨隆々になることも知られています。これら遺伝子の発現量を増減させることで，宇宙環境での筋力維持や筋萎縮予防などが期待できるかもしれません。

## 5 他惑星滞在へ向けての宇宙医学

現在，宇宙飛行士は，宇宙ミッションとしてISSに6ヶ月程滞在しています。今後は，NASAはアルテミス計画として，月面周回軌道に火星探査への中継地となるゲートウェイ（有人ステーション）の設置をする予定です。将来的には，火星に宇宙飛行士が滞在する可能性もあります。このように地球から離れてより遠方へ有人宇宙活動はシフトしていきます。その際，地球の地磁気圏外での活動になるため，宇宙放射線の影響はISSと比較して懸念されるレベルに達することが予想されます。また，宇宙ミッション中に命の危険な状態に陥った際には，ISSであればソユーズ宇宙船で地球に帰還して救急医療的処置を受けられますが，月面や火星ミッションでは，地球に帰還して対処する猶予はありません。そのような状況下では，宇宙飛行士の精神的負担はより深刻になると思われます。そのため，今後，宇宙医学研究が重点的に取り組む課題は，宇宙放射線の影響ならびに精神心理的影響が重要課題になると考えます。

今後は，宇宙ビジネスの一環として民間人の宇宙旅行も可能になる時代に突入します。現在の宇宙医学研究は，宇宙飛行士の健康を維持することが目的ですが，民間人が宇宙旅行した際の医療体制は，宇宙飛行士の健康管理ほど厳密に実施する必要はないかもしれません。民間宇宙旅行の医療体制について，宇宙医学分野はこれまでの知見を活かして，有効な手立てを新たに創造していく必要があります。また，必ずしも身体的に健康な方のみが宇宙旅行するわけでなく，既往歴のある方々も宇宙滞在するかもしれません。そのような場合にどのような医療サポートができるかという点も考慮する必要が生じます。

大規模な太陽活動（太陽フレア）が生じたときに，電子機器への影響があることはよく知られています。人体においても，「電磁界問題」と言われるものがあります。この発端は，1979年に発表されたWertheimerとLeeper両博士の論文ですが，低レベルの超低周波（50～60Hz）電磁界への暴露によって，白血病や脳腫瘍などのリスクが上昇したという負のイメージを示唆する疫学研究でした[17]。それ以前より，電磁波の生体影響に関する研究は実施されており，1970年代半ばには，電磁波のホルモン分泌に関する研究もされました。多くの研究では影響なしという報告でしたが，1981年にはWilson博士らによってメラトニンの夜間分泌が抑制されることが発表されました[18]。このように電磁波への生体影響は主にネガティブなイメージが定着してしまい，各組織や器官に対する詳細な影響などはほとんど検討されてきませんでした。地球の地磁気圏外への宇宙ミッションでは電磁波を直に受ける可能性もあることから，有人宇宙ミッションにおける宇宙飛行士への電磁波影響もより詳細に検討する必要があると考えます。

現在の宇宙医学研究は，宇宙環境によって変化した生理的影響を抑制または回復させることによって地球に帰還した際に迅速に地球環境での生活に再び戻すことを目的としています。しかし，今後は宇宙で人生を全うして，地球に帰還しないという方も出てくるかもしれません。その場合，宇宙での筋萎縮や骨量減少，体液シフトなど宇宙環境に適応した結果と考えれば，あえてその適応結果を受け入れるという考えも必要なのかもしれません。つまり，宇宙で生じた生理的影響の多くは地球に帰還することを考えれば，負の影響ですが，一生を宇宙で暮らす方にとっては受け入れ可能な影響なのかもしれません。ここでNASAの双子の宇宙飛行士を対象とした1年間の宇宙ミッションの研究を紹介します[19]。この研究の中で，テロメアの長さは寿命と相関していると言われていますが，宇宙滞在中にはこのテロメアが伸びると報告されています。これは，宇宙では細胞の寿命（分裂回数の制限）が伸びる可能性があることを示唆しています。宇宙環境，つまり重力がない環境は我々の細胞にとってはストレスがない状態であり，宇宙で生じる生理的変化はむしろ細胞にとっては正の効果なのかもしれません。このように考えた場合，宇宙医学の将来は明るいのか，さらに複雑な解釈になるのか，期待が膨らみます。（ただし，宇宙から帰還すると長くなったテロメアが元の長さに戻ると報告されています。）

最後に，人材育成という観点からも記載したいと思います。これまで宇宙医学とそれに関連する知見・技術を学ぶためには，宇宙医学を研究している医学科や大学院医学研究科に進学することが必要でした。日本では宇宙医学に関わる医療者･研究者は極めて少なく，その医学系大学でさえも，組織的に宇宙医学に関わる人材育成の取り組みがなされていないのが現状です。学生が有人宇宙開発や宇宙医学・医療に興味はあっても学習機会がなく，知識や人材の裾野も広がってきませんでした。そのため，将来の有人宇宙活動において医学的観点からの視点が十分に活かせない可能性が生じます。安全に人を宇宙に送るためには，宇宙環境における生理的影響を理解することが重要であり，宇宙医学に特化した教育も必須となります。この点においては，各大学の研究者だけでなく，関連学会なども含めて教育手法の構築やプログラムの設立をしていくことで，将来宇宙医学分野で活躍する人材育成につながると考えます。

以上のように，様々な観点から宇宙環境が人体に及ぼす影響を理解し，今後の有人ミッションを宇宙医学的観点から支えていくことが重要です。また将来，人類が宇宙環境や多惑星に居住する際には，現在の宇宙医学的知識を基礎とし，さらに研究を発展させ人類の宇宙進出に貢献する必要があります。

## 参考文献


[1] Nicogossian A.E. et al. (1989) *Space Physiology and Medicine*. NASA.

[2] Fitts H.R. et al. (2000) Physiology of a microgravity environment, Invited Review: Microgravity and skeletal muscle. *Journal of Applied Physiology,* 89: 823–839.

[3] Jack K.W.A. et al. (1995) Decreased mineralization and increased calcium release in isolated fetal mouse long bones under near weightlessness. *Journal of Bone and Mineral Research,* 10(4): 550–557.

[4] Lujan B.F. et al. (1994) *Human Physiology in Space.: A Curriculum Supplement for Secondary Schools (Teacher's Manual)*. NASA.

[5] Alwood J.S. et al. (2015) Ionizing radiation stimulates expression of pro-osteoclastogenic genes in marrow and skeletal tissue. *Journal of Interferon & Cytokine Research,* 35(6): 480–487.

[6] Nelson M. et al. (2015) Group dynamics challenges: Insights from Biosphere 2 experiments. *Life Sciences in Space Research*, 79–86.

[7] 大島博ほか（2006）「宇宙飛行による骨・筋への影響と宇宙飛行士の運動プログラム」リハビリテーション医学 43: 186–194.

[8] Leblanc A. et al. (2013) Bisphosphonates as a supplement to exercise to protect bone during long-duration spaceflight. *Osteoporosis International,* 24(7): 2105–2114.

[9] 石原明彦（2017）「軽度高気圧酸素の仕組みと効果」ファルマシア（日本薬理学会），53: 241–244.

[10] Terada M. et al. (2012) Biomedical analysis of rat body hair after hindlimb suspension for 14 days. *Acta Astronautica,* 73: 23–29.

[11] Terada M. et al. (2016) Effects of a Closed Space Environment on Gene Expression in Hair Follicles of Astronauts in the International Space Station. *PLoS One*, 11(3); e0150801.

[12] Kimura-Ueki M. et al. (2012) Hair cycle resting phase is regulated by cyclic epithelial FGF18 signaling. *Journal of Investigative Dermatology,* 132: 1338–1345.

[13] Ohyama M. et al. (2006) Characterization and isolation of stem cell enriched human hair follicle bulge cells. *The Journal of clinical investigation,* 116: 249–260.

[14] Nagayama T. et al. (2013) FGF18 accelerates osteoblast differentiation by upregulating Bmp2 expression. Congenit Anom (Kyoto);53(2): 83–88.

[15] Hagio S. et al. (2022) Muscle synergies of multidirectional postural control in astronauts on Earth after a long-term stay in Space, *Journal of Neurophysiology,* 127: 1230–1239.

[16] Ishihara A. et al. (2008) Gene expression levels of heat shock proteins in the soleus and plantaris muscles of rats after hindlimb suspension or spaceflight. *The Journal of Physiological Sciences*, 58: 413–417.

[17] Wertheimer N., Leeper E. (1979) Electrical wiring configurations and childhood cancer. *American Journal of Epidemiology*, 109: 273–284.

[18] Wilson B.W. et al. (1981) Chronic exposure to 60-Hz electric fields: effects on pineal function in the rat. *Bioelectromagnetics,* 2(4): 371–380.

[19] Francine E. et al. (2019) The NASA Twins Study: A multidimensional analysis of a year-long human spaceflight. *Science*, 364: eaau8650.

# Chapter 3

# 宇宙観光

一般社団法人宙ツーリズム推進協議会
**山崎直子，縣秀彦，秋山演亮，荒井誠**

本章では，宇宙移住の実現に向けて，観光の観点および文化的な観点を紹介していきます。人類の宇宙進出に関して，人文社会科学の観点からの研究が，京都大学／宇宙総合学研究ユニットや，日本航空宇宙学会／宇宙人文・社会科学研究会，月惑星に社会を作るための勉強会などで行われてきています。宇宙移住者が社会を築く過程の中で分断を生じさせないためにも，また宇宙社会と地上社会の間で分断を生じさせないためにも，地球市民の概念を超えた，宇宙市民という概念が大切になってくると考えます。“同じ空の下”という表現がありますが，“同じ宇宙の中”という感覚が浸透していくことも大切と考え，宙ツーリズム推進協議会の活動を紹介しつつ，そうした文化の広まりについて紹介していきます。

## 1 宇宙観光の動向

1961年にユーリ・ガガーリン飛行士が人類初の宇宙飛行を成し遂げてか

表 1　2021 年に飛行した有人宇宙機と飛行人数

| 宇宙機 | 飛行回数 | 飛行人数（宇宙機関飛行士） | 飛行人数（民間の飛行士） |
|---|---|---|---|
| ソユーズ（ロシア）※地球低軌道周回 | 3 回 | 5 名 | 4 名 |
| クルードラゴン（米国 SpaceX 社）※地球低軌道周回 | 3 回 | 8 名 | 4 名 |
| 神舟（中国）※地球低軌道周回 | 2 回 | 6 名 | 0 名 |
| スペースシップ 2（米国ヴァージン・ギャラクティック社）※サブオービタル | 2 回 | 0 名 | 7 名（1 名は 2 回飛行しているが 1 名とカウント） |
| ニューシェパード（米国ブルーオリジン社）※サブオービタル | 3 回 | 0 名 | 14 名 |

ら，この 60 年強余りの間に，世界で 620 名を超える人が，サブオービタルを含め宇宙飛行を行ってきました。平均すると年間約 10 名が宇宙飛行を行ってきたことになります。それが，2021 年は，民間の宇宙飛行者の数（29 名）が，宇宙機関から派遣されて宇宙へ行った宇宙飛行士の数（19 名）を超えた初めての年となり，「宇宙旅行元年」と称されるまでになりました（表 1）。

遡ると，1990 年に，TBS 特派員だった秋山豊寛氏が民間プロジェクトとして宇宙に行ったことは世界的にも先駆けでした。民間人が必要経費の全額を自己負担するという条件で宇宙旅行に旅立った世界初の例は，2001 年の米国の大富豪デニス・チトー氏でした。米国スペース・アドベンチャーズ社を介し，ロシアのソユーズ宇宙船で国際宇宙ステーション（ISS）を訪れ，約 1 週間滞在しました。

2021 年には，前澤友作氏および平野陽三氏が日本の民間人として初めてISSに滞在したことで話題を呼びました。なお，両氏がISSに滞在中の2021年12月11日には，サブオービタル飛行者も含め，19名が宇宙に同時滞在するという過去最多記録も樹立されました。そして，2021年，サブオービタル宇宙旅行により，宇宙に行った最少年齢が18歳，最高年齢が90歳と記録も更新され，さらには，小児がんを克服し，人工骨を入れた状態での宇宙旅行者が，初めて無事に宇宙飛行を行いました。国の宇宙機関からの派遣でもなく，自己資金で行くのでもなく，民間プロジェクトの中で派遣される宇宙飛行者の数が増えてきていることも近年の特徴であり，宇宙に行く人の幅が広がる傾向は続くものと考えられます。

## 2　宙ツーリズム®とは

日本独自の動きとして，宇宙観光／スペースツーリズムの領域に，星空観望／アストロツーリズムの天文領域を加えた“宙（そら）ツーリズム”を振興していこうという取組が始まっています。2017年に設立した宙ツーリズム推進協議会では，“我々はまず，地球で体験できる，宇宙へ行く”をビジョン（図1）として掲げ，“宙”を楽しむ文化を広める活動をしており，その様子と動向を紹介していきたいと思います[1], [2]。

空を見上げたり，空に思いを馳せたりすると，たとえ物理的に離れていても同じ空の下にいるという繋がりを覚えます。宇宙に想いを馳せると，皆，宇宙の中の星のかけらで出来ているという，宇宙との一体感を感じるのではないでしょうか。だからこそ，人は自然と夜空に輝く星に心惹かれるのではないでしょうか。

また，はやぶさ2などの宇宙探査機による宇宙の謎の解明や，生命体を探す探査や探究にもわくわくする夢があります。宇宙を知ることで，振り返って，私たちの地球をよりよく知ることに繋がっていくことにもなりま

10年後、100年後、人類は地球を中心に、月や火星との間を、
今から想像できないくらい自由に行き来していると思われる。
でもそれはきっと、地球を中心に考えた地球人としての考え方。
仮に、10年後、100年後、人類が、地球人の枠を超え、
月や火星も中心に考えながら、地球との間を行き来をするという、
宇宙人としての考え方も持つことができたなら、
我々はきっと今よりもっと多くの課題を解決し、
より快適で幸せに暮らせるはずだ。
自然の究極系である宇宙をみんなが深く知ることで、
子どもの発想は大きくなり、大人の判断はより賢明になる。
100年後の人類の未来のために、
我々はまず、地球で体験できる、宇宙へ行く。

図1　宙ツーリズム推進協議会ビジョン

す。宙ツーリズム推進協議会では，この空や星・宇宙の多岐にわたる魅力ある観光資源を3つの見上げる空間として整理し，その総称を“宙（そら）”と呼称しています（図2）。

1　100キロまで：空（オーロラ，雲海，ご来光等）
2　100キロ超から火星まで：スペース（人類の到達ゾーン）
3　火星以遠：ユニバース（天文の世界）

宙ツーリズム推進協議会は，市町村や科学館，博物館，天文台，さらには宇宙や天文に関わる企業や大学，観光事業社など45団体，北海道大樹町から沖縄石垣市まで全国の宙スポットの会員で構成されます。2018年に観光庁の「テーマ別観光による地方誘客事業」の選定を受け[3]，2019年に一般社団法人となり，本格的な活動に着手しています。地上でも様々に体験できる星空観光やロケット打ち上げ見学ツアー等の宙ツーリズム実施のみならず，長期的な宇宙観光や宇宙文化の促進も目的として，主に次の

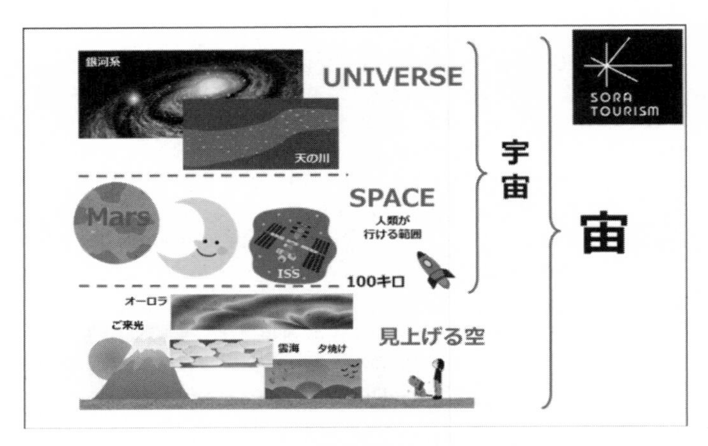


図２　宙ツーリズム推進協議会による“宙”の定義

３項目を目的として活動しています[4]。

### 1　場を繋ぐ情報・ノウハウを提供

地域における「宙」を感じる「場」の運営は，自治体や天文関連団体等による個々の取り組みが中心となっていますが，全国規模で繋がり合うことで，さらなる情報発信や集客施策の広域化を推し進めます。

### 2　「宙」がもつ魅力を集約し発信

「宙」のもつ魅力コンテンツをウェブサイトやSNSなどで発信することで，より多くの人びとが大自然の中で「宙」を感じ癒される機会を増やします。また，学校や科学館，宇宙関連施設，公開天文台などにおいて，知的探究心の翼を拡げ，「宙」のもつ魅力を自由に楽しめるようにします。

### 3　市場の拡大

「宙」を観光資源として有する地域の施設や団体と，観光事業全般に関わる様々なネットワークとを繋ぐことで，空・星・宇宙の魅力に，他の観光資源を盛り込んだ新しいツアーを企画・実施し，潜在ニーズも掘り起こして市場を拡大していきます。

## 3 持続可能な社会に向けた関わり

国際天文学連合（IAU）が2018年のウィーン総会で採択した「戦略計画2020-2030」に，SDGs（持続可能な開発目標）実現に向けた目標が設定されています。この戦略計画の活動分野のひとつが「天文学の利用による世界の発展の促進」であり，図3にある項目において貢献することを目標として掲げられています[5]。

協議会としても，この目標達成に向け多くの取組を進めています。

7番目のゴール「エネルギーをみんなにそしてクリーンに」に関しては，光害防止対策や暗い夜空の保全活動に注力しています。2019年には，光害対策を推進する環境省大気生活環境室と連携したシンポジウム「光害対策と星空保護区®を活かすツーリズム」を開催しました。国際ダークスカイ協会（IDA）による「星空保護区®認定」は，世界各地の星空保護の運動や美しい星空景観を守るべき地域を認定するものですが，2018年，沖縄県・八重山諸島に位置する西表石垣国立公園が国内初の「星空保護区®」に認定されました。続いて2020年に，東京都神津島村が星空保護区®（ダークスカイ・パーク），2021年には岡山県井原市が星空保護区®（ダークスカイ・コミュニティ）に認定を受け，さらに福井県大野市も申請を検討しています。これらの市町村はすべて協議会の会員でもあり，今後の星空保護区®の促進を一般社団法人星空保護推進機構とともに進めていく予定です[1]。

環境省の活動のひとつである「星空の街・あおぞらの街」全国協議会は，大気環境の保全に対する意識を高め，郷土の環境を活かした地域興しの推

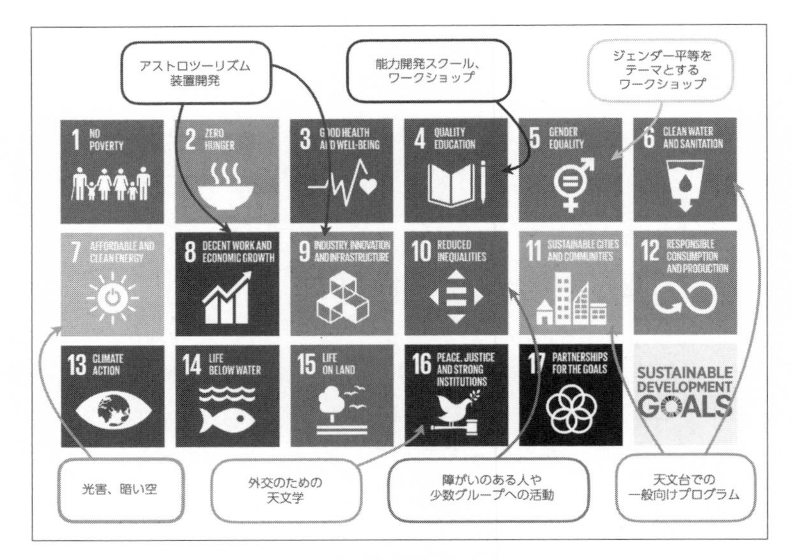

図 3　「国際天文学連合 戦略計画 2020-2030」より引用

進を目的として活動しており，環境保全への啓発・普及等において，各地域で優れた活動を行った団体および個人に対して環境大臣賞の授与などを行っています。協議会は 2019 年の第 31 回大会（北海道弟子屈町）でのブース出展を皮切りに参画しており，その後の開催地，鹿児島県与論町（式典はコロナ禍のため中止），岡山県井原市（協議会代表の縣が基調講演を実施），東京都三鷹市，福井県大野市（2023 年開催予定）はすべて協議会会員となっています[1]。

8 番目と 9 番目の経済／産業領域のゴールに向けては，地域の宙の観光資源を活用した地域活性化への貢献の取組として，会員各地域の星空観光を PR し，協議会が主催する観光イベントやツアーを企画するとともに，国立公園の管轄部署である環境省自然環境局国立公園課国立公園利用推進室と連携し，2019 年には国立公園の夜の活用をテーマにシンポジウムを開催し，協議会会員で「大山隠岐国立公園」をもつ鳥取県や，「阿蘇くじゅう国立公園」にある南阿蘇村で実施している宙ツーリズムの取組を紹介するなどの啓発活動を展開してきています。また，宙の観光資源を活かした個別の地域創生の取組のひとつとして，千葉県山武市「さんむ農泊推進協議会」からの要請を受け，星空の魅力や地元の自然の幸をリソースとした地域ブランディングづくりのサポートも進めています[1]。

4番目の教育に関しては，宇宙や天文に関する啓発活動を「宙エデュケーション」として周知拡大を図る活動に着手しました。従来，宇宙教育の一環として，高校生から大学生をメインの対象とし，「缶サット」，「モデルロケット」，「ハイブリッドロケット」，「バルーンサット（成層圏気球）」実験を通じて，実践的なものづくりやチャレンジのみならず，プロジェクトマネジメントに関する教育を行ってきていますが，「宙エデュケーション」という統一のプラットフォームを創ることで，さらに連携を図っていきます。この場では，それぞれの学生たちが，自分たちで目標を決め，試行錯誤し，実際に手足を動かして実践していきます。そして，実践・失敗を繰り返し，改善していくことで，プロジェクトマネジメントを体験していきます。ここで育った学生たちは，宇宙開発はもちろんのこと，様々な場面で活躍していくことが期待されます[6]。

## 4　宙ツーリズムのマーケティング調査

これまで星空観望／アストロツーリズムの市場規模に関する本格的な調査はなかったため，宇宙と天文を併せた宙ツーリズムの市場規模と今後のポテンシャルを把握するべく，協議会は2018年から3年間にわたりマーケティング調査を実施しました（図4）。一般生活者対象ウェブ調査は2018年9月7～27日に，全国に居住する15～69歳の男女1万391名を対象に

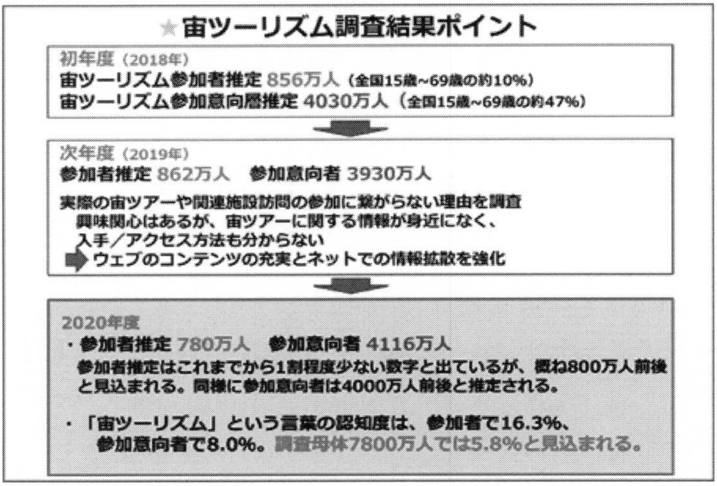

★宙ツーリズム調査結果ポイント

初年度（2018年）
宙ツーリズム参加者推定 856万人（全国15歳~69歳の約10%）
宙ツーリズム参加意向層推定 4030万人（全国15歳~69歳の約47%）

次年度（2019年）
参加者推定 862万人　参加意向者 3930万人
実際の宙ツアーや関連施設訪問の参加に繋がらない理由を調査
興味関心はあるが、宙ツアーに関する情報が身近になく、
入手／アクセス方法も分からない
➡ ウェブのコンテンツの充実とネットでの情報拡散を強化

2020年度
・参加者推定 780万人　参加意向者 4116万人
参加者推定はこれまでから1割程度少ない数字と出ているが、概ね800万人前後と見込まれる。同様に参加意向者は4000万人前後と推定される。
・「宙ツーリズム」という言葉の認知度は、参加者で16.3%、参加意向者で8.0%。調査母体7800万人では5.8%と見込まれる。

図４　宙ツーリズムに関する３年間のマーケティング調査の概要

一次調査を実施しました。さらにその母数から，自発的な天文・宇宙経験のある人（学校での体験を除く）500名，経験は無いが関心を示す人500名をそれぞれ抽出し，二次調査の母集団としました[1]。

一次調査の結果，プラネタリウムの観覧を含め天文・宇宙体験のある人は約850万人，今後，参加が見込まれる人は約4000万人であることがわかりました。つまり，国民の半数近くは余暇の過ごし方として，天文・宇宙に関する主体的な行動を行う可能性の高いことを示しています。なお，本調査は，2019年度，2020年度も同様に実施し，結果はほぼ同じでした[1]。

協議会として，宇宙や天文に興味のある層を，マニア層，ファン層，一般層の３つのレイヤーに整理しています。マニア層は宇宙や天文に造詣が深く，星空案内人®の資格を活かす人たちや，日本宇宙少年団の会員として活動する人たち等です。ファン層はプラネタリウムや科学館へ好んで訪問したり，双眼鏡や簡易望遠鏡で星を観察したりする人たち等です。一般層は，天体そのものより天体をモチーフにした楽しみ方に興味関心をもつ層です。星占いやネイルアート，宇宙をテーマにした映画やアニメを好んだりします。スマホで天の川を綺麗に撮りたい等の志向を有する人たちも含まれます。専門の探究よりも，楽しむことを重視している点が特徴です。前述の調査で示された宙ツーリズムに関心のある層の多くは，この“楽しさ重視の層”と想定できます。協議会として，市場拡大のためには，このマジョリティ層にとって魅力的な場や機会の提供が重要と認識しています。星空観望に加え，ロケット打上げ見学や関連施設へのツアーなども大きなポテンシャルがあり，協議会としても取り組んでいるところです[1]。

なお，市場調査会社の大手である日本リサーチセンターが，2021年，宇宙旅行に関する意識について独自調査を発表しました[7]。その調査結果の一部を引用してご紹介しましょう。

*宇宙旅行に行きたいと回答した人は全体の34.1%。年代が若い人・世帯年収が高いほど宇宙旅行への意向が高い。*

*宇宙旅行でしてみたいことは「地球を眺めたい」(69.4%) が最も高い。年代別では，20代以下は「写真を撮ってインスタにあげたい」が全体と比べて高い。宇宙飛行士の野口聡一さんが宇宙から動画配信していたように，宇宙でもネット環境が整っていることをアピールすることが大切と考えられる。*

こうしたマーケティング調査から，宙ツーリズムや宇宙旅行へのニーズを把握し，魅力ある宇宙ツーリズムや宇宙旅行の姿を提唱していくこと，ビジョンの提示が大切でしょう。

# 5 宙ツーリズム推進協議会の事業

### (1) ツーリズム EXPO ジャパンの活用

協議会の情報発信とネットワーキングの場として，「世界各国，日本全国の観光地が集結する，年に一度の世界最大級の旅の祭典」である「ツーリズム EXPO ジャパン」を，協議会設立当初より好機として活用しています。2018 年の東京開催においては，ブース出展とステージ発表で“宙ツーリズム”を観光業界にデビューさせました。翌年の大阪開催では，環境省国立公園満喫プロジェクトと連携のシンポジウムを開催しました。各地での星空観望への注目度拡大を受け，2022 年の東京開催では，EXPO 事務局主催による企画エリアとして「星空ツーリズムエリア」が初めて設けられることとなりました。「星取県」の鳥取県や星空保護区®の認定を受けた神津島村などとともに宙ツーリズムのブース出展をすることに加え，セミナー開催とステージ発表も行っていきます[1]。

### (2) 宙旅ナビゲーター®

宙ツーリズムの質の向上と発展に貢献することを目的に，宙（星空や宇宙開発など）に関する知識と，トークスキルやおもてなしといった接客の心構えも習得した“宙旅ナビゲーター®”の育成事業を行っています。天文学を専門とする「UNIVERSE コース」と，宇宙開発・技術を専門とする「SPACE コース」の 2 つのコースを設け，資格講座と資格認定試験を実施しています。2021 年，第 1 期生 2 名（各コース 1 名）がデビューし，活動を開始しており，今後，毎年認定試験を実施し，宙ツーリズムの普及拡大に寄与していく計画です[1]。

### (3) 宙グルメ

2020 年，観光庁がアフターコロナに向けて新たな観光施策準備のひとつとして展開した「誘客多角化等のための滞在コンテンツ造成／あたらしいツーリズム」実証事業の例として，宙ツーリズム企画「星取スターナイト＠鳥取砂丘」が採択されました。昼間のイベントでは，月面を想定した鳥取砂丘のフィールドにおいて，ローバー（衛星や他惑星を探査する車）を遠隔操作できる機会を，将来の宇宙開発の担い手である子供たちに提供しました。夜は，星空と暗闇に包まれた夜の鳥取砂丘に透明のドームを設置し，ドーム内で鳥取県の食材を使った“宙（そら）グルメ®”のディナーコースと，鳥取の歴史や文化を交えた星空案内を提供しました。ここでデビューさせた“宙（そら）グルメ®”は，「旅には欠かせない食」に着目し，宇宙食だけでなく，宇宙や天文をモチーフとした地上食を合わせ“宙グルメ®”としたものです[1]。

なお，アルテミス計画など将来の有人月・火星探査を視野に入れ，地上から宇宙食を補給してもらうのではなく，食を自給自足するための循環型農業の研究に力が入れられています。各地の食材・食文化を味わうことは旅の醍醐味のひとつであり，宇宙においても，宇宙ステーションでの食，月面での食，火星での食など，それぞれの食文化が生まれてくるでしょう。

## 6 他のツーリズムとの連携

宇宙はもともと，天文から宇宙開発，教育やアート・ファッションと切り口が広く，それに観光の要素が加わることで，宙ツーリズムはとても幅広いものとなっています。だからこそ，それぞれの楽しみ方があり，他との連携がしやすいと考えています。実際，観光庁のテーマ別観光選定を受けた他のツーリズム団体との連携にも既に着手しています。

ひとつは“ONSEN・ガストロノミーツーリズム”です。これは，温泉地をウォーキングして温泉につかり，その土地ならではの食材をいただくといった，ゆっくりと歩く目線でその地域の景観や自然・歴史・文化などを体感するツーリズムです。この推進団体の一般社団法人 ONSEN・ガストロミー推進機構との連携の取りかかりとして，2018 年，千葉県いすみ市で開催されたシンポジウムで初めて共に登壇をし，今後，同機構が推進するウォーキングイベント企画に星空観望会を加えるなどの新たなコラボ企画を進めていきます[1]。

もうひとつは“アニメツーリズム”です。これは,「訪れてみたい日本のアニメ聖地 88」を選定，オフィシャル化することで国内外に積極的な情報発信などを行い，インバウンドの増大や地域創生への貢献を目指すツーリズムです。この推進団体の一般社団法人アニメツーリズム協会との連携として，2020 年放送のアニメ番組『恋する小惑星（アステロイド）』と「天体観測の聖地と言える天文台のある石垣島」とのコラボ企画を実施しました。ブックレットを製作し，協議会会員の施設でも配布したところ，アニメファンが宙施設に来場するという新しい誘客につながりました[1]。

今後，これらのコラボの拡大に加え，アドベンチャーツーリズムやエコツーリズムなど，新たな連携への期待も高まります。

## 7　Space Experience Industry

1996 年に米国で設立され国際的にも活動を進める非営利団体 Space Tourism Society（STS：宇宙観光協会）が，2022 年開催の Space Tourism Conference で，Space Tourism ／宇宙観光の定義として 4 つの Experience（体験）を発表しました（図 5）[9]。

まず，従前より“宇宙旅行”とされている宇宙空間への旅行を 2 つに分け，①地球の軌道を超えた（月や火星）での Experience と，②サブオービタ

**Space Tourism Society defines "Space Tourism" as:**

① Beyond Earth orbit (such as Lunar and Mars) experiences

② Earth orbit and suborbital experiences

③ **Earth-based simulations, tours, and entertainment** experiences

④ **Cyberspace tourism** experiences

図５　STSによる宇宙観光の定義

ルと地球の軌道上までのExperienceに分類しました。注目はもう２つのExperienceを加えた点です。③地球上でのシミュレーション・ツアー・エンターテイメントExperienceと，④サイバースペースツーリズムExperienceです。この③と④の領域については，コンテンツ産業までを広く含め，"Space Experience Industry"（宇宙体験産業）と規定しています（図6)。映画，音楽，テレビ，本，ゲーム，芸術において，宇宙をテーマにした地上で享受できる体験は，宇宙観光を推進する役割を果たすとしています。スターウォーズのフランチャイズだけでも560億ドル以上の収益を上げており，スタートレック，マーベル・ユニバース，IMAXシアター等のコンテンツはさらに数十億ドルを生み出しているとしています[1]。

これは従前の宇宙産業領域の概念と異なる他産業も含めた捉え方ですが，スポーツ産業ではスポーツ庁が同様の捉え方をすでに採用しています。「スポーツ産業の経済規模推計」として，他産業との連携をカウントする"サテライトアカウント"方式です[10]。

*スポーツ産業は一つの独立した産業からなるわけではなく，多くの産業に跨って存在しており，既存の統計に従ってスポーツ産業の経済規模を捉えることは非常に困難です。そのため，スポーツ産業の経済*

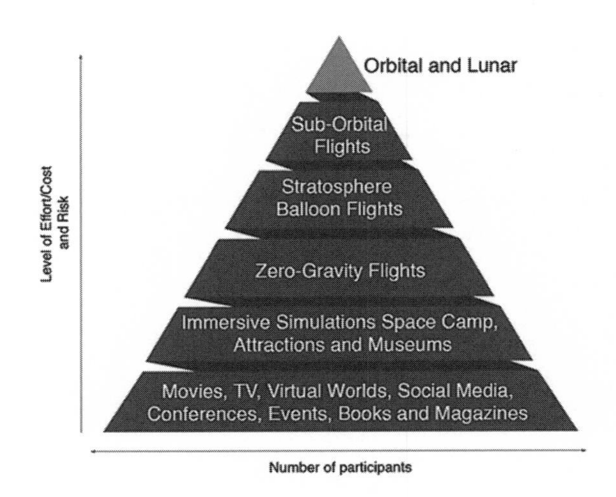


図 6　STS による Space Experience Industry 構造

*規模を測定するための仕組みであるスポーツサテライトアカウント（SSA）が必要となります。欧州では，既に多くの国々がSSA を開発し，各国共通の方法でスポーツ産業の経済規模を推計しています。サテライトアカウントとは，従来の経済計算では把握できないテーマや分野の経済規模を測定するための勘定体系のことを示しています。*

この“サテライトアカウント”という捉え方は，スポーツと同様に，他の産業と広くリンクしている宇宙産業そのものの領域設定としても検討価値がありますが，ここではまず宇宙観光／スペースツーリズムに着目したいと思います。この Space Experience Industry という捉え方は，Space Tourism Satellite Account（STSA）という産業領域として新しい捉え方になるのではないでしょうか。宙ツーリズムの提唱する“宙”には，宇宙／スペースだけではなく天文，さらに宙グルメや宙スポーツ，物語，アニメや映画，ゲーム，VR など宙カルチャーと呼べる領域が広がります。このような宙の広がりで振興する産業／経済は“Sora Experience Industry（宙体験産業）”と捉えられます[1]。

この“Sora Experience Industry”を今後さらに拡大させるトリガーは，一般社団法人 Space Port Japan が 2020 年に発表した「Spaceport City 構想」で，新しい業界の巻き込みの間口を具体的に示したものです[11]。

> *スペースポートから離陸するスペースプレーン・有人ロケットなどの開発・運用を行う企業との連携や，宇宙とはこれまで接点がなかった業界の巻き込みも推進していきます。*

> *ここには，地球から宇宙へ旅立つ港はもちろん，宇宙旅行者でなくとも宇宙を体験できるエリアや，未来に触れられるエリアも。限られた人類しか体験できなかった宇宙への旅は，あらゆる人々のために開かれ，SPACEPORT CITY は，無限のドラマと感動を迎える場所になります。*

この構想では 24 にわたる体験の機会を描いており，この多岐にわたる体験は，Spaceport というロケーション以外のところでもその機会を創出できると考えられます。

さらには，第 64 回宇宙科学技術連合講演会で，荒井が“3 zone Space Integrated Resort 構想”という展開を発表しています[12]（図 7）。Spaceport City 構想は，宇宙に関する情報発信やアミューズメント，飲食などの商業施設を併設させたもので，IR 施設としての性格を備えています。この Port ＋集合 Space IR 施設を，この地球上の 1 つのゾーンだけで終わらせず，宇宙旅行先である月の Port や観光施設（仮に Moon City と呼びます）と，その間の ISS と Gateway を併せた，3 つのゾーンで構成する構想として捉えることで，その魅力は何倍にも膨らんでいくでしょう。さらに，この 3 つのゾーンに加え，ネット経由により多くの人たちが参加できるような仕

図7　3 zone Space Integrated Resort 構想

組みを構築することで，一層壮大なものとなります[1]。

# 8 文化としての宇宙観光

和歌山大学観光学部の研究によると，アストロツーリズム研究は，2000年代以降から国内外の天文学者のコミュニティにおいて間接的な議論がされ始め，2010年以降から，観光研究の知見に立脚した研究の取組が始まっています[13]。2022年の国際天文学連合（IAU）総会においても，星空観望／アストロツーリズムの取組の世界的な注目の中，日本独自の取組として宙ツーリズムが紹介されました[1]。

また，宇宙帰りの桜の子孫を，東日本大震災で被害にあった地域を中心に植樹をし，2021年3月には，東北地方の今の姿を宇宙から伝えると共に，それぞれの自治体の記念品をISSに運び，帰還後に更なる復興に役立てる「東北復興宇宙ミッション」も行われるなど，宇宙が心の復興と結びついている例があります[14]。

一方，2022年2月，ロシアがウクライナを侵攻したことを受け，宇宙開発においても，地上の地政学の影響を多々受けることを目の当たりにしてきました。しかし，ISS計画においては，一筋縄ではいかないところもありますが，ロシアを含めた協力体制が続けられており，こうした有人宇宙活動においては，地政学を超えた外交ができることも感じています。宇宙は人類共通のフロンティアであり，人類の叡智を広げる場だからこそ，競争もありますが，同じ目標に向かって協力しやすい面もあります。国家同士の協力と共に，宇宙旅行などの発展により，民間の場にもグローバルな宇宙協力が広がっていくことを期待しています。そうすることで，多層的に，同じ宇宙の中，宇宙市民という概念もきっと広がっていくのではないでしょうか。

ウクライナ政府観光局は「観光は，戦争に対するアンチテーゼ」と題したメディアキットの配布を行っています。観光は，五感をフルに活用し，相手の文化を知ることに繋がるからでしょう。

1932年に，物理学者アインシュタインが，精神分析の創始者フロイトに当てた手紙（公開往復書簡）があります。人間を戦争というくびきから解き放つことはできるのか，と問うアインシュタインに対し，フロイトはこう返信します[15]。

*人間から攻撃的な性質を取り除くなど，できそうにもない！*

*人間の攻撃性を戦争という形で発揮させなければよいのです。*

*文化の発展を促せば，戦争の終焉へ向けて歩み出すことができる！*

“我々はまず，地球で体験できる，宇宙へ行く。”この協議会のビジョンでもある“宙体験”の機会創出により，人類が宇宙へ進出し，移住をする時代に向けての文化的な土台を，少しでも培うことができれば幸いです。そして，その文化的な土台が，地上の課題解決にも寄与していけることを願うばかりです。

## 参考文献


[1] 荒井誠，縣秀彦，秋山演亮，山崎直子（2022）「宙（そら）ツーリズム・マーケティング～“宙体験産業～宙ノミクス”という捉え方～」第66回宇宙科学技術連合講演会.

[2] 縣秀彦（2018）「日本におけるアストロツーリズムの可能性」第32回天文教育研究会集録，70–73.

[3] 観光庁「テーマ別観光による地方誘客事業」：
http://www.mlit.go.jp/kankocho/shisaku/kankochi/theme_betsu.html

[4] 一般社団法人宙ツーリズム推進協議会：
https://soratourism.com/

[5] IAU 戦略計画 2020-2030（日本語版）：
「IAU 戦略計画 2020-2030」日本語版 | 一般社団法人日本天文教育普及研究会（tenkyo.net）

[6] 一般社団法人宙ツーリズム推進協議会・宙エデュケーション：
http://sora-edu.crea.wakayama-u.ac.jp

[7] 一般生活者対象ウェブ調査（宙ツー推進協議会）：
web_sortourism_press_20190301 (soratourism.com)

[8] 市場調査・日本リサーチセンターリサーチ：
宇宙に Wi-Fi ありますか？～2021年宇宙の旅 意向調査～ | 市場調査・日本リサーチセンター（NRC）

[9] Space Tourism Conference：
Space Tourism Conference 2022

[10] スポーツサテライトアカウント：
わが国スポーツ産業の経済規模推計～日本版スポーツサテライトアカウント～：スポーツ庁（mext.go.jp）

[11] 一般社団法人 Space Port Japan：
Space Port Japan | スペースポートジャパン（spaceport-japan.org）

[12] 荒井誠，望月貴弘（2020）「宇宙マーケティング」第64回宇宙科学技術連合講演会.

[13] 澤田幸輝，尾久土正己（2021）「国外におけるアストロツーリズム研究の諸論調：国内研究のフレームワーク構築に向けての考察」 AA12438820.24.21 (2).pdf

[14] 一般財団法人ワンアース：
http://the-one-earth.org/jp/
[15] アルバート・アインシュタイン，ジグムント・フロイト（著），浅見昇吾（訳）(2016)
『ひとはなぜ戦争をするのか』講談社学術文庫.

PROJECT REPORT

# 4 宇宙飛行士とリーダーシップ

京都大学大学院総合生存学館　冨田キアナ

リーダーシップには様々な種類や規模があり，小学校の班長から一国をまとめる首相まで，あらゆるかたちで存在しています。カリスマ性を持って主導するリーダーもいれば，他者への共感や協力体制を敷くことに長けているリーダーもいます。またリーダーシップは，世界では学術的にもひとつの分野として捉えられており，これまでに複数の理論が提唱されてきました。例えばシェアドリーダーシップ理論では，カリスマ性のある1人のリーダーに任せるのではなく，より大きな目的を達成するためにメンバー全員がリーダーとなって行動しています。そして場合によっては，このリーダーシップのあり方や有無の違いで，災害時の避難指示や救助等の助け合いなど，人々の生死を分けてしまう可能性もあるのです。そこで今回，常に命懸けの状況で任務にあたられていた，元JAXA宇宙飛行士の山崎直子さんに，宇宙でのリーダーシップのかたちを伺うため，独占インタビューをさせていただきました。本コラムを通じて，リーダーシップの柔軟性と行使する際のヒントを共有できれば幸いです。

「宇宙飛行士」と聞くと，宇宙で勇猛果敢に活躍している少数精鋭の最強チームなどと想像します。しかし山崎さん曰く意外なことに，現実の宇宙飛行士はNASAやJAXAをはじめとした宇宙開発に携わる大きなチームの一員という意識が強く，「あくまでも“現場作業員”」なのだといいます。ミッション全体の責任者として意思決定権を持つのがフライトディレクターと呼ばれる地上管制官で，宇宙飛行士は彼らから指示を受けて作業にあたります。また，地上と宇宙との活動に対する精神的温度差を解消するため，音声回線数が限られた中でいかに簡潔でクリアに交信するかというポイントを考慮しながらも，業務時間外に一般公開されていない回線やメールなど別の手段を用いてフォローアップしています。地球で働く人と宇宙で働く人のコミュニケーションには想像を超える工夫があるのです。

2015年に公開された映画『オデッセイ』では，マット・デイモン演じる主人公が火星に取り残され，はじめは孤独な状況に絶望しながらも，地上との交信手段を徐々に開発していく様子が描かれています。画像と16進法を用いた懸命の意思疎通に始まり，メール連絡，宇宙空間にいる仲間とのビデオ通信が可能となり最後の無事救出に漕ぎつけるまでを鑑みると，宇宙飛行士にとって地上管制官との交信がいかに重要であるかがわかります。NASAでの地上勤務の際に宇宙で活動する仲間を何度もサポートしてきた山崎さんは，この映画を観て，地上管制官の決断の苦しさや宇宙飛行士への伝え方の難しさに共感したといいます。

しかし，地上との連絡が途切れてしまったり，現場での解決が求められたりする非常事態時には，一緒に宇宙で活動している仲間だけで意思決定しなければなりません。そのため船内でのリーダーシップのかたちは基本的に，平時と非常時で使い分けているそうです。山崎さんによると，平時は地上管制官からの指示を受けることが主なため，船内では合意形成型の対話を重視し，非常時には船内で全てを決断する必要があるため，命令系統に沿ってコマンダー（船長）が牽引型のリーダーシップを取るということです。ただし，牽引型のリーダーに他のメンバーが単に従うのではなく，各々が個人のスキルや状況によって判断を下し，無事に任務が遂行できるようアクティブにサポートするフォロワーシップも求められます。このリーダーシップとフォロワーシップを円滑に進めるには，平時の信頼関係構築が大事だと山崎さんは言います。例えば，シミュレーション訓練の際にリーダーの作業に間違いがある場合はメンバーが訂正しながらサポートするといった方法です。

また，出身国の文化やバックグラウンドの他に，周囲から見た自身のイメージを考慮してリーダーシップのかたちを決めている宇宙飛行士も多いそうです。例えば，山崎さんが参加したミッションのコマンダーは海軍出身で屈強なイメージがあったそうですが，閉鎖空間でストレスのかかりやすい船内ではあえて話しやすい雰囲気づくりをしてくれたとのことでした。優しい雰囲気を持った女性コマンダーは，逆に厳しいキビキビとしたやり方でリーダーシップを発揮している形もあったそうです。またコマンダー以外の宇宙飛行士も，その専門性に応じてチームを主導する必要があり，作業によってリーダーが随時変わるため，全員がリーダーシップを発揮できることも大事だと仰っていました。

2022年，13年ぶりに募集された宇宙飛行士候補者の選抜試験では，自己PRの機会が増え，求める人物像の特徴として「リーダーシップ」「表現力」が明記されました。実際の訓練でもリーダーシップとフォロワーシップが主要評価軸のうち2つを占めています。さらに，山崎さんによると，その他の評価軸のひとつであり，苦手な宇宙飛行士が多いという「自己管理」も，チームワークにおいて重要な意味を持つといいます。一見コミュニケーションとは無縁に思える「自己管理」ですが，これができるためには，自分が大変な時に他者に弱みを見せ，自ら助けを求めることができなければなりません。つまり，本当の意味での「自己管理」には，助け合いの精神が伴っていなければならないのです。

山崎直子さん（左）と筆者（右）

最後に，山崎直子さんから未来の宇宙飛行士へ向けていただきましたメッセージを紹介して，本稿を閉じることにしましょう。

「自分の立ち位置を固定しがちな人が多いと思いますが，一つの世界でなく，色んなコミュニティで活動することで，強制的に自分のキャラクターを崩していきリーダーやフォロワーなど自分の幅を広げられるようになります。グローバルや多様性がある状況を意識的に作っていくことも効果的です。一人一人が自分の人生ではリーダーだということを忘れないでください。」

# 謝　辞

本書の刊行にあたっては，さまざまな方の援助をいただいた。

本書の編集に関しては，三人の京都大学学生に尽力いただいた。まず発刊の構想と各章における執筆補助において，冨田キアナ氏（京都大学大学院総合生存学館3年生）に尽力いただいた。出版を行うにあたっての会合，そして担当章の確認，日本語チェックなどを行っていただいた。次に，新原有紗氏（京都大学大学院総合生存学館2年生）に，提出されたそれぞれの執筆原稿の取りまとめ，著者への連絡，日本語チェック，データの共有などを担当いただいた。お二人には本文中でコラムを執筆いただいている。最後に，出来上がった原稿の校正や図版の調整，その他さまざまな作業に白樫聖夢氏（京都大学医学部医学科）にご尽力いただいた。この3名の編集補助の手伝いなしに本書の刊行は実現しなかったはずである。

また，本書の構想や章立てにあたっては，執筆者の中で特に，稲富裕光氏（宇宙航空研究開発機構），佐々木貴教氏（京都大学大学院理学研究科）らにアドバイスをいただいている。また，原稿執筆は叶わなかったが，稲谷芳文氏（宇宙航空研究開発機構）に，Moon Village Associationにおける様々なアドバイスをいただいた。

本書の出版に関わる構想と経費は，DMG森精機代表取締役，森雅彦社長（京都大学特任教授）に提供いただいている。森社長は，SIC有人宇宙学研究センター設立当初から当センターを支援いただき，その最初の集大成である本書の刊行を心待ちに待っていただいていた。

また本書は，京都大学大学院での講義（有人宇宙学・水惑星地球・宇宙居住学など）および，SIC有人宇宙学研究センターとよみうりカルチャーOSAKA

の連携講座「火星に住もう！」シリーズ，大学コンソーシアム京都における連続講義「宇宙移住に向けた最先端技術と企業技術」などでの教科書として用いていただくことを想定して編集されている。「宇宙移住」に正面から取り組むための学問の創設，という大きな課題に対して，二人の宇宙飛行士（土井隆雄氏，山崎直子氏）の応援執筆もあって，出版までこぎつけた。関係者にここに謝意を示す。

2023 年 6 月

山敷庸亮

# 刊行によせて

この度は「有人宇宙学——宇宙移住のための３つのコアコンセプト」が京都大学学術出版会から出版される運びとなりましたこと，誠におめでとうございます。京都大学大学院総合生存学館及びSIC有人宇宙学研究センターに携わる一員として祝辞を述べさせて頂きます。

1948年の創業以来，当社は社会的ニーズの変化に応じて約10年ごとにビジネスモデルを発展させ，製品・サービスを進化させて成長してきました。現在，当社の製品は機械・自動車業界のみならず，航空・宇宙・医療業界等，多岐にわたる分野でご利用頂いています。また，トータルソリューションプロバイダとしてお客様の課題解決と製造現場における工程集約・自動化・デジタル化を促進し，マシニング・トランスフォーメーションの実践に取り組んでいます。

有人宇宙学の最前線で活躍されている先生方の英知が集結した本書を拝読し，「諸課題に対峙し様々な視点から解決策を見出し，持続可能な発展と成長を目指す」という点において有人宇宙学と当社の取り組みが非常に類似していることを再認識しました。また，今日世界レベルで航空宇宙業界を牽引している数社とは，かつてスタートアップの小さな会社だった頃からお付き合いがあり，皆さんもご存じの通り今なお成長を続けられています。こういったご縁もありSIC有人宇宙研究センターを支援させて頂いていますが，本書が宇宙移住の夢を実現するための道標となること，宇宙開発に関わる諸分野の研究が今後益々発展していくことを確信しています。当社としてもその一助となれるよう更なる進化と成長を続けて参ります。

パンデミックを経験し，人々の価値観や生活様式は大きく変化しました。今こそ「いかに生存するか」という人類共通の課題に正面から向き合い，解決策を見出さねばなりません。本書の「宇宙移住のための３つのコアコンセプト」，すなわち「コアテクノロジー」を用いて月や火星に「コアバイオーム」を実現すること，またそれらをベースとした「コアソサエティ」を構築することが，地球におけるより良い循環型社会の構築を実現しうると信じています。

DMG 森精機株式会社
取締役社長　森　雅彦

# 索　引

【ア行】



【カ行】

**【サ行】**

【タ行】



【ナ行】



【ハ行】



【マ行】

**【ヤ行】**



**【ラ行】**



**【ワ行】**



**【A–Z】**

# 著者紹介

## 【編者】

**山敷 庸亮**（やましき ようすけ） → Introduction，Part1 Chapter1，Part2 Chapter1，Part3 Chapter1 BOX

京都大学大学院総合生存学館 SIC 有人宇宙学研究センター長・教授

1990 年京都大学工学部卒業。1991 年京都大学工学研究科環境地球工学専攻修士課程時に日本ブラジル交流協会を通じてサンパウロ大学で研修。1994 年サンパウロ大学工科大学院（EPUSP）修士課程修了。1999 年京都大学博士（工学・環境地球工学）。2004 ～ 2008 年日本大学理工学部講師・准教授。2007 年東京大学非常勤講師。2008 ～ 2013 年京都大学防災研究所准教授などを経て現職。2011 年原発事故による河川海洋放射線環境調査に加わる。2015 年より宇宙における水の研究を推進し，系外惑星の複数のハビタブル・ゾーンと恒星高エネルギー粒子による系外惑星放射線環境を比較可能な太陽系外惑星データベース ExoKyoto を開発，公開。2019 年より土井隆雄宇宙飛行士，寺田昌弘准教授らとともに，アリゾナ大学人工隔離生態系 Biosphere 2 を用いたスペースキャンプ（SCB2）を企画，実践。以降，宇宙居住研究に本腰を入れ，「コアバイオームコンセプト」そして「宇宙移住のための 3 つのコアコンセプト」を提唱。

**編集補佐：冨田キアナ，新原有紗，白樫聖夢**

## 【執筆者（五十音順）】

**青木 節子**（あおき せつこ） → Part4 Chapter1

慶應義塾大学大学院法務研究科教授

カナダのマッギル大学法学部附属航空宇宙法研究所博士課程修了。防衛大学校社会科学教室，慶應義塾大学総合政策学部を経て現職。国際法，宇宙法等を担当。現在，慶應義塾大学宇宙法研究センター副所長。

**青野 郁也**（あおの ふみや） → Part3 Chapter1 BOX

京都大学工学部物理工学科宇宙基礎工学コース 4 回生

日本宇宙エレベーター協会の主催する SPEC に参加するなど，学外で宇宙エレベーターに関する活動をする。専門は制御工学。

**縣 秀彦**（あがた ひでひこ）　→ Part4 Chapter3
大学共同利用機関法人自然科学研究機構国立天文台准教授，国際天文学連合（IAU）国際普及室（OAO）スーパーバイジングダイレクター，一般社団法人宙ツーリズム推進協議会代表
東京学芸大学大学院修了，博士（教育学）。『日本の星空ツーリズム』（緑書房），『ビジュアル天文学史』（緑書房）など多数の著作物を発表。

**秋山 演亮**（あきやま ひろあき）→ Part4 Chapter3
和歌山大学教授・学長補佐
京都大学農学部卒業後株式会社西松建設勤務。社会人枠で東京大学理学部地球惑星科学専攻博士課程卒，理学博士。秋田大学を経て和歌山大学教授，千葉工業大学クロスアポイントメント。内閣府宇宙開発政策委員会専門委員。

**荒井 誠**（あらい まこと）　→ Part4 Chapter3
一般社団法人宙ツーリズム推進協議会理事・事務局長
スタンフォード大学経営大学院修士。株式会社電通在籍時，2015年日本マーケティング学会で「宇宙マーケティング」を提唱。以降，ニュースペース国際戦略研究所のスペースカルチャーBZWGリーダーとして，宙グルメや宙スポーツなど「宙文化」の啓発にも従事。

**池田 武文**（いけだ たけふみ）　→ Part2 Chapter2
京都府立大学大学院生命環境科学研究科特任教授・名誉教授，京都大学SIC有人宇宙学研究センター宇宙木材研究室研究員
九州大学大学院農学研究科博士課程修了。九州大学農学部助手，森林総合研究所研究室長，京都府立大学大学院生命環境科学研究科教授を経て現職。専門は樹木生理生態学。

**市村 周一**（いちむら しゅういち）　→ Part3 Chapter2
京都大学大学院総合生存学館博士課程
KDDI株式会社技術統括本部技術戦略本部担当部長（宇宙事業・技術戦略）
東京大学大学院工学系研究科航空宇宙工学修了。月面基地に係る研究や国際宇宙ステーション「きぼう」JAXAフライトディレクタ等を経て，KDDIで宇宙事業・技術戦略策定および京都大学大学院で有人宇宙活動の循環型社会に係る研究に従事。

**稲富 裕光**（いなとみ ゆうこう）→ Part1 Chapter4
宇宙航空研究開発機構宇宙科学研究所教授
東京大学大学院工学系研究科博士課程を修了後，宇宙科学研究所にて，1992年から現在まで，宇宙環境利用科学の研究に従事。2014年より現職。専門は材料科学。宇宙惑星居住科学連合幹事。

**遠藤 雅人**（えんどう まさと）　→ Part2 Chapter1
東京海洋大学学術研究院海洋生物資源学部門准教授

東京水産大学大学院水産学研究科博士課程修了後，日本学術振興会特別研究員 PD を経て，東京海洋大学助手，同助教を経て 2019 年より現職を務める。専門は水族養殖学，特に循環式養殖システムの効率化と応用に関する研究に従事。

**大野 琢也**（おおの たくや）　→ Part3 Chapter1
鹿島建設株式会社イノベーション推進室担当部長（宇宙担当），京都大学大学院総合生存学館 SIC 有人宇宙学研究センター SIC 特任准教授
神戸大学大学院工学研究科を修了後，鹿島建設株式会社建築設計本部にて生産・物流施設の建築設計を担当。関西支店建築設計部，技術研究所研究管理グループ（兼）を経て，2023 年 5 月より現職。京都大学大学院総合生存学館非常勤講師を務める。

**小原 輝久**（おはら てるひさ）　→ Project Report3
IHI エアロスペース宇宙開発利用技術部
京都大学大学院工学研究科を修了後，宇宙利用関連機器の機構設計業務に従事。学部時代は，無重力空間や閉鎖環境の被験体兼研究員としても活動。第 12 回京大変人講座登壇。

**菊川 祐樹**（きくかわ ゆうき）　→ Part2 Chapter2 BOX
京都大学工学部電気電子工学科 4 回生，木造人工衛星 LignoSat 学生リーダー，株式会社 Kampher 代表取締役社長
平成 12 年（2000）8 月 24 日生まれ。令和 2 年，京都大学電気電子工学科に入学。令和 6 年木造人工衛星プロジェクト学生リーダーを担当する傍ら，株式会社 Kampher を創業し新規事業の開発に取り組む。

**後藤 琢也**（ごとう たくや）　→ Part3 Chapter3
同志社大学理工学部教授
京都大学大学院工学研究科博士認定退学後，慶應義塾大学理工学部，京都大学エネルギー科学研究科を経て，2015 年より現職。資源とエネルギーのその場利用に関連する研究に従事。専門は資源エネルギー学。現在，同志社大学学長補佐。

**小林 和也**（こばやし かずや）　→ Part2 Chapter4
京都大学フィールド科学教育研究センター准教授
北海道大学大学院農学院環境資源学専攻を修了後，京都大学農学研究科昆虫生態学分野において研究員等としてシロアリの研究に従事。2017 年から京都大学フィールド科学教育研究センターの北海道研究林にて昆虫に限らず様々な動植物の研究を行っている。

**桜井 誠人**（さくらい まさと）　→ Part2 Chapter3
宇宙航空研究開発機構研究開発部門研究領域主幹
早稲田大学理工学研究科博士課程修了。日本学術振興会海外特別研究員（ブレーメン大学），東京女子医科大学助手を経て，2001 年航空宇宙技術研究所（現 JAXA）入所，生命維持技術（ECLSS）の研究に従事。専門は化学工学。日本航空宇宙学会フェロー。

**佐々木 貴教**（ささき たかのり） → Part1 Chapter3
京都大学大学院理学研究科宇宙物理学教室助教
2008年3月東京大学大学院理学系研究科地球惑星科学専攻博士課程修了。博士（理学）。東京工業大学 GCOE 特任助教および特任准教授などを経て，2014年より現職。専門は，惑星と生命の起源と進化についての理論研究。

**檀浦 正子**（だんのうら まさこ） → Part2 Chapter2
京都大学大学院農学研究科准教授
2006年3月神戸大学大学院自然科学研究科にて博士号取得。森林総合研究所非常勤研究員，JSPS 特別研究員（PD）として京都大学・フランス国立農業研究所でのポスドクを経て2009年9月より京都大学農学研究科に採用される。専門は森林生態系炭素循環。

**寺田 昌弘**（てらだ まさひろ） → Part4 Chapter2
京都大学宇宙総合学研究ユニット特定准教授
大阪大学大学院生命機能研究科修了。専門は，宇宙医学，宇宙生物学。2009年に JAXA 宇宙医学生物学研究室（向井千秋研究室）に入社し，宇宙飛行士の健康管理技術の研究に従事。2014年10月から3年間，NASA Ames Research Center へ研究留学し，宇宙滞在中の健康評価手法の開発に向けた研究に従事。その後，東京慈恵会医科大学に移り，2018年4月より現職。

**土井 隆雄**（どい たかお） → Part1 Chapter2
京都大学大学院総合生存学館 SIC 有人宇宙学研究センター
東京大学大学院工学系研究科博士課程修了後，宇宙航空研究開発機構にて有人宇宙開発に携わる。1997年と2008年にスペースシャトルに搭乗する。2009年より2016年まで国連宇宙応用専門官として勤務。2016年より京都大学勤務。専門は有人宇宙学。

**冨田 キアナ**（とみた きあな） → Project Report 4
京都大学大学院総合生存学館博士課程
2019年エジンバラ大学にて修士号を取得。2020年ケンブリッジ大学にて修士号を取得。2021年京都大学博士課程に入学，在学中。2023年よりケンブリッジ大学にて気候変動による自然災害研究に従事。

**新原 有紗**（にいはら ありさ） → Project Report 1
京都大学大学院総合生存学館博士課程
2018年 NASA が主催する NASA Space Apps Osaka にて最優秀賞を受賞。KOBE STARTUP AFRICA in Rwanda1 期生。現在は，月での管轄権に関する研究を行っている。

**二川 健**（にかわ たけし） → Part3 Chapter4
徳島大学大学院医歯薬学研究部生体栄養学分野・徳島大学宇宙栄養研究センター
1991年徳島大学大学院医学研究科にて博士号を取得。1993年から2年間ドイツデュッセルドルフ大学への留学。その後，現研究室にて無重力による筋萎縮や機能性宇宙食の研究に取り組む。2018年第3回宇宙開発利用大賞（文部科学大臣賞）を受賞。

**平嶺 和佳菜**（ひらみね わかな） → Project Report 2
東京理科大学薬学部5年
京都大学主催 Space Camp at Biosphere 2の4期生として参加。第15回京都大学宇宙シンポジウムで宇宙飛行士賞を受賞。2023年に国連主催のSpace4WomenのMentorship programのMenteeに選出。現在は放射線障害の防護を研究。

**益田 玲爾**（ますだ れいじ） → Part2 Chapter1
京都大学フィールド科学教育研究センター舞鶴水産実験所教授
1995年東京大学農学系研究科博士課程修了。専門は魚類心理学。魚の行動を水槽で観察し，また潜水調査により海の生態系の謎に迫る研究を展開。環境DNAも調査ツールとする。著書に『魚の心をさぐる：魚の心理と行動』（成山堂書店，2007年）がある。

**村田 功二**（むらた こうじ） → Part2 Chapter2，同BOX
京都大学大学院農学研究科准教授
1994年3月京都大学大学院農学研究科林産工学専攻修士課程修了。大建工業株式会社を経て，1997年4月より京都大学大学院農学研究科助手に採用され，以降，助教・講師を経て現職。専門は，木材の物性と利用技術開発。

**山崎 直子**（やまざき なおこ） → Part4 Chapter3
一般社団法人宙ツーリズム推進協議会理事，一般社団法人Space Port Japan代表理事
東京大学大学院工学研究科を修了後，現・宇宙航空研究開発機構（JAXA）で国際宇宙ステーション（ISS）開発に従事。1999年に宇宙飛行士候補者に選抜され，2010年にISS滞在。アースショット賞評議員，京都大学大学院総合生存学館特任准教授なども務める。

有人宇宙学
——宇宙移住のための 3 つのコアコンセプト


2023 年 7 月 15 日　初版第 1 刷発行

編 者　山 敷 庸 亮

発行人　足 立 芳 宏

京都大学学術出版会
京都市左京区吉田近衛町69番地
京都大学吉田南構内（〒606-8315）
電 話（075）761-6182
FAX（075）761-6190
Home page http://www.kyoto-up.or.jp
振 替 01000-8-64677

ISBN 978-4-8140-0494-2
Printed in Japan

印刷・製本　亜細亜印刷株式会社
定価はカバーに表示してあります